U0147417

Spring Boot 3+Vue 3
开发实战

朱建昕 / 著

电子工业出版社·
Publishing House of Electronics Industry
北京·BEIJING

内 容 简 介

本书采用"项目贯穿式"的形式编写，从一个 Alan 人事管理系统入手，循序渐进，将 Spring Boot 3 和 Vue 3 的知识点融入项目中，并详细介绍各项技术、分析源码、剖析原理，使读者能够快速地将知识转换成技能，顺利地进行项目开发实战。

软件开发技术日新月异、不胜枚举，常常让人置身其中，不知如何取舍。本书对同类技术进行充分对比，并厘清前后端三十年的技术发展脉络，使读者在工作中具备根据项目的规模应用场景，做好恰当的架构设计和技术选型的能力。

本书适合 Java 软件开发从业人员对 Java 和 Web 前端高级知识的学习，以提升技术水平；还适合大学计算机、软件开发专业的学生学习和参考。

图书在版编目（CIP）数据

Spring Boot 3 +Vue 3 开发实战 / 朱建昕著. —北京：电子工业出版社，2023.10
ISBN 978-7-121-46315-0

Ⅰ. ①S⋯　Ⅱ. ①朱⋯　Ⅲ. ①JAVA 语言－程序设计②网页制作工具－程序设计
Ⅳ. ①TP312.8②TP393.092.2

中国国家版本馆 CIP 数据核字（2023）第 173476 号

责任编辑：李淑丽
印　　刷：三河市良远印务有限公司
装　　订：三河市良远印务有限公司
出版发行：电子工业出版社
　　　　　北京市海淀区万寿路 173 信箱　　　邮编：100036
开　　本：787×980　　1/16　　印张：24　　　字数：476 千字
版　　次：2023 年 10 月第 1 版
印　　次：2023 年 10 月第 1 次印刷
定　　价：109.00 元

凡所购买电子工业出版社图书有缺损问题，请向购买书店调换。若书店售缺，请与本社发行部联系，联系及邮购电话：（010）88254888，88258888。

质量投诉请发邮件至 zlts@phei.com.cn，盗版侵权举报请发邮件至 dbqq@phei.com.cn。

本书咨询联系方式：faq@phei.com.cn。

前　言

本书是 2021 年出版的《Spring Boot+Vue 开发实战》一书的迭代更新版。Spring Boot 3 和 Vue 3 的版本更新导致底层与上层技术均有较大的变化，本书将和读者一起，探索、分析、实践这两大技术新版本带来的新特色与底层原理。

在软件开发行业中，技术日新月异，而对于 Java 开发工程师来说更是体会颇深。Java 开发技术可谓"你方唱罢我登场"，曾经 SSH 框架（由 Struts、Spring 和 Hibernate 组成的框架）以低侵入、解耦合的优点一举取代 Sun 公司 Java EE（Java Platform，Enterprise Edition）的地位，成为行业的标准，享有 Java 三大框架的盛名，一统 Java 企业级开发领域近十年之久，但后来 SSH 逐渐被更简化、侵入性更低的 SSM 框架（由 Spring MVC、Spring 和 MyBatis 组成的框架）取代。这几轮更新换代的技术都是 Java 开发的主线技术，它们管理麻烦、配置烦琐。其他解决应用场景的技术，如安全、模板引擎、缓存等，更是层出不穷，让人眼花缭乱，难以选择，而 Spring Boot 的出现很好地解决了这些问题。

Spring Boot 可以在项目中管理依赖、简化配置、快速运行，让开发者尽可能地从技术中解脱出来，把精力放在业务逻辑的开发中。它还推荐了一系列应用于实际场景的技术来辅助开发者快速开发，免去了他们在众多 Java 技术中选型的困扰。基于 Spring Boot 的这些优点，很多公司都开始使用它。另外，Spring Boot 是一个让开发者用起来很"爽"的框架，这种用户黏性让它在未来会有越来越大的市场。

谷歌 V8 引擎和 NodeJS 的出现与发展，使 Web 前端工程化成为现实，也让具有 MVVM（Model-View-ViewModel）思想的框架横扫 Web 前端开发。利用前端工程化和 MVVM 框架，开发者可以方便地进行前端项目的设计、开发、部署和管理。Vue 作为以上技术的代表，当前在行业中有着广泛的应用。

HTML5 的出现使网页的适用性变得更强，很多移动端 App 界面的设计也开始选用 HTML5，这改变了之前面向不同操作系统来开发界面的局面，也大大节省了公司的成本。随着 Web 技术体系发生重大变革，出现了许多新技术。针对前端开发，Java 工程师只要掌握 HTML（HyperText Markup Language，超文本标记语言）和 CSS（Cascading Style Sheets，层叠样式表），靠 jQuery "一招鲜、吃遍天" 的情况已不复存在，而掌握 Vue，更是一种需要。

由此表明，对 Spring Boot 和 Vue 的学习是开发者重要且紧急的任务。

本书特色

本书会对当前软件开发中最前沿、最流行的 Spring Boot 和 Vue 进行全面介绍，并使用贯穿项目进行实战。鉴于对 Spring Boot 的学习需要一定的框架基础，本书会先使用 SSM 框架开发项目的第一版，随后替换成 Spring Boot，让读者通过对比来感受使用 Spring Boot 的好处。之后逐渐追加常见的开发技术，并和 Web 前端技术一起完成传统 Web 项目的开发。在对前端工程化及 Vue 技术进行介绍后，完成前后端分离架构的项目，并部署上线。

项目贯穿

本书的创新点在于以一个 Alan 人事管理系统作为贯穿项目，将每章所介绍的技术及时融入其中，让读者充分了解该技术在实际项目中的用处和用法。为了便于读者回顾所学的知识，新项目不会在原项目上直接修改，而是通过复制原项目来创建新项目，层叠式地追加技术，直到完成最终版。除为学习技术本身而建立的项目外，Alan 人事管理系统的前后端项目总数超过 40 个。

涉及技术广泛

本书几乎包括行业中所有的常见技术，工具上使用 WebStorm 和 Intellij IDEA 进行前后端的开发，使用 npm 和 Maven 构建前后端项目，并利用 MySQL 存储数据。

后端技术包括 Spring Boot、Spring Boot Test、Spring、Spring MVC、MyBatis、Tomcat、Undertow、HikariCP、Logback、Log4j2、Thymeleaf、Spring Data JPA、Redis、Spring Cache、Spring Security、JWT、RESTful、Swagger、Lombok 等。

前端技术包括 HTML、CSS、JavaScript、jQuery、Bootstrap、AJAX（Asynchronous JavaScript And XML，即异步 JavaScript 和 XML）、NodeJS、Babel、ECMAScript、TypeScript、Vue、Vite、Local Storage、Pinia、Element Plus、axios 等。

循序渐进

本书在面临解决相同应用场景有多个常用技术可选时，会使用不同技术来实现该功能，进行横向对比，让读者感受到各项技术的优劣势，如使用 MyBatis 和 Spring Data JPA 实现持久层。

如果解决同一场景问题的技术出现了更替，但旧技术没有被完全淘汰，仍然在行业中有较广泛的使用，则会进行纵向对比，让读者明白新技术的好处，如分别使用传统 Web 项目架构和前后端分离架构进行介绍。

本书在厘清前后端技术三十年发展脉络的基础上，让读者能够具备根据实际项目的规模、应用场景，做好恰当的架构设计和技术选型的能力。

章节概要

本书从技术讲解和实现项目的角度分为单体 Web 项目（传统 Web 项目）（第 1～9 章）和前后端分离项目（第 10～17 章）两大部分。

第 1 章　Spring Boot 与贯穿项目介绍

本章主要介绍 Spring Boot 的发展、特性、开发环境和工具的安装，实现一个简单的 Spring Boot 项目，并使用 Spring Boot Test 进行测试；介绍本书贯穿项目 Alan 人事管理系统，并对其进行需求分析与设计。

第 2 章　Spring Boot+SSM 实战

本章主要介绍当前行业中流行的 SSM 框架，并将它和 Spring Boot 结合来完成贯穿项目第一版的开发。

第 3 章　显示层技术演变与 Thymeleaf

本章主要介绍有关网站的显示技术和架构的发展历程，对比各项技术的优缺点，详细讲解 Thymeleaf 模板引擎的语法，并使用它为 Alan 人事管理系统增加视图层。

第 4 章　传统 Web 前端设计

本章主要介绍传统 Web 前端设计的各项技术与通信方式，使用 HTML、CSS、jQuery、Bootstrap、AJAX 进行前端页面的设计与开发，使贯穿项目拥有漂亮的页面，实现传统的 Web 项目。

第 5 章　Spring Boot 特性与原理

通过对前四章的学习，读者可利用积累的实践经验来理解 Spring Boot 管理依赖、简化配置、快速运行和推荐技术的好处，并使用它推荐的 HikariCP、Logback 等技术。本章深入分析 Spring Boot 的源码，探寻它的原理。

第 6 章 持久层发展与 Spring Data JPA

本章首先介绍持久层的发展历史和各项技术的优缺点，然后详细介绍 Spring Data JPA 的新增、删除、修改、查询操作，以及方法命名查询、JPQL、关联关系等，最后使用 Spring Data JPA 替换贯穿项目中的 MyBatis。

第 7 章　缓存与 Redis

本章主要介绍行业中流行的缓存数据库 Redis，详细介绍 Redis 的用法，以及在 Spring Boot 中使用它的三种方法，即 Redis Template、Redis Repository 和 Spring Cache。

第 8 章 认证、授权与 Spring Security

本章主要介绍网站系统的安全问题，并使用 Spring Security 实现网站的认证与授权，在贯穿项目的授权中分别使用配置方式、注解方式和过滤器实现。

第 9 章 Vue 基础

本章主要介绍 MVVM 思想和 Vue 基础语法，使用 Vue 替换贯穿项目中的 jQuery。通过对本章的学习，读者可以掌握 Vue 的基本指令和数据绑定技术，在后续完成对 Vue 高级的学习后，可以一起实现前端工程化项目。

第 10 章　RESTful 与接口文档

本章主要介绍 RESTful 理论、RESTful 的 Spring MVC 实现和 Java 接口文档实现技术。通过对本章的学习，读者可以掌握 RESTful 风格的 URL 设计，并使用 Swagger 完成 Web 接口化文档的编写，完成前后端分离架构的后端项目。

第 11 章　Vue 3+Vite+TypeScript 前端工程化

本章主要介绍前端工程化的概念、实现前端工程化所包含的一系列技术，如 NodeJS、Vite、npm、Babel、ECMAScript、TypeScript 等，并使用 Vite 搭建 Vue 的 TypeScript 工程化项目，同时分析 Vue 项目的目录结构与代码。

第 12 章 Vue 高级

本章主要介绍 Vue 的选项式 API、组合式 API、setup 语法糖、组件、路由和第三方技术，如 axios。

第 13 章　Spring Boot+Vue 前后端分离项目实战

本章主要介绍实现 Spring Boot+Vue 前后端分离项目开发，并在实战中对比 Vue 3 提供的选项式 API、组合式 API、setup 语法糖的各自特点。

第 14 章　Element Plus

本章主要介绍 Vue 的第三方 UI 框架——Element Plus，并利用它提供的布局和控件快速搭建贯穿项目的页面，实现对 Vue 的简化开发，达到事半功倍的效果。

第 15 章　SPA 富客户端

本章主要介绍 SPA 的概念，并在贯穿项目中利用标签页和弹出窗的形式实现富客户端网页，同时对组件进行解耦合。

第 16 章　前后端分离下的跨域、认证与授权

本章主要介绍前后端分离架构项目出现跨域问题、权限问题的原因及解决方案。其中，实现跨域的方法有反向代理和 CORS，实现授权的有 Session 和 JWT。另外，还利用 axios 拦截器、Pinia 等技术实现贯穿项目的认证和授权处理。

第 17 章　项目完善及补充技术

本章的主要内容是对贯穿项目的功能和技术进行丰富和扩展，追加了分页、文件上传、Lombok 等，并最终完成 Spring 3+Vue 3 实现的 Alan 人事管理系统。

本书面向的群体

想要学习 Spring Boot 的 Java 开发者；

想要学习以 Vue 为代表的 Web 前端开发的 Java 开发者；

想要学习 Spring Boot+Vue 开发的大学生；

想要掌握 Java 及 Web 前端开发流行技术的编程爱好者。

致谢

本书是笔者从事十多年 Java Web 应用系统设计与开发的经验总结，也是对《Spring Boot+Vue 开发实战》图书的迭代与升级。在此，要感谢我曾经工作过的公司、与我共事过的

同事，以及互联网上乐于分享的朋友们，因为有了你们提供的环境与无私帮助，才有了我对编程事业的热爱和对新技术的敏感与热忱。

感谢家人的理解和支持，让我本应在工作之余陪伴你们的时间里，能够专心于此书的项目开发与文字撰写。这本书能够面世，有你们很大的功劳。谢谢！

本书完成后，我进行了多次调整与校稿，但限于时间和精力，难免会有纰漏和不足之处，希望读者能够批评指正、不吝赐教。如果你在学习过程中遇到困难或疑惑，可以通过76523775@qq.com 与我联系，我会尽力帮你解答。

朱建昕

2023 年 7 月

目　　录

第 1 章　Spring Boot 与贯穿项目介绍

Spring Boot 是当前 Java 企业级 Web 应用系统开发最前沿、最流行的技术，它彻底颠覆了传统 Java Web 开发的管理模式。目前，国内外大部分 Java 开发公司都在使用 Spring Boot，而它也迎来了第 3 个版本。

Spring Boot 到底是一个什么样的框架？它和 Spring 框架又有什么不同？它具有哪些优点以至于让各大 Java 开发公司对其如此青睐？本章会详细介绍 Spring Boot 的发展历程、作用与优势，并通过创建和运行一个简单的 Spring Boot 项目快速领略其"无须配置、直接运行"的特点。

在学习 Spring Boot 之前，我们需要搭建 Java 开发环境、Maven 或 Gradle 构建环境、数据库环境等，还要选用称心如意的开发工具，以提高学习和工作的效率。因此，本章会对 Spring Boot 开发所必需的依赖环境及行业常见的工具进行全面的介绍，并对工具的选择给出一定的建议。另外，本章还会对本书的贯穿项目进行整体的介绍、分析和设计，并完成数据库表和实体类的创建。

本章参考项目：testspringboot_gradle 和 testspringboot_maven，本章至第 5 章使用的数据库：hrsys1。

1.1　Spring Boot 介绍

Spring 的创造者 Rod Johnson 是一位传奇人物，他不仅获得了计算机学位，还获得了音乐学博士学位。他在 2002 年出版了著名的 *expert one-on-one J2EE Development without EJB* 一书，指出 Sun 公司所提供的 J2EE（Java 企业级开发技术，后改名为 Java EE）标准技术中 EJB（Enterprise Java Beans）的弊端，并提出了基于 POJO（Plain Ordinary Java Object，普通 Java 对象），利用 IOC（Inversion of Control，控制反转）和 AOP（Aspect Oriented Programming，面向切面编程）实现组件化开发的一种解决方案，从而简化了 Java 企业级开发。Rod Johnson 不但学术能力很强，而且实践应用能力也非常强，他利用自己书中的理论于 2003 年开发出 Spring 框架，并于 2004 年发布了 1.0 版本。一时间，Spring 在 Java 编程中流行起来，并迅速替代了 EJB，成为 Java 企业级开发标准。

　　Spring 后来衍生出众多产品，并形成了 Spring 生态圈（又名 Spring 家族），这是因为 Rod Johnson 是一位世界级的多面手——不仅精通计算机还精通音乐，不仅具有很强的学术能力还具有很强的实践能力，另外他还具有很强的经营管理能力。他创立公司来维护 Spring，并通过推出其他产品来简化 Java 在各领域中的开发工作。通过短短几年的运作，Spring 生态圈的产品便产生了巨大的影响，除了 Spring 核心框架，还提供了 Web 开发、快速开发、微服务、数据存储、消息队列、工作流、安全、任务调度、Android 开发等解决方案，几乎涉及 Java 软件开发所有的应用场景。

　　Spring Boot 是 Spring 生态圈众多产品中的一员，而且是目前地位最为"显赫"的一员，在 Spring 官网的项目热度排行中位居第一。Spring Boot 是 Pivotal 公司的产品，Pivotal 是一家推出 Java 平台技术解决方案的公司，在 2012 年被著名的信息存储公司 EMC 收购。Spring 公司在 2009 年被虚拟化技术公司 VMware 收购，而 VMware 早在 2003 年已被 EMC 公司收购，因此现在 Pivotal 和 Spring 是同属于一家公司的两个子公司。而 EMC 公司在 2015 年被戴尔公司收购。

　　除了推出 Spring Boot，Pivotal 还推出了 Spring Cloud，它是一个实现分布式系统的微服务框架，是当前使用 Java 语言进行大型服务端应用程序设计和开发最热门、最前沿的技术。利用 Spring Boot 开发的应用可以无缝衔接 Spring Cloud 微服务，两者相辅相成，形成了强强联合、互为推广的局面。

　　设计 Spring Boot 的目的是简化 Java 软件（主要是 Web 应用系统）的创建、开发、运行、调试、部署等。如果你是初次接触 Spring Boot，则可以简单地认为它是一个快速开发框架。在项目开发过程中，选用 Spring Boot 可以减少很多技术层面的配置工作，从而将更多的精力放在业务逻辑的设计与开发上；在调试、测试、运行阶段可以直接通过 main()方法运行应用程序，不需要将其部署到 Web 服务器。另外，Spring Boot 推荐了软件开发所面临的各种场景的解决方案，免去了开发者技术选型的烦恼。综上所述，Spring Boot 可以全方位为开发者提供便利，从而进行快速开发。

1.1.1　Spring Boot 特性

　　作为一个快速开发框架，在项目技术层次上，Spring Boot 框架处于 Spring 框架之上，其直接面向开发者，帮助开发者解决决策、管理、技术层面的各种问题，目的是让编码、配置、部署变得更简单。之所以能够达到以上目的，是因为 Spring Boot 具有管理依赖、简化配置、快速运行和推荐技术四个特性。

管理依赖：Spring Boot 内部定义了基础文件 Maven pom.xml，其可以管理 Java 开发中所用到的各项技术，并对它们的版本号和依赖关系进行维护，从而简化 Maven 的配置，避免经常遇到对各种技术版本选择的问题，降低了版本冲突带来的风险。

简化配置是指提供开发者习惯的默认配置，从而减少大量的 XML（Extensible Markup Language，可扩展标记语言）配置，让开发和运维变得简单。

快速运行是指内嵌 Servlet 容器（Tomcat、Jetty、Undertow）或 Reactive 容器（基于 Netty 的 Webflux），无须以 war 包的方式部署项目，从而实现了可独立运行的项目。也就是说，Spring Boot 项目利用 main()方法驱动运行，部署时以 jar 包的方式运行，当然开发者也可以根据自己的需要选择以 war 包的方式运行。

推荐技术是指在开发的各个环节中内置了某些常用技术，这些技术有的属于 Spring 家族，有的由第三方提供，如模板引擎、持久层框架、NoSQL 框架、安全框架、日志系统、系统的各项监控等。开源社区的繁荣是促使 Java 语言成为世界上使用人数最多的重要原因，但同时它又导致开发者需要解决同一个领域中出现多种不同技术的问题，如持久层中的 Hibernate 和 MyBatis、安全框架中的 Spring Security 和 Shiro 等，这就需要开发者在技术选型时要深入调研，反复对比。Spring Boot 推荐的技术都是经得起考验的，利用它们简化配置的优点可以做到与项目无缝衔接，减少配置，甚至零配置。随着 Spring Boot 的流行，它推荐的技术也会更加流行，因此学习 Spring Boot 不仅是学习 Spring Boot 框架本身，也是学习 Spring Boot 所推荐的技术。

1.1.2　Spring Initializr

Spring Initializr 是 Spring 官方提供的用来快速搭建 Spring Boot 项目的工具，Spring 官网还提供了一个网页版的可视化 Spring Initializr 程序。访问该网站，会看到如图 1-1 所示的操作界面，你可以选择由 Gradle（Gradle-Groovy 或 Gradle-Kotlin）或 Maven 构建项目，选用 Java、Kotlin、Groovy 语言之一来开发应用程序，其中 Kotlin 和 Groovy 是有自己的语法，但编译完仍然是 Java 字节码并运行在 Java 虚拟机上的两门语言。

首先选择 Spring Boot 版本（3+），填写 Group、Artifact 等信息，然后点击网页右侧的"ADD DEPENDENCIES...CTRL+B"按钮，即可选择项目所用的技术依赖。

在选择技术依赖界面中，Spring Initializr 提供了 Java Web 开发中常见的技术，选用了某项技术实际上就是在生成项目的 pom.xml 文件中添加了该项技术的 Maven 依赖。当前也可以暂时不选，在项目创建完毕后再像 Maven 项目一样在 pom.xml 文件中手动对依赖进行管理。

由于本书所介绍的 Inteuij IDEA（简称 IDEA）开发工具内部集成了 Spring Initializr，因此后续可以在开发工具中直接创建项目。

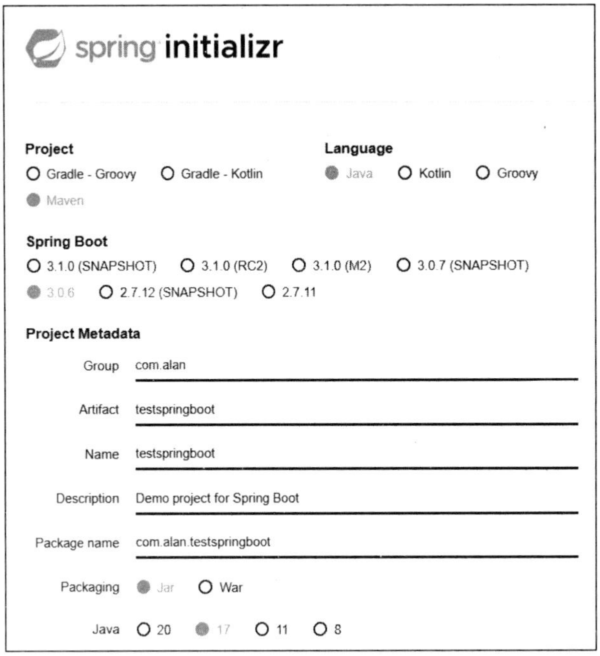

图 1-1

1.2　开发环境

Spring Boot 项目开发使用 Java 语言开发，需要 Java 开发所需的环境和常见的工具，下面对它们进行简单的介绍。本书的项目开发阶段是在 Windows 操作系统中进行的，这里对其涉及的常用软件的安装等不做详细介绍。

1.2.1　JDK

JDK 全称为 Java Development Kit，是 Java 的开发工具包，其中包含 JRE（Java Runtime Environment）。需要注意的是，Spring Boot 2 版本支持使用 JDK1.8 以上的版本，Spring Boot 3 版本支持 JDK 的最低版本是 17，JDK 17 又是最新的 JDK 长期版本，因此本书使用 JDK 17。

1.2.2　Maven

Maven 是 Java 项目的构建工具，主要有两个作用：一个是统一不同开发工具的项目结构，这样不管你使用哪种开发工具，只要是 Maven 构建的项目，其结构目录都是相同的，避免出现不同开发者在不同的开发工具中开发的项目无法被直接导入的问题。另一个是管理项目中使用的 jar 包，利用 Maven 提供的依赖可以下载和管理 Jar 包，省去了以前自己查找、复制、粘贴并导入 Jar 包的麻烦。

Java 项目最早的构建工具是 Ant，现在主流的是 Maven 和 Gradle，Spring Boot 支持这两种方式的项目构建。总体来说，Maven 的使用率更高，因此本书使用 Maven 构建项目。Spring Boot 3 支持最低的 Maven 版本为 3.5，本书使用 Maven 3.6 版本。

为了使 Maven 更加高效，可以对中央仓库配置国内镜像。

1.2.3　Gradle

Gradle 也是一种主流的 Java 项目构建工具，Spring Boot 3 工程本身就是基于 Gradle 构建的。它支持通过 Groovy 语言编写脚本，侧重于构建过程的灵活性，但缺点也很明显，如起步晚、更新过于活跃，增加了使用者的学习成本；目前生态圈不如 Maven 的活跃；国内镜像不完善，下载国外仓库 jar 包的速度太慢。

Spring Boot 3 支持 Gradle 的最低版本为 7.5。

1.2.4　Git

Git 是一个分布式的版本管理工具，由 Linux 的作者 Linus Torvalds 开发，目前在行业中得到广泛使用。它与 SVN 等版本管理工具的不同在于，多了一个本地仓库，开发者可以在本地仓库保存代码并形成自己的版本库，不用在乎网络是否畅通，是否连接到远程服务器。

GitHub 是一个世界级的文件服务器，开发者利用 Git 可以将代码文件或其他任何文件上传到 GitHub，也可以从 GitHub 上下载自己的项目，或者查看、下载别人的项目。

在实际的团队开发工作中，版本管理工具必不可少，但很多人一般是利用它来保存历史版本，因此读者可以根据自己的实际情况选择是否安装 Git，是否将项目上传到中央仓库。

1.2.5　MySQL

MySQL 是当前应用极为广泛的关系型数据库管理软件，免费且开放式的架构使得其在同类产品中极具竞争力。随着各大公司，如亚马逊、阿里巴巴等都在自己的系统和产品中选用 MySQL，让 MySQL 面临很多挑战，但也积累了大量的解决方案，促使其技术逐渐成熟，支持的功能越来越多，性能得到不断提高，对平台的支持也在不断增加。

由于 MySQL 安装灵便且标准的 SQL（Structured Query Language，结构化查询语言）在各大数据库管理软件中是通用的，因此它是关系型数据库学习者的上佳选择。

1.2.6　Eclipse

Eclipse 是由 IBM 出品并在 2001 年免费开源的一种 Java 集成开发工具，其受众群体很大，很多 Java 开发者都将 Eclipse 作为学习 Java 的入门工具。Eclipse 经过多年的积累，功能易用，插件生态圈庞大，而且虽然免费，但负责的团队每年仍在进行版本更新，由此 Eclipse 在细节上的一些小瑕疵就显得不那么重要了。很多大公司选用 Eclipse，是因为每年可以为公司省下极高的软件使用费。

但是近年来 Eclipse 被后起之秀 Intellij IDEA 逐渐赶上，本书不选用 Eclipse 进行开发，但读者可以根据自己的情况进行选择。

1.2.7　Intellij IDEA

Intellij IDEA 是由捷克的 JetBrains 公司推出的一款集成开发工具。它拥有比 Eclipse 更加友好的提示及代码补全功能，具备方便整合 Git、Maven、Spring Boot 等当下流行的插件和框架技术的功能。

IDEA 显著的优点是速度快、搜索精准、代码模板好用，而且 JetBrains 公司以相同的内核还推出了 Python 开发工具 Pycharm、Web 前端开发工具 WebStorm（本书后续在 Vue 开发中会使用该软件）等，建立了自己的开发工具生态圈，未来 IDEA 会体现出更强大的优势。

但需要注意的是，IDEA 是收费的，虽然它也提供社区版，但功能有相当大的局限性，如无法进行 Java Web 开发。好在 Spring Boot 项目是简单的 main()方法驱动程序，并不依赖于 IDEA 企业版的必要插件，只需要做少量配置就可以使用，但相对于收费版，社区版的使用难度大一些。因此，虽然众多开发者和学习者都使用 IDEA，但在行业实际开发中，公司出于成本考虑可能不予选择。

虽然本书选用 IDEA 2023.1 企业版，但开发软件仅仅是一种工具，Eclipse 和 IDEA 一个免费，一个收费，无法做简单的优劣之分。

1.2.8　在 IDEA 中集成 Maven

在 IDEA 中配置 Maven 非常简单，首先打开 IDEA，在菜单栏中点击"File"选项，然后点击"Settings"选项弹出一个设置窗口，在窗口的左侧竖形菜单中选择"Build，Execution，Deployment"菜单项"Build Tools"下的"Maven"选项，这时会出现图 1-2 所示的 Maven 配置区域。单击"Maven home directory"右侧的"..."按钮，打开文件选择器，选择本机的 Maven 安装目录，这时"User settings file"和"Local repository"的值会分别自动关联本机 Maven 的配置文件和配置文件中所指定的本地仓库。

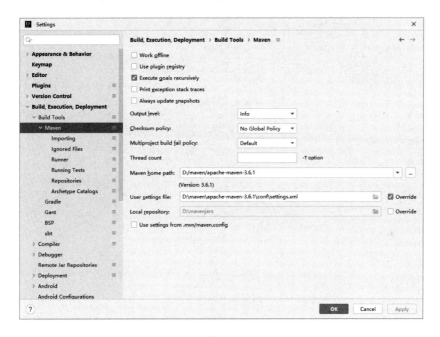

图 1-2

在 IDEA 中配置 Gradle 的步骤与此类似，需要注意的是在 IDEA 中通过"Settings"进行的配置只对本项目起作用。如果想要对新建项目起作用，则需要通过"File"选项下"New Projects Setup"的二级菜单"Settings for New Projects..."进行设置。

1.3　Spring Boot 案例

下面通过一个 demo 项目了解 Spring Boot 在 IDEA 中创建、配置、开发、运行、测试的过程，作为后续项目开发实战的热身。

1.3.1　创建项目

要确保 IDEA 中集成了 Spring Initializr。下面创建名为 testspringboot 的项目，首先依次选择菜单栏中的"File"→"New"→"New Project"，弹出图 1-3 所示的窗口，然后选择左侧菜单的"Spring Initializr"选项，并填写项目名，选择项目存储路径、编程语言和构建方式，填写 Group、Artifact 和 Package name 的信息，并选择 JDK 版本和打包方式，最后点击"Next"按钮。

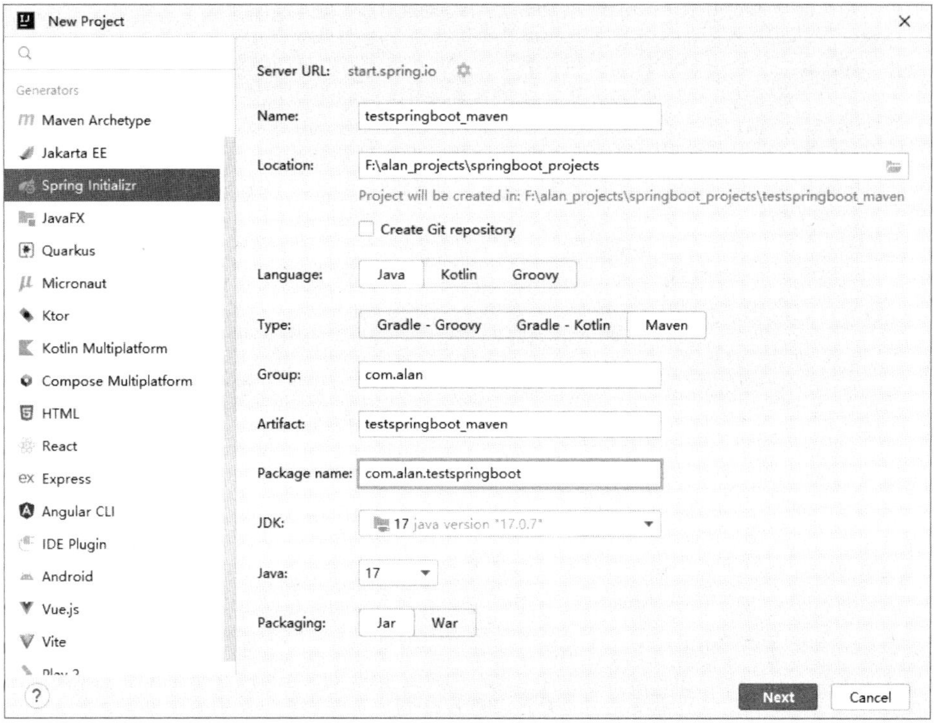

图 1-3

如图 1-4 所示，Spring Initializr 默认选择 Spring Boot 版本为最新的稳定版，本书选用当前最新版本 3.0.6。在下面的"Dependencies"中先选择项目依赖，然后在"Developer Tools"下选择"Spring Boot DevTools"，它是一种具有热部署功能的插件；在"Web"下选择"Spring Web"，它提供了 Spring MVC、JSON（JavaScript Object Notation，JS 对象简谱）转换等常用的 Web 支持技术，最后点击"Create"按钮完成项目创建。

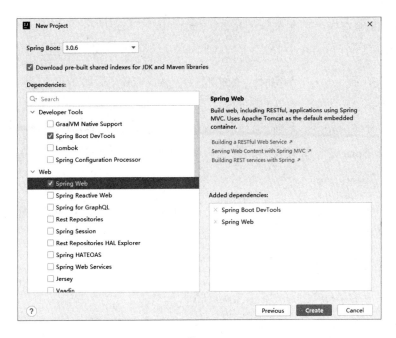

图 1-4

1.3.2　项目结构

IDEA 中的项目结构如图 1-5 所示。

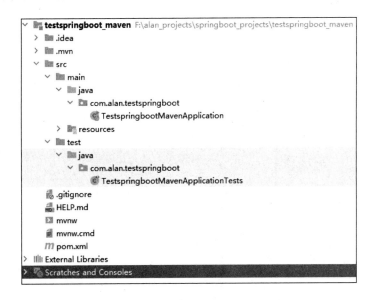

图 1-5

　　其中，src 目录为代码资源存放的路径，有 main 和 test 两个子目录。main 目录有 java 和 resources 两个子目录，java 目录存放 Java 代码文件，可以在这里创建包，包下创建类。

　　在 Java 包中有一个由 Artifact 名称加"Application"后缀命名的类：Testspringboot MavenApplication，该类包含项目的 main()方法入口，被称为 Spring Boot 项目的启动类。需要注意的是，由于 Spring Boot 项目启动时会扫描启动类所在的包及子包中的所有类，并将适合的类加载到 Spring 容器中管理，因此启动类要放在项目最外层的包下，即其他的类只能存在于它的同包或子包下。

　　resources 目录下有 static 和 templates 两个子目录和一个 application.properties 文件，也可以新建子目录存放自己项目中的资源和配置文件。

　　static 目录存放静态资源，如 CSS 文件、JavaScript 文件。

　　templates 目录存放模板引擎页面，如 HTML 文件。

　　application.properties 文件是 Spring Boot 项目的配置文件。虽然 Spring Boot 可以减少配置，但无法做到零配置，因为有些信息它是无法合理推断的，如项目启动的端口号、连接数据库的地址、用户名、密码等，这些信息都可以在这个文件中配置。

　　pom.xml 文件是该项目的 Maven 配置文件。在 pom.xml 文件中，会看到依赖信息中已经包含创建 Module 时选中的 Spring Boot DevTools 和 Spring Web，另外还包含默认的单元测试 Spring Boot Test 依赖。这些依赖都没有定义<version>标签，但可以正常使用它，这就是 Spring Boot 内部管理依赖所提供的便利性。

```
<dependencies>
    <dependency>
        <groupId>org.springframework.boot</groupId>
        <artifactId>spring-boot-starter-web</artifactId>
    </dependency>
    <dependency>
        <groupId>org.springframework.boot</groupId>
        <artifactId>spring-boot-devtools</artifactId>
        <scope>runtime</scope>
        <optional>true</optional>
    </dependency>
    <dependency>
        <groupId>org.springframework.boot</groupId>
        <artifactId>spring-boot-starter-test</artifactId>
```

```
            <scope>test</scope>
        </dependency>
    </dependencies>
```

本项目如果使用 Gradle 构建，除了构建文件 build.gradle 与 Maven 的 pom.xml 文件有区别，其他的目录、文件都是与此相同的，后续项目的开发也没有区别，其项目结构如图 1-6 所示。

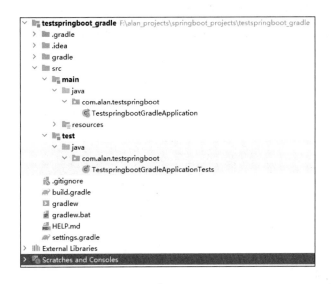

图 1-6

build.gradle 文件依赖部分：

```
dependencies {
    implementation 'org.springframework.boot:spring-boot-starter-web'
    developmentOnly 'org.springframework.boot:spring-boot-devtools'
    testImplementation 'org.springframework.boot:spring-boot-starter-test'
}
```

1.3.3　第一个案例

在 com.alan.testspringboot 包下创建 controller 包，并在其下创建 TestController 类，Spring MVC 的代码如下。

```
@Controller
public class TestController {
    @RequestMapping("test")
```

```
public void test(){
    System.out.println("Hello World");
}
}
```

如果你有 Spring MVC 的开发经验，则会知道@Controller 类注解的作用是指定本类充当一个控制器；@RequestMapping 注解的作用是指定将"/test"的 URL（Uniform Resource Locator，统一资源定位器）路径映射到该方法。当通过 HTTP（Hypertext Transfer Protocol，超文本传输协议）发送"/test"的 URL 请求时，Spring MVC 即可调用 test()方法在控制台上打印"Hello World"。因为 Spring MVC 是 Spring Boot 推荐且内置的技术，所以不需要对 Spring MVC 做任何配置。

在 TestspringbootMavenApplication 类中，通过 main()方法启动 Spring Boot 项目，控制台会打印 Spring Logo 及其他项目所用技术的信息。如果控制台没有报错信息，则说明我们开发的 Spring Boot 项目已经成功启动。打开浏览器，在地址栏中输入"http://localhost:8080/test"，按回车键，页面会显示"Error Page"错误。

这时，控制台也会报异常信息，这是因为 Spring MVC 没有找到对应的视图文件，但实际上"Hello World"的信息已经被打印。因为视图层技术在第 3 章中才能学到，此时并不需要视图显示，所以可以忽略这个异常。

当然，也可以在 test()方法上加上@ResponseBody 注解，让返回值作为 JSON 数据响应到客户端浏览器，这样就避免了异常信息的出现。

1.4 Spring Boot Test

Spring Boot 提供了单元测试 Spring Boot Test 技术，它默认集成 JUnit 组件，方便开发者进行程序调试和单元测试。接下来，我们使用 Spring Boot Test 进行单元测试。

我们可以将 Controller 作为普通类进行测试，即在测试类上加一个@SpringBootTest 注解，而在本测试类中可以直接使用 Spring DI 技术提供的@Autowired 注解进行目标类对象的注入。

```
@SpringBootTest
class TestspringbootApplicationTests {
    @Autowired
    private TestController testController;
```

```
    @Test
    void testTest() {
        testController.test();
    }
}
```

也可以将 Controller 作为对外提供的 Web 访问接口，即通过 HTTP 请求进行测试，那么就需要在 @SpringBootTest 注解中指定 webEnvironment 的属性值为 SpringBootTest. WebEnvironment.RANDOM_PORT，即模拟一个 Web 环境。在具体的测试代码编写环节中，我们可以使用 Spring Boot Test 提供的 TestRestTemplate 类进行接口测试。控制台会提示没有视图，但可以打印出预期的"Hello World"信息。

```
@SpringBootTest(webEnvironment =SpringBootTest.WebEnvironment.RANDOM_PORT )
class TestspringbootApplicationTests2 {
    @LocalServerPort
    private int port;
    private URL base;
    @Autowired
    private TestRestTemplate template;
    @Test
    void testTest() throws MalformedURLException {
        base = new URL("http://localhost:" + port + "/test");
        ResponseEntity<String> response =template.getForEntity(base.toString(),
            String.class);
        System.out.println(response.getBody());
    }
}
```

1.5　贯穿项目的需求与设计

Spring Boot+Vue 开发实质上是 Web 系统开发。如果有一个贴合实际的项目，并能将各个环节的知识点融入其中，则会让学习者更清楚地了解到该项技术是什么、解决了什么问题（What）、什么场景下需要使用（Where\When）、如何使用（How），为什么要用它（Why）和底层原理是什么，以及有什么替代方案（While）。通过 4W1H 形式系统地对技术进行介绍，可以让学习者快速地从整体结构上了解该技术的作用，从具体操作上掌握该技术的知识点及用法。

本书会通过一个 Alan 人事管理系统项目来介绍 Spring Boot 及其所推荐的常用技术、Web 前端知识、Vue 框架等，并从一开始完成传统的单体 Web 项目到最终完成前后端分离架构的 Web 项目。本书抽取涉及的每项技术的核心并形成主线，贯穿式地在项目中解决实际问题。但对于技术中不常用的知识点，本书囿于篇幅限制，不做详细介绍。

1.5.1　Alan 人事管理系统

本书选用该系统作为贯穿案例，是因为人力资源所解决的问题属于不同行业的通用性问题，贴合实际，易于理解。它不像 ERP（Enterprise Resource Planning，企业资源计划）、HIS（Hospital Information System，医院信息系统）等系统要和某些行业（如制造业、医疗行业）紧密结合，如果对这些行业的业务不了解，则很难理解其需求。

正如前文所说，本项目的目标不是实现一个大而全、可商用的人事管理系统，而是将以 Spring Boot 为代表的 Java 后端技术体系与以 Vue 为代表的 Web 前端技术体系中所涉及的重要技术融入项目中，理论不脱离实际，让学习者深切体会到学以致用。

因此，本项目只包含员工管理模块、部门管理模块、权限管理模块，其系统功能如图 1-7 所示。

在系统设计层面上，项目充分遵循面向对象的开发原则，利用 MVC 架构和三层架构模式让各个模块达到高内聚、低耦合的标准，读者可以在实现本书所包含功能的前提下，进行模块的扩展和丰富。

图 1-7

1.5.2　技术选型

在技术选型上，本书以 Web 应用系统企业级开发常见场景为基准，以后端为例，充分尊重 Spring Boot 所推荐的技术。当面对相同的应用场景而行业中有多种常用技术可选择时，会使用不同的技术实现，以便进行横向对比，让读者充分了解各种技术的优点，如分别使用 MyBatis 和 Spring Data JPA 实现持久层。而当解决同一个场景问题出现技术更替，但旧技术还没有被完全淘汰时，则会进行纵向对比，如先用 jQuery 实现，然后替换成 Vue。

在前后端架构设计中，先以浏览器请求调用后端服务器，服务器程序处理完毕再转发页面的传统模式开始，然后修改为 AJAX 调用数据的模式，最后 Web 前端使用拥有 MVVM 思想的 Vue 框架模式进行重构，并通过前端工程化的方式实现前后端分离架构的开发和部署。

通过以上方式，充分厘清前后端技术三十年的发展脉络，让读者明白不同类型的架构都有适合自己的应用场景。借此，让读者能够达到根据实际项目的规模和应用场景恰当地选择架构和技术的水平。

具体而言，数据库选用 MySQL；后端服务器使用 Spring Boot 内置的 Tomcat；前端服务器使用 Vite 工具提供的 Server；后端技术使用 Spring、Spring MVC、MyBatis、Spring Boot、HikariCP、Logback、Log4j2、Thymeleaf、Spring Data JPA、Redis、Spring Cache、Spring Security、JWT、RESTful、Swagger、Lombok 等；前端技术使用 HTML、CSS、JavaScript、jQuery、Bootstrap、NodeJS、npm、TypeScript、ECMAScript、Vue、Vite、Local Storage、Pinia、Element Plus、axios 等。

1.5.3　员工管理模块和部门管理模块

员工管理模块作为本系统的主要模块，提供了查看员工、搜索员工、新增员工、修改员工和删除员工的功能。部门管理模块包含查看部门、新增部门、修改部门、删除部门的功能。员工和部门之间是多对一的关系，当新增和修改部门时，可以通过下拉框选择对应的部门；当搜索部门时，也可以通过下拉框选择某个部门进行搜索。当删除部门时，要将员工表对应的部门关联列的数据置空。员工管理模块和部门管理模块的功能如图 1-8 所示。

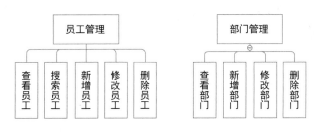

图 1-8

1.5.4　权限管理模块

权限管理在很多应用系统中都有实现，如贴吧的管理员、版主、会员、访客等都是不同的角色。本书使用 RBAC（Role-Based Access Control，基于角色的访问控制）模型进行权限管理模块的设计。

RBAC 通过角色与角色、角色与权限将用户进行关联。每个用户拥有若干个角色，每个角色拥有若干权限，这样就构成了"用户—角色—权限"的授权模型，这是当前行业中权限设计最为合理的方案。

如图 1-9 所示，在 RBAC 中将权限与角色进行关联，即用户通过成为某个角色而得到该角色对应的权限。这种层级相互依赖的设计关系清晰，易于理解，管理起来很方便，不像用户直接关联权限的设计一样，容易造成混乱。

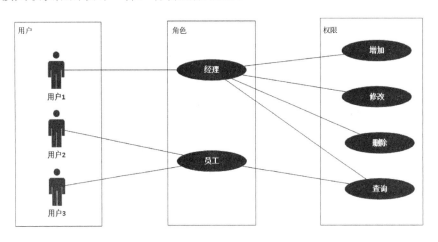

图 1-9

RBAC 主要涉及用户、角色、权限三个实体，它们之间是多对多的关系。本书会在第 6 章实现以上三个模块的新增、删除、修改、查询功能及关联关系；权限管理（认证和授权）会在第 8 章完成；前后端分离架构下因为跨域访问导致认证、授权的解决方案也有所不同，这会在第 16 章中得到解决。权限管理模块的功能如图 1-10 所示。

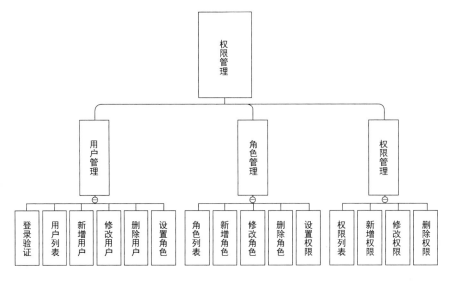

图 1-10

权限管理系统除了可以在某个项目中作为一个模块进行权限的管理工作，也可以作为一个独立的子项目进行开发、管理和发布。

1.5.5　数据库设计

通过以上对项目的需求分析可以看出，项目中的实体有 Employee（员工）、Department（部门）、User（用户）、Role（角色）和 Permission（权限）。其中，Employee 和 Department 是多对一的关系，如图 1-11 所示；User 和 Role、Role 和 Permission 是多对多的关系，如图 1-12 所示。

在关系数据库中，多对一和一对多的表关系需要在多的一方建立关联列，在关联列上可以建立外键约束，也可以不建。多对多的表关系要通过建立一张关系表来确立。

创建一个数据库，名为 hrsys1，可以根据表结构图中列出的表名和字段名建表，而在学习第 6 章的内容后也可以利用 Spring Data JPA 底层的 Hibernate 引擎根据实体类自动建表。

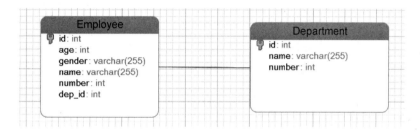

图 1-11

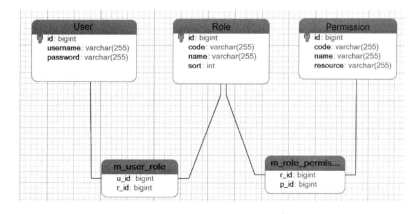

图 1-12

1.5.6　实体类设计

在传统项目开发过程中，往往是先将需求分析抽取的实体设计成数据库表，然后根据数据库表建立对应的实体类，这与使用 Spring Data JPA 通过实体类自动生成数据库表的方式有很大的不同。因为 Alan 人事管理系统项目最初使用的持久层框架是 MyBatis，所以这里先建立数据库表，然后根据表再建立对应的实体类。

在面向对象的设计中，当建立 Employee 类与 Department 类多对一的关系时，是在多的一方建立的，即在 Employee 类中添加类型为 Department 的 dep 属性。

Employee 实体类代码：

```
public class Employee {
    private int id;
    private int number;
    private String name;
    private String gender;
    private int age;
    private Department dep;
    //省略 getter()方法和 setter()方法，下同
}
```

Department 实体类代码：

```
public class Department {
    private int id;
    private String name;
    private int number;
}
```

因为后续使用的安全框架 Spring Security 提供了一个名为 User 的类来维护已登录的用户，所以为了避免其与业务上的用户实体名混淆，故对用户、角色、权限三个实体名统一加 "Sys" 前缀。

在面向对象的设计中，SysUser 类和 SysRole 类是多对多的关系，需要在 SysUser 类中添加泛型为 SysRole 的 List 类型的 roles 属性。如果要建立多对多的双向关联，则需要在 SysRole 方添加泛型为 SysUser 的 List 类型的属性。

要根据实际情况确定是建立单向关联，还是双向关联，在本项目中，由于有需要通过用户获取对应所有角色的场景，而没有通过某一个角色查询拥有该角色所有用户的需要，所以只需要建立用户和角色、角色和权限的单向多对多关联。

SysUse 实体类代码：

```
public class SysUser {
    private Integer id;
    private String username;
    private String password;
    private List<SysRole> roles;
}
```

SysRole 实体类代码：

```
public class SysRole {
    private Integer id;
    private String code;
    private String name;
    private String sort;//排序
    private List<SysPermission> permissions;
}
```

SysPermission 实体类代码：

```
public class SysPermission {
    private Integer id;
    private String name;
    private String code;
}
```

1.5.7　界面设计

企业内部使用的管理系统，因为用户群体固定，界面只需要做到整洁大方即可，所以可以使用开源的 UI 框架进行界面的快速设计与开发。

本项目在利用模板引擎的传统前后端架构下，使用 Bootstrap 框架进行 UI 设计，在引入 Vue 进行 Web 工程化管理后再使用 Element Plus 进行 UI 设计。以员工管理主界面为例，Bootstrap 的修饰效果如图 1-13 所示。

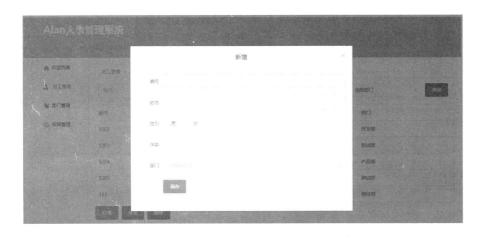

图 1-13

在前后端分离架构下，使用 Element Plus 设计的员工新增界面效果，如图 1-14 所示。

图 1-14

1.6　本章总结

本章首先介绍 Spring Boot 的特性、发展历程及未来前景，以及 Spring Boot 开发所依赖的环境和工具，并对环境进行搭建、对开发工具进行选型。然后利用 IDEA 集成的 Spring Initializr 工具创建 Spring Boot 项目，并实现简单的业务功能，另外，运行该项目并通过 Spring Boot Test 对其进行单元测试。最后对本书的 Alan 人事管理系统项目进行介绍，并根据需求进行设计，建立数据库表和对应的实体类，以便为下一章使用 Spring Boot+SSM 框架实现第一版的项目功能做好准备。

第 2 章　Spring Boot+SSM 实战

由于 Spring Boot 是一个用起来才能体会到其好处的框架, 所以本章将它和 SSM 框架结合来完成 Alan 人事管理系统项目的第一版。

"江山代有才人出, 各领风骚数百年。"Sun 公司的标准企业级开发技术 JSF、EJB 和 JPA, 由于重量级较高和侵入性较强, 因此从 2004 年开始逐渐被第三方提供的由 Struts、Spring 和 Hibernate 组成的 SSH 框架替代, 目前几乎不再使用。

SSH 框架主张轻量级的思想, 可以让开发者轻松上手, 深受开发者的喜爱。其全面统治企业级 Java Web 开发近十年的时间, 在当时被称为 "Java 开发三大框架"。

但从 2011 年开始, 更加轻量级的 Java 开发组合框架出现了, 即由 Spring MVC、Spring 和 MyBatis 组成的 SSM 框架。与 SSH 框架相比, SSM 框架更加轻量级、更加无侵入性。尤其是 Spring MVC 和 Spring 的完美结合及 MyBatis 回归原始的 SQL, 让青睐于 Hibernate 的强大但又难以承受其复杂的 API 之苦的开发者如遇甘霖, 于是他们纷纷转向 SSM 框架。

在 2016 年左右, SSM 框架取代了 SSH 的地位, 成为 Java Web 企业级开发最流行的框架。即使到现在, 尤其在国内仍有很多公司在使用 SSM 框架, 而且有不少公司即使在使用 Spring Boot, 也只是在利用 Spring Boot 能减少配置、可直接运行的优点, 将它作为一个壳子套在 SSM 框架上, 并没有使用 Spring Boot 推荐的技术组合, 如 Spring Boot 推荐的持久层框架 Spring Data JPA。

这也充分说明 SSM 框架在行业内的影响力之大, 未来也很有可能会出现 MyBatis 和 Spring Data JPA 两套持久层框架并存的局面。鉴于其在行业中的重要性和部分读者在学习 Spring Boot 之前已经了解 SSM 框架, 本章先使用 Spring Boot 与 SSM 框架结合的方式开发后端项目, 并在下一章使用 Thymeleaf 模板引擎来完成对视图显示层的开发。

本章参考项目: hrsys_ssm, 数据库: hrsys1。

2.1　创建 Spring Boot Module 贯穿项目

Alan 人事管理系统涉及的技术和功能会随着本书的章节循序渐进进行介绍, 本章使用

Spring Boot+SSM 框架来完成，本章完成的项目没有界面，只用到 employee 和 department 两张表。

本书贯穿项目的前后端版本多达四十多个，为了便于读者进行对比学习，技术的迭代不在原项目上进行，而是每个版本会对应一个项目。鉴于 IDEA 中每个 Project（项目，在行业中一般称为父项目）会占用一个开发工具界面，本书只创建一个 Project，在该 Project 中通过针对每个版本项目创建一个对应的 Module（模块，在行业中一般称为子项目、项目）的方式进行开发。

IDEA 的项目设计遵循 Maven 定义的项目结构规则，即 Project 和 Module 的模式。在 Project 下有不同的 Module，Module 下面也可以创建多个 Module。

参照第 1 章在 IDEA 中创建的名为 hrproject2（为了与《Spring Boot+Vue 开发实战》一书的贯穿项目 hrproject 进行区分）的 Project。

2.1.1　创建 Module

首先在 IDEA 项目导航栏下的 hrproject2 项目上右击选择"New"，并在二级菜单中选择"New Module"，出现图 2-1 所示的窗口。然后在窗口的左侧列表中选择"Spring Initializr"，

图 2-1

在右侧区域 Name 项中输入"hrsys_ssm",选中"Java"语言,构建工具选择"Maven",并填写 Group 和 Artifact 两项内容,注意:为了后续章节在创建多个 Module 时复制方便,直接将包名设置为 com.alan.hrsys。最后单击"Next"按钮。

在切换到的选择依赖窗口中,选择 Spring Boot DevTools、MyBatis Framework、MySQL Driver 依赖,然后点击"Create"按钮创建 Module。如果在创建 Module 时没有选择某个依赖,也可以在生成的 Module 的 pom.xml 文件中手动填写。Module 的结构如图 2-2 所示。

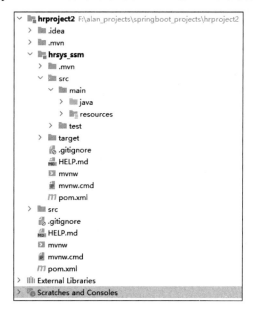

图 2-2

2.1.2　Alan 人事管理系统项目结构

本书贯穿项目的后端使用三层架构模式对 Java 包进行设计,结构如图 2-3 所示,并在 com.alan.hrsys 包下创建子包。

entity 包:实体包。

controller 包:控制器包,即 Spring MVC 类存放的位置。

service 包:业务逻辑接口包。

service.impl 包:业务逻辑实现类包。

dao 包:数据库访问接口包,即 MyBatis 接口存放的位置。

util 包：工具包。

项目所涉及的配置文件统一放到 resources 文件夹下。

mapper 文件夹：MyBatis 映射文件。

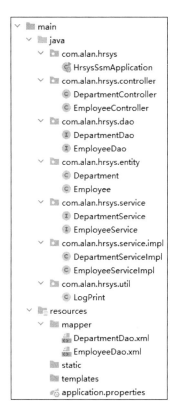

图 2-3

为了方便后续章节复制本项目，可以将启动类改名为 HrsysApplication。

2.2　Spring Boot 简化配置

Spring Boot 的简化配置，一方面体现在简化 Maven/Gradle 的依赖上，另一方面体现在减少对其他框架的配置上。

2.2.1　简化 Maven 依赖配置

因为项目是由 Maven 构建的，所以 Spring Initializr 在创建项目时，会自动在 main 目录下创建 java 目录来保存 Java 代码文件，创建 resources 目录来保存资源配置文件，并且在 java 目录下生成由 Group 和 Artifact 组合命名的包。

　　观察 Module 的 pom.xml 文件，会发现创建项目时所选择的技术已经在 pom.xml 文件中添加了依赖，相较于单纯的 SSM 项目动辄需要数十个依赖，Spring Boot+SSM 仅仅需要 6 个依赖。

　　pom.xml 文件代码清单：

```xml
<parent>
    <groupId>org.springframework.boot</groupId>
    <artifactId>spring-boot-starter-parent</artifactId>
    <version>3.0.6</version>
    <relativePath/> <!-- lookup parent from repository -->
</parent>

<groupId>com.alan</groupId>
<artifactId>hrsys_ssm</artifactId>
<version>0.0.1-SNAPSHOT</version>
<name>hrsys_ssm</name>
<description>hrsys_ssm</description>

<properties>
    <java.version>17</java.version>
</properties>

<dependencies>
    <!--包含 spring-boot-starter、spring-web、spring-webmvc、tomcat 等依赖，用于
      Spring Web 开发-->
    <dependency>
        <groupId>org.springframework.boot</groupId>
        <artifactId>spring-boot-starter-web</artifactId>
    </dependency>
    <!--MyBatis-->
    <dependency>
        <groupId>org.mybatis.spring.boot</groupId>
        <artifactId>mybatis-spring-boot-starter</artifactId>
        <version>3.0.0</version>
    </dependency>
    <!--扩展 AOP-->
    <dependency>
        <groupId>org.springframework</groupId>
```

```
        <artifactId>spring-aspects</artifactId>
    </dependency>
    <!--提升开发效率，如热部署-->
    <dependency>
        <groupId>org.springframework.boot</groupId>
        <artifactId>spring-boot-devtools</artifactId>
        <scope>runtime</scope>
        <optional>true</optional>
    </dependency>
    <!--MySQL-->
    <dependency>
        <groupId>com.mysql</groupId>
        <artifactId>mysql-connector-j</artifactId>
        <scope>runtime</scope>
    </dependency>
    <!--Spring Boot 单元测试-->
    <dependency>
        <groupId>org.springframework.boot</groupId>
        <artifactId>spring-boot-starter-test</artifactId>
        <scope>test</scope>
    </dependency>
</dependencies>
<build>
    <plugins>
        <plugin>
            <groupId>org.springframework.boot</groupId>
            <artifactId>spring-boot-maven-plugin</artifactId>
        </plugin>
    </plugins>
</build>
```

　　pom.xml 文件代码的最开始是一个<parent>标签，该标签可以引入一个公共依赖。在 Spring Boot 中，<parent>标签会默认继承 ArtifactId 为 spring-boot-starter-parent 的项目。spring-boot- starter-parent 的作用如下：

- 标识该项目是一个 Spring Boot 项目。
- 默认字符编码是 UTF-8。
- 由它来维护 Spring Boot 推荐的各项技术的版本号，所用的依赖中就可以省去版本配置。
- 识别资源和对常用插件进行管理。

<parent>标签下的标签都是本项目命名的基本信息,这跟普通的 Maven 所构建的项目是一致的。<parent>标签下面的 Maven 坐标信息、Java 版本信息与普通 Maven 项目中的没有区别。

再往下是<dependencies>标签,它是 Maven 的依赖信息。Spring Initializr 会将在创建项目时勾选的技术添加成为 Maven 依赖。仔细观察这些依赖,会发现只要是 Spring Boot 推荐使用的技术都省去了版本号管理。而像 MyBatis,虽然在 Spring Initializr 的推荐技术中有其选项,但因为它并不是 Spring Boot 首推的持久层技术,所以它的版本号需要开发者来确定。

其中最关键的依赖是 spring-boot-starter-web,它集成了 spring-boot-starter、spring-web、spring-webmvc、tomcat 等依赖,减少了开发者原本需要手动添加的大量依赖。

关于 Spring Boot 依赖管理的原理将在第 5 章中详细介绍。

最后是<build>标签,它配置了一个 ArtifactId 为 spring-boot-maven-plugin 的插件,该插件能够将 Spring Boot 应用打包成可执行的.jar 文件或.war 文件,对文件进行相应部署后即可启动 Spring Boot 应用,这和普通 Maven 项目中需要配置多个插件进行编译和打包不同。

2.2.2　简化 SSM 框架配置

具有 SSM 框架开发经验的读者应该知道,项目需要 web.xml 文件、SpringMVC 配置文件、MyBatis 配置文件、Spring 配置文件,所有文件的配置内容冗长,但又几乎从来不变。Spring Boot 基于“习惯大于配置”的思想,认为既然开发者都习惯于那些配置内容,干脆便以该内容为默认配置,只需要配置必要的信息即可。

Spring Boot 项目的 application.properties 文件如下所示,关于 Spring Boot 的配置文件 YAML 和 Properties 的详细介绍会在第 5 章进行。

```
#数据库配置信息
spring.datasource.driver-class-name=com.mysql.cj.jdbc.Driver
spring.datasource.url=jdbc:mysql://localhost:3306/hrsys1?serverTimezone=UT
C&characterEncoding=UTF-8
spring.datasource.username=root
spring.datasource.password=123456
#MyBatis 配置信息
mybatis.mapper-locations=classpath:mapper/*.xml
```

2.3　MyBatis

MyBatis 是一个优秀的持久层框架，它简化了 JDBC 烦琐的步骤，让开发者只关注 SQL 语句的开发。它会根据 SQL 语句执行的结果，组装返回 Java 对象类型的数据。相对于 Hibernate，MyBatis 功能简单，易学易用，并且能满足大部分的业务场景，一时间在 Java 开发中流行起来。

需要注意的是，MyBatis 不是一个如同 Hibernate 的 ORM（Object-Relational Mapping，对象关系映射）框架，而是只会根据方法名与 SQL 语句的映射对数据库访问的结果对应生成 Java 对象。

MyBatis 提供了两种方式的 DAO（Data Access Objects，数据访问对象）层设计：

- 使用 SqlSession 提供的 insert()、update()、delete()、select()等方法访问数据库。
- 使用 Mapper 方式访问数据库，即将 Java DAO 层接口搭配在 XML 文件或注解中书写 SQL 语句。

在 MyBatis 官方手册中，建议使用 Mapper 方式，因为这种方式更加优雅，其中 Java 接口与方法只表示功能，而 SQL 语句是功能的具体实现。在屏蔽了 JDBC 烦琐的建立连接、关闭连接的模板型代码后，开发者只需要关注业务方法的定义和 SQL 语句的书写，做到了对 Java 与 SQL 语句的分离，从而实现了解耦合。

目前，当使用 MyBatis 的 Mapper 方式时，一般会使用 Java 接口和 XML 映射来实现。因为相对于注解（定义在 Java 方法上）实现，Java 和 XML 两个文件可以做到更彻底地解耦合，这也是开发 MyBatis Mapper 技术的初衷。

因为 MyBatis 不是 Spring Boot 推荐的持久层框架，所以除引入依赖要手动填写版本号之外，还需要在启动类上加入扫描 Mapper 的注解。

```
@SpringBootApplication
@MapperScan("com.alan.hrsys.dao")
public class HrsysApplication{
    public static void main(String[] args) {
        SpringApplication.run(HrsysApplication.class, args);
    }
}
```

2.3.1　解耦合

软件工程强调高内聚和低耦合,而 MyBatis Mapper 解决的正是 Java 与 SQL 语句解耦合的问题。我们可以通过对比分别使用 JDBC 和 MyBatis 完成相同 Employee 实体的查询功能来充分体会 MyBatis 解耦合的好处。

JDBC 代码:

```
public List<Employee> search() {
    //省略建立连接等的代码
    //定义存放数据的 List
    List<Employee> list = new ArrayList<Employee>();
    //定义 SQL 语句
    String sql = "select * from employee";
    //执行 SQL 语句
    ResultSet rs = stat.executeQuery(sql);
    //处理返回结果集 ResultSet 对象,并将其转换成 List 对象
    while (rs.next()) {
    Employee emp= new Employee();
        emp.setId(rs.getInt("id"));
        emp.setNumber(rs.getInt("number"));
        emp.setName(rs.getString("name"));
        emp.setGender(rs.getString("gender"));
        emp.setAge(rs.getInt("age"));
        list.add(emp);
    }
    return list;
}
```

在以上代码中有两个弊端:一个是 SQL 语句和 Java 代码混在一起;另一个是需要先通过 Statement 对象执行 executeQuery()方法,并将 SQL 语句发送到数据库执行,然后得到结果集 ResultSet。这就需要开发者使用循环语句,根据结果集的行数来编写逻辑,先将数据组装到新建 Employee 类型的对象中,然后添加到泛型为 Employee 的 List 容器中,而这些除了 SQL 语句,其他的都是模板型代码,应避免在项目中频繁出现。

如果使用 MyBatis 做同样的开发工作,则只需要创建一个 EmployeeDao 接口,在接口中定义方法,并通过返回值类型和方法名查询对功能名称进行描述,即可查询 employee 表中的数据并返回 List<Employee>类型的对象。

```
public interface EmployeerDao {
```

```
    List<Employee> search();
}
```

在 XML 映射文件中定义 SQL 语句，并将其和类中定义的方法进行绑定。在 resources 目录下新建 mapper 目录，在该目录下新建 EmployeeDao.xml 文件，并在里面添加如下代码。

```
<select id="search" resultType="com.alan.hrsys.entity.Employee">
    select * from employee
</select>
```

MyBatis 会根据命名空间、id 值与对应的类和方法进行绑定，当调用 DAO 层方法时，会自动执行对应的 SQL 语句，根据<select>标签中 resultType 属性定义好的实体类型将查询结果进行对象的组装，并根据定义方法的返回值类型（List 或 Employee）灵活地进行数据组装。

MyBatis 提供了<select>、<insert>、<update>、<delete>四种标签，方便开发者对新增、删除、修改、查询操作进行表意，但实际上它们是通用的。

通过以上对 MyBatis 和 JDBC 的代码进行对比，可以看出使用 MyBatis 更加简单、方便，能让程序的耦合度更低。但是正是因为 Java 和 SQL 语句的分离，SQL 语句无法再像在 Java 环境下使用 String 类提供的方法一样进行灵活的拼接、截取等操作，从而引发参数传递、关联关系、动态语句等相关问题。下面有关 MyBatis 的介绍主要就是为了解决这几个问题。

2.3.2　参数

MyBatis 参数使用 OGNL 表达式。MyBatis 参数一般分为四种类型：单个基本类型参数、多个基本类型参数、单个 JavaBean 类型参数和多个混合类型参数。

1. 单个基本类型参数

如果是单个基本类型参数，则映射文件中可以任意命名参数。因为只有一个参数，在 MyBatis 内部处理时不会关注参数名称。

例如，在 EmployeeDao 中有一个根据 id 查找的方法。

```
searchById(int id)
```

在对应的 XML 映射文件中可以使用#{id}形式接收 Java 传递的参数。其中，#{}中的 id 可以被改为任意字符串，但为了让命名有意义，一般会直接使用 Java 方法的参数名来命名。

```
<select id="searchById" resultType="com.alan.hrsys.entity.Employee">
    select * from employee where id=#{id}
</select>
```

2. 多个基本类型参数

如果是多个基本类型参数，则映射文件中要使用#{0}、#{1}、#{2}...的数字索引形式（注意索引从 0 开始），或#{param1}、#{param2}、#{param3}...的 param 索引形式（注意索引从 1 开始）。

例如，在 EmployeeDao 中有一个根据性别和年龄查找的方法。

```
searchByCondition(String gender,int age);
```

使用数字索引形式。

```
<select id="searchByCondition" resultType="com.alan.hrsys.entity.Employee">
    select * from employee where gender=#{0} and age=#{1}
</select>
```

在对应的 XML 映射文件中使用 param 索引形式。

```
<select id="searchByCondition" resultType="com.alan.hrsys.entity.Employee">
    select * from employee where gender=#{param1} and age=#{param2}
</select>
```

当参数过多时，这样的命名显然不合适，因为不容易被记住。MyBatis 提供了给参数添加注解的方式，即在 Java 方法中使用@Param 注解给在 XML 映射文件中使用的参数命名。

```
Employee searchByCondition(@Param("gender") String gender, @Param("age")
    int age);
```

这样，在 XML 映射文件中，便可以使用@Param 注解中的 value 属性值进行操作。

```
<select id="searchByCondition" resultType="com.alan.hrsys.entity.Employee">
    select * from employee where gender=#{gender} and age=#{age}
</select>
```

3. 单个 JavaBean 类型参数

由于以 JavaBean 充当参数的一般是实体类，因此这类参数也被称为实体类型参数。例如，在 EmployeeDao 接口中有如下方法。

```
int add(Employee emp);
```

在 XML 映射文件中可以通过 JavaBean 的属性名接收参数，当然，JavaBean 的属性必须有对应的 getter()方法和 setter()方法。

```
<insert id="add">
    insert into employee(number,name,gender,age,dep_id)  values
    (#{number},#{name},#{gender},#{age},#{dep.id})
</insert>
```

如果 Employee 类中包含 Department 类型的对象 dep，则可以使用 dep 中的 id 进行操作，也可以直接用面向对象的“.”操作符进行操作。

如果已经给 JavaBean 类型的参数加了注解，则只能通过注解 value 值.属性名的形式访问参数。比如，在 add(@Param("emp")Employee emp)方法的映射中，就需要通过 emp 来访问该参数的值。

```
<insert id="add">
    insert into employee (number,name,gender,age,dep_id) values
    (#{emp.number},#{emp.name},#{emp.gender},#{emp.age},#{emp.dep.id})
</insert>
```

4．多个混合类型参数

多个混合类型参数可能是多个 JavaBean 类型参数，也可能是 JavaBean 类型和基本类型的混合参数，这时只能通过对 Java 方法加@Param 注解的形式为 XML 映射文件中的参数命名。

如果项目中有多条件查询加分页处理，则方法的参数需要有包含携带查询条件数据的员工对象、从页码开始的索引和每页显示的数目。例如：

```
searchByCondition(@Param("emp")Employee emp,@Param("begin") int begin,
@Param("size") int size)
```

这时，在 XML 映射文件中，只能通过注解的 value 值来访问参数。

```
<select id="search" resultType="">
    select * employee where  name=#{emp.name}and  gender=#{emp.gender=#}
    and age=#{emp.age} limit #{begin},#{size}
</select>
```

5．#{}和${}

以上都是使用“#{}”作为参数的占位符，类似于 JDBC 的 PreparedStatement 的“?”占位符。如果参数值是字符串类型，则会自动拼接上前后的单引号，还会在赋值时进行转义操作，有效防止 SQL 语句注入。

　　MyBatis 还提供"${}"占位符，用来拼接 SQL 字符串。当进行模糊查询时，如果使用"#{}"的形式：

```
select * from employee where name like '%#{mes}%'
```

则其转换后的 SQL 语句为 select * from employee where name like '%'小'%'，这会引发 SQL 语法错误，此时可以使用 concat()函数进行字符串拼接，也可以使用"${}"占位符。

```
select * from employee where name like '%${mes}%'
```

　　因为"${}"占位符只会简单拼接字符串，不会添加前后的单引号，所以不会产生 SQL 语法错误。

2.3.3　关联关系

　　MyBatis 的关联关系也被称为高级结果映射。当实体与实体之间存在多对一、一对多、多对多三种关系时，MyBatis 提供了多种方法将查询结果组装到实体类对象中。

　　1.　多对一

　　以 Employee 类和 Department 类为例，由于 Employee 类中有一个 Department 类型的属性，因此它和 Department 类就形成了多对一的关系。当在 EmployeeDao 接口中设计 search()方法时，要查询所有的 Employee 对象和每个对象包含的 Department 对象，这时可以使用别名的方式或者定义 ResultMap()方法的方式。

　　别名方式是对查询的列设置别名，查询的结果集如图 2-4 所示，MyBatis 会将"dep.id"对应的值组装到 Employee 对象 dep 属性的 id 属性上。

```
<select id="search" resultType="com.alan.hrsys.entity.Employee">
    select e.*,d.id as 'dep.id',d.number as 'dep.number',d.name as 'dep.
    name' from Employee  as e left join Department as d on e.dep_id=d.id
</select>
```

　　以上方法虽然方便，但是阅读性不强。MyBatis 提供了将自定义结果集<resultMap>标签和多对一<association>标签搭配使用的方法，同时提供了更加完善的关联配置，代码如下所示。

id	number	name	gender	age	dep_id	dep.id	dep.number	dep.name
1	10001	李婧	女	29	4	4	104	设计部
2	10002	张伟	男	32	2	2	102	测试部
3	10003	王涛	男	25	1	1	101	开发部
4	10004	杨颖	女	26	1	1	101	开发部
5	10005	张强	男	24	3	3	103	产品部
6	10006	王正	男	24	1	1	101	开发部
7	10007	孟宇	男	25	(Null)	(Null)	(Null)	(Null)

图 2-4

```xml
<select id="search" resultMap="EmpAndDep">
    select e.*,d.name as depName from
    employee as e left join department as d on
    e.dep_id=d.id order by e.id
</select>
<resultMap type="com.alan.hrsys.entity.Employee" id="EmpAndDep">
    <id property="id" column="id" />
    <result property="number" column="number" />
    <result property="name" column="name" />
    <result property="gender" column="gender" />
    <result property="age" column="age" />
    <association property="dep" javaType="com.alan.hrsys.entity.Department">
        <id property="id" column="dep_id" />
        <result property="number" column="depNumber" />
        <result property="name" column="depName" />
    </association>
</resultMap>
```

这种方法使用了数据库 SQL 语句中的 join 连接。另外，MyBatis 还提供了一种嵌套查询的方法，代码如下所示。

```xml
<select id="searchAll" resultMap="EmpAndDep">
    select * from employee
</select>
<resultMap type="com.alan.hrsys.entity.Employee" id="EmpAndDep">
    <!--省略基本数据类型属性-->
    <association property="dep" column="dep_id" javaType="com.alan.hrsys.
        entity.Department"
        select="com.alan.hrsys.dao.DepartmentDao.searchById">
    </association>
</resultMap>
```

此时，在 DepartmentDao.xml 中应该定义 id 为 searchById 的部门查询实现。

```xml
<select id="searchById" resultType="com.alan.hrsys.entity.Department">
```

```
    select * from department where id=#{id}
</select>
```

实际上，这种方法是对 Employee 类型的结果集进行循环，在循环中根据 dep_id 值查询对应的 Department 数据并将其组装成 Department 类型的对象，再配置到 Employee 对象的 dep 属性中。该方法避免了 join 查询性能慢的弊端，并且非常适用于懒加载或缓存场景。

2.　一对多和多对多

如果在 Department 实体类中新定义一个 List<Employee>类型的 emps 属性，则 Department 类和 Employee 类为一对多的关系。

```
public class Department {
    //省略其他属性
    private List<Employee> emps;
    //省略 getter()方法和 setter()方法
}
```

对于一对多的情况，MyBatis 提供了<resultMap>标签搭配<collection>标签的解决方案。如果现在要查询所有部门，并且要关联每个部门包含的所有员工，则在 DepartmentDao.xml 文件中需要定义<select>标签和<resultMap>标签。

```
<select id="searchDepAndEmp" resultMap="DepAndEmp">
    select e.*,d.number as depNumber,d.name as depName from department
    as d left join employee as e on d.id=e.dep_id
</select>
<resultMap type="com.alan.hrsys.entity.Department" id="DepAndEmp">
    <id property="id" column="d_id" />
    <result property="number" column="depNumber" />
    <result property="name" column="depName" />
    <collection property="emps" ofType="com.alan.hrsys.entity.Employee">
        <id property="id" column="id" />
        <result property="number" column="number" />
        <result property="name" column="name" />
        <result property="gender" column="gender" />
        <result property="age" column="age" />
    </collection>
</resultMap>
```

除了使用 join 语句，也可以像多对一的情况一样使用嵌套查询的方式。

在面向对象的实体中，多对多的关系其实就是各方都有对方泛型的集合，从任意一方来看，对方都是一对多的关系，因此同样也是使用一对多的处理方法。

2.3.4　动态语句

当遇到需要动态 SQL 语句的场景时，MyBatis 提供了一系列的标签供开发者使用。

常见的 MyBatis 动态语句标签如下。

if：简单的条件判断。

choose：相当于 Java 语言中的 switch，与 JSTL（Java Server Pages Standarded Tag Library，JSP 标准标签库）中的 choose 类似。

trim：在包含的内容上加上 prefix 或 suffix，即前缀或后缀。

where：简化 SQL 语句中 where 条件的判断。

set：用于更新。

foreach：一般在构建 in(…)SQL 语句时使用。

if 标签典型的应用场景都是做多条件查询，如员工的编号、姓名、性别、年龄都可以作为条件组合查询，对应的 Java 方法如下。

```
List<Employee> search(Employee condition)。
```

对应的 EmployeeDao.xml 代码：

```xml
<select id="search" resultType="com.alan.hrsys.entity.Employee">
    select * from employee where 1=1
    <if test="number!=null">
            and number=#{number}
    </if>
    <if test="name!=null and name!=''">
            and name=#{name}
        </if>
    <if test="gender!=null and gender!=''">
            and gender=#{gender}
        </if>
    <if test="age!=null">
            and age=#{age}
    </if>
</select>
```

2.3.5　DAO 层设计

在本章，我们先完成 Employee 和 Department 两个模块的开发，因为持久层技术后续要替换成 Spring Data JPA，权限部门的开发会在介绍 Spring Data JPA 时完成。下面仅列举员工管理模块的核心代码，读者可以自行完成部门管理模块的开发。

EmployeeDao 代码清单：

```
public interface EmployeeDao {
    List<Employee> search(Employee condition);
    Employee searchById(int id);
    int add(Employee emp);
    int update(Employee emp);
    int delete(int id);
    int updateByDep(int depId);
}
```

EmployeeDao.xml 核心代码清单：

```xml
<mapper namespace="com.alan.hrsys.dao.EmployeeDao">
    <select id="search" resultMap="EmpAndDep">
        select e.*,d.name as depName from
        employee as e left join department as d on
        e.dep_id=d.id order by e.id
    </select>
    <select id="searchById" resultMap="EmpAndDep">
        select e.*,d.name as depName,d.number as depNumber from
        employee as e left join department as d on e.dep_id=d.id where
        e.id=#{id}
    </select>
    <resultMap type="com.alan.hrsys.entity.Employee" id="EmpAndDep">
        <id property="id" column="id" />
        <result property="number" column="number" />
        <result property="name" column="name" />
        <result property="gender" column="gender" />
        <result property="age" column="age" />
        <association property="dep" javaType="com.alan.hrsys.entity.Department">
            <id property="id" column="dep_id" />
            <result property="number" column="depNumber" />
            <result property="name" column="depName" />
        </association>
    </resultMap>
```

```
<insert id="add">
    insert into employee  (number,name,gender,age,dep_id) values
     #{number},#{name},#{gender},#{age},#{dep.id})
</insert>
<update id="update">
    update employee set number=#{number},name=#{name},
    gender=#{gender},age=#{age},dep_id=#{dep.id} where id=#{id}
</update>
<delete id="delete">
    delete from employee where id=#{id}
</delete>
<update id="updateByDep">
    update employee set dep_id=null where dep_id=#{depId}
</update>
</mapper>
```

2.4　Spring

狭义上所说的 Spring 框架是指 Spring Framework Core，即 Spring 框架的核心。它是 Spring 最原始，也是最基础的框架，提供了 DI（Inversion of Control，依赖注入）、AOP、对 DAO 层和 Service 层的支持、集成其他框架等服务，是一个非常优秀的解耦合框架。

2.4.1　DI

IOC 和 DI 解决的其实是同一个问题，是指使用 Spring 容器管理接口对应的实现类，为声明的接口类型变量生成和装配对象。

IOC 强调的是如果 A 类要使用 B 类，那么 A 类就要有生成 B 类对象的控制权，但是因为现在这个控制权由 Spring 容器管理，所以就认为是控制权被反转了，但是"反转"这个词不是很好理解，后来在编程大师 Martin Fowler 的建议下，将控制反转改为依赖注入。现在，Spring 官网已经舍弃了 IOC，规范命名为 DI。

DI 强调的是怎样找到接口所对应的实现类，并将实现类对象装配给此接口类型的属性。

Spring 的 DI 配置可以使用 XML 映射文件或注解的方式。其实现原理是，当加载 Spring 时，解析 XML 映射文件或扫描包（找到以@Component、@Controller、@Service 和@Repository 注解的类），通过反射的形式生成对象，并将类型或名称作为 Key 放到一个 Map 容器中。比如，在 A 类对象中使用 B 类对象时，要根据 B 的类型（By Type）或名称（By Name）去容器中搜索 B 类对象，将找到的对象值通过 A 类的构造方法或 setter()方法赋值给 B 类属性，或者直接给@Autowired 注解标注的 B 类属性赋值。

2.4.2　AOP

　　AOP 解决的是在执行 a()方法和 b()方法前后，有需要统一处理的场景问题，如日志、事务等。Spring 当前的 AOP 是利用动态代理机制实现的，具体是使用 JDK 自带的动态代理类或 CGLib 库提供的动态代理工具实现。如果你觉得动态代理技术有可能影响运行速度，也可以在编译阶段通过使用 AspectJ 将代码植入的方式实现。

　　下面通过在项目的 Service 层实现简单的日志输出功能来领略 AOP 的魅力，如果不使用 AOP 技术，则每个方法都需要在其开始和结束时加入日志信息。

```java
@Override
public List<Department> search() {
    System.out.println("方法开始了");
    List<Department> list = empDao.search();
    System.out.println("方法结束了");
    return list;
}
@Override
public Department searchById(Integer id) {
    System.out.println("方法开始了");
    Department emp = depDao.searchById(id);
    System.out.println("方法结束了");
    return emp;
}
```

　　使用 Spring AOP 实现日志程序，要在 pom.xml 文件中引入 spring-aspects 依赖。

```xml
<!--扩展 AOP-->
<dependency>
    <groupId>org.springframework</groupId>
    <artifactId>spring-aspects</artifactId>
</dependency>
```

　　设计 LogPrint 类，需要在类上加@Aspect 注解。

```java
@Component
@Aspect
public class LogPrint{
  @Before("execution(* com.alan.hrsys.service.impl.*.*(..))")
```

```
public void methodBegin(JoinPoint joinPoint){
   System.out.println("方法开始了");
}
@After("execution(* com.alan.hrsys.service.impl.*.*(..))")
public void methodEnd(){
   System.out.println("方法结束了");
}
}
```

如果要打印目标方法、类和参数的名称，则可以使用 Spring 提供的 JoinPoint 参数，其
提供了获取目标方法名、类名和参数名的方法。

```
@Before("execution(* com.alan.hrsys.service.impl.*.*(..))")
public void methodBegin1(JoinPoint joinPoint){
  System.out.println(joinPoint.getTarget()+" "+joinPoint.getSignature().
    getName()+"开始");
}
```

2.4.3 Service 设计

Service 层的作用是当有功能需要调度 DAO 层的多个方法时，对整个流程进行把控，在
第 5 章会对它的方法配置 Spring 事务。Service 层在 Java 代码层面的实现是通过对一个模块
创建一个接口和一个实现类实现的。

EmployeeService 接口代码：

```
public interface EmployeeService {
   List<Employee> search(Employee condition);
   Employee searchById(Integer id);
   boolean add(Employee emp);
   boolean update(Employee emp);
   boolean delete(Integer id);
}
```

EmployeeServiceImpl 实现类代码：

```
@Service
public class EmployeeServiceImpl implements EmployeeService {
   @Autowired
   EmployeeDao empDao;
   @Override
   public List<Employee> searchEmployee condition() {
```

```
        List<Employee> list = empDao.search(condition);
        return list;
    }
    //省略其他方法
}
```

2.5　Spring MVC

Spring MVC 是一个基于 Servlet 封装的 MVC 框架。当前，Java Web 技术底层有两种实现方式：一种是基于 Servlet 实现，另一种是基于 Netty 实现。前者有 Spring MVC、JSF、Struts 等框架，而后者的框架当中 Spring 推出的 WebFlux 框架比较著名，适合异步非阻塞的场景。

Spring MVC 的优势是简单、侵入性小，而且由于是 Spring 自己的产品，因此和 Spring 整合起来非常方便。Spring MVC 也是 Spring Boot 推荐使用的 Web 开发框架。

Spring MVC 的内部实现是通过提供 DispatcherServlet 的 Servlet 作为网站入口，使得所有请求都经过 DispatcherServlet 进行分析和指派，以达到 URL 映射 Controller 层方法的效果。

2.5.1　URL 映射

Servlet 提供了一个 URL 映射一个类的功能，但无法将 URL 直接映射到一个方法上。例如，在 EmployeeController 类中有增加、删除、修改、查询操作的四个方法可以定义"/emp"映射 EmployeeController 的类（根据请求类型会调用该类的 doGet()方法或 doPost()方法），即从前端传来的 type 参数，其取值可以是"add""delete""update""search"等，在后端接收到请求后先通过 request.getParameter("type")获取 type 值，然后根据 type 值再通过 else if 多重选择分支调用相应的方法。

```
@WebServlet("/emp")
public class EmployeeController extends HttpServlet {
    public void doGet(HttpServletRequest request, HttpServletResponse
        response) {
            String type = request.getParameter("type");
            if (type == null||"search".equals(type)) {
            search(request, response);
            } else if ("add".equals(type)) {
            add(request, response);
            } else if ("update".equals(type)) {
```

```
                    update(request, response);
                } else if ("delete".equals(type)) {
                delete(request, response);
                }
        }
    // 省略其他代码
}
```

在程序中书写大量的 else if 语句会让代码显得臃肿，而且每增加一个 Controller 的对外方法接口就要追加 else if 语句，代码的适应性不强。这可以通过反射机制来优化，即将前端传递来的 type 值和方法名保持一致。

```
public void doGet(HttpServletRequest request, HttpServletResponse response) {
    //省略编译型异常
    String type = request.getParameter("type");
    Class clazz = this.getClass();
    Method method = clazz.getDeclaredMethod(type,HttpServletRequest.class,
    HttpServletResponse.class);
    method.invoke(this, request, response);
}
```

同样，Spring MVC 在内部也是通过反射机制处理这个问题的。它直接对 URL 进行反射处理，可以做到 URL 映射方法级别。它提供的@RequestMappding 注解就可以做到一个 URL 映射一个类或一个方法。下面的代码就可以让从前端发来的"emp/search"路径请求调用 EmployeeController 类中的 search()方法。

```
@Controller
@RequestMapping("emp")
public class EmployeeController {
    @RequestMapping("search")
    public ModelAndView search() {
        //省略其他代码
    }
}
```

@RequestMappding 注解还有一个 method 属性，其可以限定 HTTP 请求方法，取值是枚举类型 RequestMethod。该枚举包含 HTTP 请求方法的所有取值：GET、HEAD、POST、PUT、PATCH、DELETE、OPTIONS、TRACE。

例如，下面代码定义的 update()方法只允许 POST 和 PUT 请求访问，如果其他方法访问则会返回 405 响应状态码，并报提示：Request method 'GET' not supported。

```
@RequestMapping(value="update",method = {RequestMethod.POST,RequestMethod.PUT})
public String update(Employee emp) {}
```

2.5.2　接收参数

Servlet 接收前端通过 HTTP 发来的参数需要通过 Servlet 封装的 request 对象的 getParamter()方法。

```
private void add(HttpServletRequest request, HttpServletResponse response) {
    //获取前端发来的参数，如果是 int 类型，则需要使用 Integer 提供的方法进行转换
    int number =Integer.parseInt(request.getParameter("age"));
    String name = request.getParameter("name");
    String gender = request.getParameter("gender");
    int age = Integer.parseInt(request.getParameter("age"));
    //创建员工对象，通过 setter() 方法将从前端获得的数据赋值到员工对象的属性中
    Employee emp = new Employee();
    emp.setNumber(number);
    emp.setName(name);
    emp.setGender(gender);
    emp.setAge(age);
    //调用 Service 层方法，并将员工对象传递给对应的方法
    EmployeeService empService = new EmployeeService();
    boolean flag = empService.add(emp);
    //省略其他代码
}
```

可以看到，request.getParameter()方法的返回值是 String 类型。对于内容为整数的字符串，可以使用 Integer.parseInt()方法将其转换为 Integer 类型。

如果使用 Spring MVC，则可以直接使用方法的形式接收前端传来的参数值，只要保证方法的参数名和前端传来的参数名一致即可。

```
@RequestMapping("add")
public String add(int number,String name,String gender,int age) {
    Employee emp = new Employee();
    emp.setNumber(number);
    emp.setName(name);
    emp.setGender(gender);
    emp.setAge(age);
    boolean flag = empService.add(emp);
    //省略其他代码
}
```

如果这两个参数名不一致，则可以通过设置参数别名的方式解决，比如传来的是 xingming，方法的参数名是 name，就可以通过注解命名。

```
@RequestParam("xingming")String name
```

当然，在实际使用 Spring MVC 接收多个参数的过程中，更习惯使用 JavaBean 参数接收数据。例如，以上的 add()方法可以被改成使用 JavaBean 接收参数，只要能确保前端传来的参数名和 JavaBean 中的属性名保持一致，Spring MVC 便可以根据方法参数类型组装成对应类型的对象，并根据前端传来的数据对该对象的属性进行赋值。

当 Spring MVC 这一系列的内部操作完成后，该对象就已经完成了装配，可以直接传递 Service 层的方法，省去了创建对象和设置对象各个属性值的模板型代码。

```
@RequestMapping("add")
public String add(Employee emp) {
    boolean flag = empService.add(emp);
    //省略其他代码
}
```

2.5.3 转发、重定向、响应 JSON

1. 转发

转发是指 Controller 层处理完毕后，流程跳转到视图显示层页面，因为这个过程是服务器内部做的处理，浏览器并不知情，所以浏览器的地址不变。Servlet 转发是通过 request.getRequestDispatcher ("WEB-INF/employee.jsp").forward(request, response)方式进行的，如果想要实现转发到 JSP（Java Server Pages，Java 服务器页面）时携带的数据能够在 JSP 页面使用，则在转发前要通过 request.setAttribute("属性名", 数据)方式将数据保存到作用域中。

若要使用 Spring MVC 进行视图转发，则需要配置视图解析器。Spring MVC 支持多种视图解析器，可以解析 JSP、JSTL、Thymeleaf。在 Spring Boot 环境下，当引入 Thymeleaf 依赖时（在下一章中介绍），Spring MVC 会自动使用 Thymeleaf 视图解析器，无须配置。

若要找到视图，则可以使用默认方法名、返回字符串视图名和 ModelAndView 的方法。

以下方法会找到视图名为"showAdd"的页面：

```
@RequestMapping("showAdd")
public void showAdd() {
}
```

一般而言，方法名和视图名未必一致，这时可以通过 Java 的 return 关键字返回视图名字符串的方式找到名为 add 的视图。如果要携带数据到视图显示层，则可以在方法形式的参数上加上 Model 类型的参数，用它来携带参数。

```
@RequestMapping("showAdd")
public String showAdd() {
    return "add";
}
```

还可以使用 ModelAndView 方法，即先在 ModelAndView 的构造方法中传入要传递的视图名，或者通过构造方法或 setViewName 方法设置视图名，然后通过 addObject（"属性名"，属性值）方法设置要携带的数据到视图显示层。

```
@RequestMapping("showAdd")
public ModelAndView showAdd() {
    ModelAndView mv = new ModelAndView("add");
    List<Department> depList = depService.search();
    mv.addObject("depList", depList);
    return mv;
}
```

在视图显示层中获得数据的方法和传统的方法完全一样，即 JSP 使用 request.getAttribute("depList")语句，JSTL 则可以直接使用 EL 表达式${depList}，Thymeleaf 也使用${depList}的方式，但 Thymeleaf 的表达式不是使用 EL 表达式，而是使用 SpEL，将会在第 3 章中介绍。

2．重定向

重定向是指响应浏览器的一个 302 状态码，在响应 header（头部文件信息）的 Location 属性上指定要重新定向的 URL，此时浏览器会自动发起一个新的请求访问新的 URL，浏览器地址发生变化。在 Servlet 中，使用 response.sendRedirect("search")语句可以重定向到某个新的路径下，Spring MVC 在方法的返回值上使用 "redirect：重定向的路径" 方式进行重定向。

```
return "redirect:search";
```

3. 响应 JSON

在使用 AJAX 编程时，会有响应普通字符串或 JSON 字符串的需求。如果想要返回普通字符串，在 Servlet 中则要使用 PrintWriter 类型的对象。

```
PrintWriter out = response.getWriter();
out.print("Hello!");
```

若想让 Spring MVC 响应一个字符串，只需要在该方法上使用@ResponseBody 注解，这样就标注了这个方法返回的字符串不再是要转发的视图层文件的名称，而是要响应给浏览器的字符串内容。

```
@ResponseBody
public String test() {
    return "Hello!";
}
```

如果想使用 Servlet 返回 JSON 数据，又不想自己写代码拼接 JSON 字符串，则可以通过 GSON、JSON-lib 等开源工具进行转换，而 Spring MVC 集成了 Jackson，可以方便地转换并返回 JSON 数据。当方法的返回类型是 JavaBean 或集合时，@ResponseBody 注解会调用 Jackson，将对象转换为 JSON 格式。

```
@ResponseBody
public List<Employee> test() {
    List<Employee> list=empService.search();
    return list;
}
```

另外，即使现在不使用前后端分离的架构，转发和重定向的操作也越来越少，因为绝大多数的前后端交互是通过 AJAX 异步请求来完成的。因为 AJAX 是局部刷新的，所以它不适合用于接收后端响应回一个页面，但用于返回 JSON 数据的场景却非常多。为了简便，Spring MVC 提供了@RestController 注解，在类上使用该注解，其内部的方法便不必再加@ResponseBody 注解就可以直接返回字符串或 JSON 数据。@RestController 注解的使用方法会在第 10 章中详细介绍。

2.5.4　Controller 设计

以 EmployeeController 类为例，设计查询、新增、修改、删除，以及访问新增页面和修改页面的方法，并和自定义的 URL 进行映射。

```
@Controller
@RequestMapping("emp")
public class EmployeeController {
    @Autowired
    EmployeeService empService;
    @Autowired
    DepartmentService depService;
    //多条件查询
    @RequestMapping("search")
    public ModelAndView search() {
        ModelAndView mv = new ModelAndView("emp/show");
        List<Employee> list = empService.search(condition);
        List<Department> depList=depService.search();
        mv.addObject("list", list);
        mv.addObject("depList",depList);
        mv.addObject("c", condition);
        return mv;
    }
    @RequestMapping("showAdd")
    public ModelAndView showAdd() {
        ModelAndView mv = new ModelAndView("emp/add");
        List<Department> depList = depService.search();
        mv.addObject("depList", depList);
        return mv;
    }
    @RequestMapping("add")
    public String add(Employee emp) {
        boolean flag = empService.add(emp);
        return "redirect:search";
    }
    @RequestMapping("showUpdate")
    public ModelAndView showUpdate(Integer id) {
        Employee emp = empService.searchById(id);
        List<Department> depList = depService.search();
        ModelAndView mv = new ModelAndView("emp/update");
        mv.addObject("emp", emp);
        mv.addObject("depList", depList);
        return mv;
    }
    @RequestMapping("update")
    public String update(Department dep) {
        boolean flag = depService.update(dep);
        return "redirect:search";
```

```
        }

    @RequestMapping("delete")
    public String delete(Integer id) {
        boolean flag = depService.delete(id);
        return "redirect:search";
    }
}
```

2.6 本章总结

本章创建了贯穿项目的第一个版本，基于 Spring Boot+SSM 的 hrsys_ssm 项目，完成了员工管理模块和部门管理模块除展示之外的业务逻辑，界面显示将在下一章使用 Thymeleaf 引擎和 HTML、CSS、JavaScript 共同完成。

本章用到的技术在当前行业中的应用极为广泛，读者可以将后续学到的技术与本章技术进行对比，充分体会 Spring Boot 所具有的管理依赖、简化配置、快速运行、推荐技术等特性给项目开发带来的好处。

第 3 章 显示层技术演变与 Thymeleaf

本章主要介绍后端的 Java 程序在转发页面时，如何从数据库查询和整理数据并响应到前端页面，这也是在标准（单体、传统）Java Web 开发中，JSP 和 JSTL 所能实现的功能。这一功能在后端项目设计中常常由 MVC 模型和三层架构中的视图显示层来实现。

随着网站的出现与发展，显示层也经历了近三十年的演进，并形成了不同的技术及架构。本章会详细介绍显示层技术的演变，并介绍 Spring Boot 推荐的模板引擎——Thymeleaf 的语法与用法。

本章参考项目：hrsys_thymeleaf。

3.1　显示层技术演变

下面按照时间的先后顺序介绍显示层技术的演变，为了便于理解，以图 3-1 所示的员工表格数据显示为例。

序号	姓名	性别	年龄
1	王越	男	24
2	李小静	女	23
3	张华	男	25

图 3-1

3.1.1　静态网站

1990 年，英国科学家蒂姆发明了万维网（World Wide Web，WWW），但直到 1994 年，网景公司推出的第一款商用浏览器才彻底点燃了对网站访问的热潮，将原本少数专业人士使用的万维网推向了普通用户。由 HTML 组织内容、CSS 修饰页面、JavaScript 进行前端验证的静态网站率先出现。

静态网站，顾名思义就是网页中的数据在编写 HTML 代码时就已经被写好了，展示多少内容就需要开发者编写多少相应的代码。例如，如果每页展示 10 张图片，那么展示 1000 张图片就需要开发 100 个静态网页。

另外，用户只能浏览网页，无法和网页进行交互，自然也不能修改里面的内容。鉴于以上弊端，动态网站应运而生。

3.1.2　CGI

最初阶段的动态网站是由 CGI（Common Gateway Interface，公共网关接口）技术实现的。

由于静态网页的数据都被固定在代码中，这样会造成大量的冗余代码，也会增加开发者的工作负担，而且没有任何交互，用户体验较差，因此找到这些问题的解决方案是开发者当时亟待解决的。

在 20 世纪 90 年代，数据库技术已经非常成熟，开发者便想到是否可以把网站数据存储在数据库表中，并使用编程语言开发一个程序来监听某个端口号，当有请求访问该端口号时，程序就先根据请求查找表中的数据并将其组织成 HTML 代码，再响应给用户的浏览器。这个想法很快得以实现，即 CGI 技术。当时，CGI 一般由 C++、Perl 语言开发。在用户请求到达服务器后，便会开启 CGI 进程处理请求和响应数据，但因为它是进程级别的实现，所以对服务器来说负荷较大，效率较低。

3.1.3　Servlet

Sun 公司在 1995 年推出了 Java 语言，由于其可以在网页上嵌入执行 Applet 技术，正好搭上了万维网爆炸性发展的快车，因此深受全球开发者的欢迎。Applet 与后来的浏览器 Flasher 插件的功能相似，对大量频繁的前后端数据交互并不是非常友好，而且需要将 Java 的运行环境（JRE）安装在客户端。在当时的网速下，下载几十兆的 JRE 让人望而生畏。为了解决这一问题，Sun 公司在 1997 年推出了运行在服务器上的 Servlet 技术。

Servlet 技术的思路和 CGI 的一致，不同的是，Servlet 是线程级别。一个请求对应一个 Servlet 线程，这在系统"开销"上远远小于进程级别，因此运行效率大大提升。而且 Sun 公司利用 Servlet 容器，如 GlassFish 和 Tomcat，来接收请求和响应数据，而 Servlet 容器会监听服务器端口号，并将接收的和要响应的数据分别封装成 request 对象和 response 对象，同时还对底层的网络通信做了抽象，开发者只需要关注业务处理即可，这极大地简化了 Web

服务端的开发。

值得一提的是，CGI 技术并没有消亡，如 FastCGI，其利用进程池技术避免了传统 CGI 进程的频繁开启和销毁，至今仍应用在 PHP 的 Web 开发领域中。

虽然 Servlet 及 Servlet 容器的出现在 Web 编程中具有划时代的意义，但现在来看，Servlet 对 HTML 的处理非常不友好，因为它是将数据和 HTML 语法作为字符串进行拼接的，如果要响应复杂的 HTML 页面，这对排版和测试工作来说则都是让人崩溃的。

以下是利用 Servlet 展示员工表格数据的代码：

```java
public void doGet(HttpServletRequest request, HttpServletResponse response)
throws IOException {
  EmployeeService empService = new EmployeeServiceImpl();
  List<Employee> list = empService.search();
  StringBuffer sb = new StringBuffer();
  sb.append("<html><head></head></html><body>");
  sb.append("<table><tr><th>序号</th><th>姓名</th><th>性别</th><th>年龄
    </th></tr>");
  for (int i = 0; i < list.size(); i++) {
    sb.append("<tr>");
    sb.append("<td>" + (i + 1) + "</td>");
    sb.append("<td>" + list.get(i).getName() + "</td>");
    sb.append("<td>" + list.get(i).getGender() + "</td>");
    sb.append("<td>" + list.get(i).getAge() + "</td>");
    sb.append("</tr>");
  }
  sb.append("</tr></table></body></html>");
  PrintWriter out = response.getWriter();
  out.print(sb);
}
```

3.1.4　JSP

JSP 是一种嵌入在 HTML 语言中书写 Java 代码的脚本语言。在运行期间，它会在后端被 Servlet 容器解析为 Servlet 对象。JSP 的作用是在显示层生成动态数据，Servlet 容器会将这些数据和 HTML 代码组织在一起并响应给浏览器。嵌入 HTML 中的脚本语言并不是 Sun 公司的首创，而是微软公司率先在 ASP 上做的创新，即 JSP 是借鉴 ASP 后的产物。

在 JSP 出现后的 Java Web 开发中，经历了纯 JSP 开发模式、JSP+JavaBean 开发模式，以及由 Servlet 充当控制器、JSP 充当显示层的 MVC 开发模式等阶段。目前，普遍使用的是 MVC 开发模式，因为其可以很好地做到将显示和数据分离，符合现代规范化编程的理念。

以下是利用 JSP+Servlet 展示员工数据表格的代码：

Servlet 部分：

```
public void doGet(HttpServletRequest request, HttpServletResponse response)
throws IOException, ServletException {
  EmployeeService empService = new EmployeeServiceImpl();
  List<Employee> list = empService.search();
  request.setAttribute("list",list);
  request.getRequestDispatcher("emps.jsp").forward(request,response);
}
```

JSP 部分：

```
<html>
  <head>
    <%List<Employee> list = (List<Employee>) request.getAttribute("list");%>
  </head>
  <body>
    <table>
      <%
      for (int i = 0; i < list.size(); i++) {%>
      <tr>
        <td><%=i + 1%></td>
        <td><%=list.get(i).getName()%></td>
        <td><%=list.get(i).getGender()%></td>
        <td><%=list.get(i).getAge()%>
        </td>
      </tr>
    <%}%>
    </table>
  </body>
</html>
```

3.1.5　模板引擎

由于 JSP 中<%%>标识的 Java 代码割裂了标签语言 HTML，因此当页面比较复杂时，阅读 JSP 文件很是让人头疼。这时将脚本语言标签化便成为一种趋势，Sun 公司也顺势推出了 EL 表达式和 JSTL 标签组合的模板引擎技术。

模板引擎的作用就是提供一套和 HTML 语法相近的语言，其能够和 HTML 代码很好地融合在一起，让文档看起来更舒服、整齐。

"EL+JSTL"展示员工数据表格的代码如下，其中后端代码仍使用 3.1.4 节中的 Servlet 代码。

```html
<html>
    <body>
        <table>
            <c:forEach items="${list}" var="emp" varStatus="status">
            <tr>
                <td>${status.index}</td>
                <td>${emp.name}</td>
                <td>${emp.gender}</td>
                <td>${emp.age} </td>
            </tr>
            </c:forEach>
        </table>
    </body>
</html>
```

3.1.6　模板引擎对比

因为本质上 JSTL 会被翻译成 JSP，而 JSP 又会被解析成 Servlet，这就导致开发效率较低，而且必须依赖于 Web 容器，所以有些第三方公司推出了自己的模板引擎，如 Velocity、FreeMarker、Thymeleaf 等，它们一般不依赖 Web 容器，而是通过反射技术将 Java 对象解析成 HTML 文档，大大提高了运行效率。

第三方模板引擎之间的差别主要是在语法或增强型特性上。以 FreeMarker 为例，它提供一套自己的标签，在语法上跟 JSTL 没有太大区别。Thymeleaf 却是通过提供一系列的 HTML 标签属性来对数据进行组织的。

Thymeleaf 展示员工数据表格的代码如下，其中后端代码仍使用 3.1.4 节中的 Servlet 代码，只是需要把转发的 emp.jsp 换成 emp.html。

```html
<html xmlns:th="http://www.thymeleaf.org">
<head >
</head>
<body>
```

```
    <table>
        <tr th:each="emp,empStatus:${list}">
        <td th:text="${empStatus.index}"></td>
        <td th:text="${emp.name}"></td>
        <td th:text="${emp.sex}"></td>
        <td th:text="${emp.age}"></td>
    </tr>
  </table>
</body>
</html>
```

众所周知，HTML 是一门很宽松的语言，其标签的属性可以随便自定义，浏览器只解释可识别的属性，这样当前端开发人员看后端开发人员的代码时，不用关心其定义的 th:text 属性等，使阅读代码变得很舒服。另外，Thymeleaf 是一个 HTML 文件，这样的好处是前端开发人员也可以直接打开页面，不再依赖于后端开发的进展。例如，对 JSP 文件的访问，必须先访问后端程序，后端执行完毕转发页面后才能响应浏览器显示。这样，前端开发人员必须等后端开发人员完成对 JSP 页面的数据填充后，才能进行页面的进一步调试。

本来，模板引擎发展到 Thymeleaf，可以说已经日臻完善，让人叹为观止了。但随着时代的发展，又出现了前后端分离的设计架构。目前，很多公司的项目起步都是使用前后端分离架构，后端项目只需要提供返回 JSON 数据的 Web 访问接口即可，因此模板引擎技术使用得越来越少。

其实，在进行独立思考和分析后，你可能会发现当前有不少前后端分离的项目是跟风之作——跟的是追逐新技术之风。如果项目规模不大、前端页面也不够复杂，而其实这种为了使用新技术而使用新技术的做法是完全没必要的，原因是前后端分离开发和部署会增加开发、部署的复杂度和人员的成本。因此，合理地利用模板引擎技术和 AJAX 通信，完全可以应对很多项目的开发。

3.1.7 前后端分离

前后端分离的开发与部署，是最近几年兴起的一项技术，即后端程序不再负责页面的转发，只提供返回 JSON 数据的 Web 访问接口，没有了视图显示层的概念；前端一般使用具有 MVVM 思想的 JavaScript 框架并通过前端工程化的方式实现，适应于前端特别复杂的项目场景。本书从第 10 章开始，通过使用 Vue 框架来详细介绍前后端分离项目的架构、设计，并进行项目实战。

3.2　Thymeleaf

Thymeleaf 是一个不仅可以应用在 Web 项目，还可以应用在非 Web 项目的服务端 Java 模板引擎，它的指令可以作为 HTML 标签的属性和文档融为一体。Thymeleaf 的模板文件是 HTML，它可以在浏览器中直接被打开并正确显示页面，不需要启动后端 Web 应用，适合前端人员和后端人员同时进行开发。因为 Thymeleaf 支持 SpEL 表达式，所以得到了 Spring Boot 的青睐，并获得首席推荐。

在众多模板引擎中，Thymeleaf 之所以能脱颖而出，主要是因为它具有动静结合、多方言支持、Spring Boot 推荐等特点。

1. 动静结合

Thymeleaf 在有网络和无网络的环境下都可以运行，即它可以让 UI 设计师、前端设计师脱离后端应用程序的支持，直接在浏览器中查看页面的静态效果，当然他们也可以通过访问后端应用程序查看经过程序处理的、包含完整数据的动态页面。

因为 Thymeleaf 的指令可以作为 HTML 标签的属性被使用，而浏览器解释 HTML 时会忽略未定义的属性，所以 Thymeleaf 模板可以静态运行。而当有数据返回到页面时，Thymeleaf 标签会动态地替换掉静态内容，使页面动态显示。

2. 多方言支持

在模板引擎中，方言指的是表达式。Thymeleaf 提供自身的表达式、OGNL 表达式和 SpEL 表达式，当运行在 Spring MVC 容器中时，它会自动使用 SpEL 表达式引擎替换 OGNL 表达式引擎，完美地与 Spring 生态圈融合，所以 Thymeleaf 被 Spring Boot 官方重点推荐。

3. Spring Boot 推荐

由于 Spring Boot 为 Thymeleaf 提供了默认配置，并且提供了视图解析器，因此我们不需要做任何配置就可以在项目中使用 Thymeleaf。有了 Spring 做背书，Thymeleaf 未来在与其他模板引擎的竞争中，势必也会独占风骚。

3.3　在 IDEA 中复制项目并搭建环境

学会在 IDEA 中复制项目和模块会让你的学习事半功倍。

首先，选中并复制 hrsys_ssm 项目，并粘贴在 hrproject2 父项目下，重命名为 hrsys_thymeleaf，同时修改 pom.xml 文件中 artifactId、name、description 的值，让它们保持和新建的项目名称一致。然后，在 hrproject2 父项目上选择"Open Module Settings"，在弹出的窗口中选择"+"按钮，按提示选择并导入 hrsys_thymeleaf 项目，构建方式选择"Maven"，点击"Create"按钮，hrsys_thymeleaf 项目创建完毕。

在实际工作中，复制项目和模块的操作并不常见，但是这对于学习者来说却大有裨益，因为随着使用技术的增加，如果都在原项目上修改和新增，则之后很难找到原来的代码。虽然这可以借助 IDEA 的 History 工具或 Git 等版本工具找到修改的各个版本，但费时费力。本书在后续的每一章至少会新建一个项目来实践所学的知识，会频繁进行复制原项目、创建新项目的操作。

下面对项目进行 Thymeleaf 配置，首先引入依赖。

```
<dependency>
    <groupId>org.springframework.boot</groupId>
    <artifactId>spring-boot-starter-thymeleaf</artifactId>
</dependency>
```

Spring Boot 规定模板引擎文件要放到 resources\templates 目录下，前端页面用到的静态资源，如 CSS、JavaScript、图片文件，则要放到 resources\static 目录下。

在 application.properties 中加入 Thymeleaf 的热部署配置。在修改 HTML 页面的代码后，如果浏览器刷新没有效果，则可以使用"Ctrl+Shift+F9"驱动项目进行重新构建。

```
spring.thymeleaf.cache=false
spring.thymeleaf.mode=HTML
```

在 templates 目录下新建一个 test.html 文件，并在其中的<body></body>标签中书写"Hello World"字符串，以备测试之用。

```
<html lang="zh" xmlns:th="http://www.thymeleaf.org">
<html lang="zh">
    <head>
        <meta charset="UTF-8">
    </head>
    <body>
        Hello World!
    </body>
</html>
```

在以上 HTML 文件中，通过 xmlns 属性定义了一个命名空间，并命名为 th。当在文档中使用 th:xxx 标签时，浏览器会使用命名空间中的元素。

在 controller 包下新建一个控制器 TestController 类，并在其中新建一个映射 URL 为 "/test" 的 test()方法，如下所示。

```
@Controller
public class TestController {
    @RequestMapping("test")
    public ModelAndView test() {
        ModelAndView mv = new ModelAndView("test");
        return mv;
    }
}
```

此时，访问 http://localhost:8080/test 路径进入控制器的 test()方法，ModelAndView 对象会转发我们刚定义的 Thymeleaf 视图 test.html，此时在浏览器中可以看到 "Hello World" 的显示效果。

3.4　Thymeleaf 详解

在搭建好 Thymeleaf 的测试环境之后，下面对 Thymeleaf 的知识点进行介绍，主要包括指令（即 Thymeleaf 自定义的 HTML 属性）和表达式。

3.4.1　指令与显示

HTML 的标签大部分都是闭合标签，即由开始标签和结束标签组成的成对标签结构，如<div></div>、<p></p>、<table></table>、<ul></ul>。在标签内部添加文本或 HTML 代码是模板引擎填充数据的基本操作，Thymeleaf 提供了 th:text 和 th:utext 两种指令来完成此操作。

1．th:text

该指令用于闭合标签内文本内容的显示，可以在标签内进行文本替换，但不会解析 HTML 代码。

```
<div th:text="你好"></div>
```

th:text 执行时会将其值 "你好" 覆盖到<div></div>标签之间。在使用 MVC 架构的项目中，所有的请求会先访问 Controller 层，其调用底层方法将请求处理完毕后，会将结果数据存储到 Model 中再返回到视图，因此 Thymeleaf 提供了表达式来访问 Model 中的数据。

在 TestController 类的 test()方法中添加如下代码：

```
mv.addObject("msg","<h1>Hello World</h1>");
```

使用如下表达式将 mes 信息显示在<div>中：

```
<div th:text="${msg}"></div>
```

通过浏览器访问页面的方式进行测试，发现页面只显示普通的"Hello World"文本信息，并没有<h1>标签的显示效果。而通过浏览器查看 HTML 源代码，可以看到 th:text 指令实际上将标签进行了转义操作。

```
<div>&lt;h1&gt;Hello World&lt;/h1&gt;</div>
```

2．th:utext

该指令的用法和 th:text 的大致相同，会在所在的标签内进行文本替换，但 th:utext 指令会解析 HTML 代码。在上例中，使用 th:utext 指令会正常解析<h1>标签，显示一级标题标签的效果。

```
<div th:utext="${msg}"></div>
```

3.4.2　表达式

前面使用的${msg}就是一个表达式，其中${}跟 EL 表达式非常像，但却不是 EL 表达式，而是 OGNL 表达式。在 Spring MVC 环境下，由于 Thymeleaf 会自动使用 SpEL 引擎解释表达式，因此在 Spring Boot 中使用 Thymeleaf 时要使用 SpEL 表达式的语法。SpEL 表达式的语法和 OGNL 表达式的几乎相同。

根据不同的使用场景，Thymeleaf 提供了${}、*{}、#{}、@{}四种 SPEL 表达式。

1．${}

${}可以获取 Model 中的字符串属性值，也可以获取对象的属性。例如，在 TestController 类的 test()方法中加入如下代码，即在 ModeAndView 对象中加入一个 Employee 类型的对象。

```
Employee emp = employeeService.searchById(1);
```

```
mv.addObject("emp", emp);
```

这时，在 test.html 文件中可以使用"."运算符来访问对象的属性，就像 Java 面向对象语言的风格一样。实际上，这和在 Java 开发中遇到的所有表达式（如 EL 和 OGNL）的语法是一致的。

```
<div>
  <p th:text="${emp.name}"></p>
  <p th:text="${emp.gender}"></p>
  <p th:text="${emp.age}"></p>
</div>
```

2. *{}

使用*{}表达式可以对对象属性做一定的简化，其中 th:object 指令提供了定义变量的方法，而*{}表达式可以在 th:object 指令的作用范围内代指 emp 对象，直接访问对象的属性值。

```
<div th:object="${emp}">
  <p th:text="*{name}"></p>
  <p th:text="*{gender}"></p>
  <p th:text="*{age}"></p>
</div>
```

3. #{}

#{}表达式用于读取国际化 properties 文件的属性。

4. @{}

@{}表达式用于拼接全路径。在 Spring Boot 框架下，因为项目最终会被打成 jar 包运行，所以在实际访问中以下通过 Thymeleaf 方式和 HTML 原生方式定义的相对路径没有区别，它们最终都会跳转到 http://localhost:8080/index。

```
<a th:href="@{/index}">点击</a>
<a href="/index">点击</a>
```

但是如果要打成 war 包，则@{}表达式会在 URL 中加上项目名，以提供一定的路径整理功能，即 http://localhost:8080/hrsys_thymeleaf/index。

另外，@{}还提供了一种更加便捷的拼接参数的方式，如拼接一个 userId=1 的参数。

```
<a th:href="@{/index(userId=1)}">点击</a>
```

```
<a href="/index?userId=1">点击</a>
```

针对多参数的拼接，使用@{}和不使用@{}的情况分别如下。

```
<a th:href="@{/add(name=tom,age=20)}">点击</a>
<a href="/add?name=tom&age=20">点击</a>
```

3.4.3　表达式运算

Thymeleaf 的表达式运算是特别需要注意的知识，因为 Thymeleaf 允许两种表达式共存。除了前面介绍的 SpEL（或 OGNL）表达式，还有 Thymeleaf 自身提供的表达式。

${}大括号中的表达式使用 OGNL 表达式或 SpEL 表达式的引擎解析，而在 th:text=""的双引号之间的表达式，则使用 Thymeleaf 表达式的引擎解析。

例如，当进行字符串拼接操作时，以下两种方式都可以。其中，第一种由 SpEL 表达式的引擎解析执行，第二种由 Thymeleaf 表达式的引擎解析执行。

```
<div th:text="${emp.name+' '+ emp.gender}"></div>
<div th:text="${emp.name}+' '+${emp.gender}"></div>
```

根据 Thymeleaf 的本意，它更希望开发者通过 SpEL（或 OGNL）表达式获取 Model 中的值，而具体运算使用 Thymeleaf 表达式。但因为 SpEL（或 OGNL）表达式更加成熟，而且 SpEL 表达式还提供了更加方便的自定义函数开发，所以在实际开发中，很多开发者都直接使用 SpEL 表达式完成所有操作。

也就是说，对于这两种类型的表达式，开发者可根据自己的习惯或项目组的内部规定进行选择。本书在之后的 Thymeleaf 开发中，运算上使用 Thymeleaf 表达式，取值上使用 SpEL 表达式。以下对表达式运算的介绍，也是针对 Thymeleaf 表达式进行的。

1.　比较运算

Thymeleaf 支持的比较运算有>、<、>=、<=，因为"<"和">"是 HTML 标签的特殊符号，所以为了避免产生歧义，可以使用别名：gt (>)、lt (<)、ge (>=)、le (<=)、not (!)、eq (==)、neq/ne (!=)。

其中，"=="和"!="不仅可以比较数值，还可以比较字符串的内容是否相同。

```
<div th:text="${emp.age} > 20"></div>
```

2. 三目运算

Thymeleaf 提供了三目运算操作，以简化选择分支。

```
<div th:text="${emp.gender}=='男'?'男':'女'"></div>
```

3. 逻辑运算

Thymeleaf 没有提供传统的逻辑运算，如并且、或者、非。如果要做逻辑判断，可以使用 SpEL 表达式，或者使用三目运算符。

例如，要想表达在 Employee 对象中包含 Department 对象，需要使用表达式：${emp.dep.id}。EL 表达式具有自动阻断的功能，即当发现 emp.dep 为 null 时，不去调用其 id，但是 SpEL 表达式没有此功能，当 emp.dep 为 null 时，会引发空指针异常。

SpEL 表达式可以使用逻辑运算符：

```
${emp.dep!=null&&dep.id ==emp.dep.id}
```

Thymeleaf 表达式无逻辑运算符，使用三目运算符实现：

```
${emp.dep==null}?'':${emp.dep.name}
```

3.4.4　选择分支

选择分支是结构化程序的三种结构之一，在显示层通过选择分支和多重选择分支可以灵活地控制显示的内容。

1. th:if

当条件为 true 时，该指令填充数据到闭合标签内部，否则不填充，即可控制数据在页面上是否显示。

```
<div th:if="${emp.gender=='男'}"  th:text="这个员工是男性">
</div>
```

以下情况被认定为 true，其他情况包括 null 都被认定为 false。

- 表达式值为 true。
- 表达式值为非 0 数值。
- 表达式值为非 0 字符。

- 表达式值为字符串，但不是"false"、"no"、"off"。
- 表达式不是布尔、字符串、数字、字符中的任何一种。

2. th:unless

当条件为 false 时，该指令填充数据到闭合标签内部。

```
<div  th:unless="${emp.gender=='男'}"  th:text="这个员工是女性">
</div>
```

3. 多重选择分支

th:switch 和 th:case 两个指令搭配使用可以实现多重选择分支的效果。

```
<div  th:switch="${emp.gender}">
    <p th:case="男">这个员工是男性</p>
    <p th:case="女">这个员工是女性</p>
    <p th:case="">这个员工的性别在系统中尚未定义</p>
</div>
```

3.4.5　循环

商城网站的商品列表、论坛的帖子列表、Alan 人事管理系统的员工和部门列表等数据都被存放在数据库中，并由后端程序获得后再在模板引擎中通过循环填充到 HTML 中，响应给浏览器显示。因此，在模板引擎中最常用的就是循环操作。

1. th:each

该指令是构建一个循环，用来遍历集合，这是项目开发中经常用到的操作。

在后端代码中加入：

```
List<Employee> list = employeeService.search(null);
mv.addObject("list", list);
```

前端代码如下：

```
<table>
    <tr th:each="emp:${list}">
        <td th:text="${emp.name}"></td>
        <td th:text="${emp.gender}"></td>
        <td th:text="${emp.age}"></td>
    </tr>
</table>
```

th:each 指令定义了当前循环变量 emp，并用 "：" 表示要遍历的集合${list}。${} 中的数据可以是以下类型。

Iterable：实现 Iterable 接口的类。

Enumeration：枚举。

Interator：迭代器。

Map：遍历得到的 Map.Entry。

Array：数组及其他一切符合数组结果的对象。

2. 循环增强特性

th:each 指令也提供了状态对象来进行增强操作。

index：从 0 开始的索引。

count：元素的个数，从 1 开始。

size：元素总数。

current：当前遍历到的元素。

even/odd：返回是否为奇或偶，boolean 类型。

first/last：返回是否为第一或最后，boolean 类型。

例如，定义 status 作为状态对象，通过 status.index 显示循环的次数。

```
<table>
    <tr th:each="emp,status:${list}">
        <td th:text="${status.index}"></td>
        <td th:text="${emp.name}"></td>
        <td th:text="${emp.gender}"></td>
        <td th:text="${emp.age}"></td>
    </tr>
</table>
```

3. 构建有限次循环

如果要设计分页 UI 控件，则可能要构建一个 10 次循环，显示 1 到 10 的页码。这时就可以通过 th:each 指令定义一个自定义循环，并且会使用到 SpEL 表达式的 #numbers.sequence() 函数，其中 #numbers 是一个全局工具对象，稍后会对它进行介绍。

```
<ul>
    <li th:each="number:${#numbers.sequence(1,10)}" th:text="${number}"></li>
</ul>
```

3.4.6 设置属性值

在 HTML 的标签中经常有设置属性值的操作，比如隐藏数据的 data-id 或所有的自闭合标签（不是由开始标签和结束标签组合的标签，而是独立的标签，即以标签名标示开始和用 "/" 标示结束的标签，如 `<br/>` 和 `<input/>`）都是通过设置属性值来实现的。

1. th:attr

该属性可以为 HTML 元素设置属性值。

```
<div th:text="${emp.name}" th:attr="data-id=${emp.id}">
</div>
```

使用下面的方式简化设置：

```
<div th:text="${emp.name}" th:data-id="${emp.id}">
</div>
```

2. 表单元素属性

在 HTML 中，表单是常见的前端向后端发送请求时传递数据的方式，而 Thymeleaf 专门提供了一系列的属性来处理表单元素。其中，文本框、密码框、文件域、单选按钮、复选框、下拉框的值都由 th:value 属性来控制；单选按钮、复选框的选中与否由 th:checked 属性来控制；下拉框则由 th:selected 属性来控制，只要它的值为 true，就会给 HTML 元素加上相应的选中属性标记。

3. th:value

表单元素的取值大部分都是由 th:value 属性决定的。

```
<input type="text" th:value="${emp.name}"/>
```

4. th:checked

th:checked 属性决定单选框和复选框是否被选中。

```
<input type="radio"    th:checked="${emp.gender}=='男'"/>男
<input type="radio"    th:checked="${emp.gender}=='女'"/>女
```

当然，这也可以通过 th:attr 属性为其设置 checked 属性值的方式实现，但是不如直接使用 th:checked 属性方便。

```
<input type="radio" th:attr="checked=(${emp.gender}=='男'?true:false)"/>男
<input type="radio" th:attr="checked=(${emp.gender}=='女'?true:false)"/>女
```

5. th:selected

th:checked 属性决定下拉框是否被选中。

```
<select>
   <option th:selected="${emp.gender}=='男'">男</option>
   <option th:selected="${emp.gender}=='女'">女</option>
</select>
```

3.4.7　CSS 修饰

CSS 修饰主要通过选择器和行级样式表两种方式实现，有时后端需要根据情况来决定前端显示的样式，这时就需要模板引擎对 CSS 提供支持。

1. th:class

其可以给 HTML 元素的 class 设置属性值。

```
.active{
   color:red;
}
<div th:text="${emp.name}" th:class="active">
</div>
```

在某些场景下，需要由后端控制 CSS 样式，这就要搭配选择分支语句来实现，可以使用三目运算符表达式完成该操作。

```
<div th:text="${emp.name}" th:class="${emp.gender}=='男'?'active':''">
</div>
```

2. th:style

```
<div th:text="${emp.name}" th:style="'color:blue'">
</div>
```

一般 th:style 也要搭配选择分支一起使用，这时三目运算符要加上()，以便将它们组成一个单元，否则运算符优先级会导致程序出错。

```
<div th:text="${emp.name}" th:style="'color:'+(${emp.gender}=='女'?'blue':'red')">
```

3.4.8 片段

在前端页面中，一般会有很多通用的头部页面和底部页面需要复用。Thymeleaf 提供了 th:block 和 th:insert 两种指令来搭配引入这些片段性代码。

在 templates 中新建 common.html，作用是引入 CSS 文件和 JS 文件，代码如下：

```
<script type="text/javascript" src="js/jquery.js"></script>
<link rel="stylesheet" href="bootstrap/css/bootstrap.min.css">
```

使用 th:block 指令引入 common.html 代码：

```
<th:block  th:insert="common"></th:block>
```

其中，<th:block>是 Thymeleaf 提供的一个空标签指令。它的作用是在解析完成后，本标签不会在页面上生成代码，而是通过它的 th:insert 指令在页面的当前位置插入 HTML 代码片段。除了 th:insert 指令，Thymeleaf 还提供了 th:include 指令和 th:replace 指令，分别是包含和替换的意思，读者可以自行测试。

3.5 Thymeleaf 高级特性

Thymeleaf 还有一些高级特性用来处理特殊需求，如全局工具对象、内联操作等。

3.5.1 全局工具对象

全局工具对象其实是 SpEL 表达式提供的对象，主要包含对时间、日期、字符串、数字的处理，以及与 Web 作用域相关的处理。在前面使用的#numbers.sequence(1,10)中，#numbers 就是一个全局工具对象。

常见的全局工具对象如下所示。

#dates：提供对 java.util.date 处理的方法。

#numbers：提供对数字处理的方法。

#strings：提供对字符串处理的方法。

#arrays：提供对数组处理的方法。

#lists：提供对 List 处理的方法。

#sets：提供对 Set 处理的方法。

#request：如果是 Web 程序，则可以获取 HttpServletRequest 对象。

#response：如果是 Web 程序，则可以获取 HttpServletReponse 对象。

#session：如果是 Web 程序，则可以获取 HttpSession 对象。

#servletContext：如果是 Web 程序，则可以获取 HttpServletContext 对象。

下面以#dates 为例，显示后端服务器返回的时间。

后端代码：

```
mv.addObject("time", new Date());
```

Thymeleaf 代码：

```
<div th:text="${#dates.format(time,'YYYY-MM-dd hh:mm:ss')}">
</div>
```

其中，#strings 对象提供对字符串的处理。它所提供的各种方法的方法名和 Java 对应的 String 类的方法名一致，但是多加了一个参数，即第一个参数，这个参数是通过该函数处理的字符串对象。

以截取员工的名称字符串为例：

```
<div th:text="${#strings.substring(emp.name,0,1)}">
```

作用域对象以#session 为例，后端代码在 session 中加入了一个数据：

```
@RequestMapping("test")
public ModelAndView test(HttpSession session) {
    session.setAttribute("role","管理员");
    return mv;
}
```

对应的 Thymeleaf 代码如下：

```
<div  th:text="${#session.getAttribute('role')}">
</div>
```

3.5.2　内联操作

内联操作可以简化 th:text 指令和 th:utext 指令的操作，还可以在 JavaScript 和 CSS 代码中嵌入其他内容。

内联操作的运算符是 [[……]] 和 [(……)]，使用以下方法可以在父标签中声明 th:inline="text" 开启内联操作。

```
<div th:inline="text">
    [[${emp.name}]]
</div>
```

这样的操作效果和使用 th:text 指令的是等同的，其中 [[……]] 对应 th:text，[(……)] 对应 th:utext。

```
<div th:inline="text">
    [(${emp.name})]
</div>
```

在 HTML 中使用内联操作的意义不大，一般是当在 JavaScript 和 CSS 中内嵌代码时使用。

在 JavaScript 中，使用内联操作可以给 JavaScript 对象预定义一个从后端取得的值。

```
<script th:inline="javascript">
    var name = [[${emp.name}]];
    alert(name);
</script>
```

在 CSS 中，使用内联操作可以预定义 CSS 样式表中的选择器名称。

后端代码：

```
mv.addObject("className", "active");
```

Thymeleaf 代码：

```
<style th:inline="css">
    .[[${className}]]
    {
        color: red
    }
</style>
```

3.6　Thymeleaf 项目实战

首先在项目中创建 HTML 页面，Thymeleaf 的代码文件以 html 作为后缀，即纯 HTML 文件，并将它们放在 resources/templates 目录下，将 Web 前端用到的静态资源文件放在 resources/static 目录下，结构如图 3-2 所示。

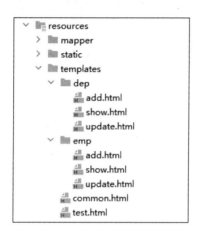

图 3-2

3.6.1　显示页面

本页面主要使用 ${} 访问后端 Model 数据、使用 @{} 表达式规范引入的静态文件路径；使用 th:value 指令设置搜索表单的表单元素取值；使用 th:checked 指令设置性别的选取；使用 th:each 指令循环填充搜索表单中下拉框的部门数据、表格中的员工数据；使用 th:selected 指令设置选中部门下拉框的取值，并使用三目运算符进行非空判断。

emp/show.html 关键代码：

```html
<body>
<div id="container">
    <!--查询表单-->
    <form id="search" action="search" method="post">
        <div class="align">
            <input type="text" name="number"
                    placeholder="编号" th:value="${c.number}">
        </div>
         <div class="align">
            <select name="gender" >
```

```html
                <option value="">性别</option>
                <option  value=" 男 "  th:selected="${c.gender  ==' 男 '}">
                 </option>
                <option  value=" 女 "  th:selected="${c.gender  ==' 女 '}">
                    </option>
            </select>
        </div>
        <!--省略部分代码，完整代码参考项目-->
    </form>
    <!--数据表格-->
    <table id="data">
        <tr>
            <th>编号</th><th>名字</th><th>性别</th><th>年龄</th><th>部门</th>
        </tr>
        <tr class="data" th:each="emp:${list}" th:data-id="${emp.id }">
            <td th:text="${emp.number }"></td>
            <td th:text="${emp.name }"></td>
            <td th:text="${emp.gender }"></td>
            <td th:text="${emp.age }"></td>
            <td th:text="${emp.dep==null}?'':${emp.dep.name }"></td>
        </tr>
    </table>
    <!--操作按钮-->
    <button type="button" id="add">新增</button>
    <button type="button"  id="update">修改</button>
    <button type="button"  id="delete">删除</button>
</div>
</body>
```

　　页面显示效果如图 3-3 所示，因为只用了基本的 CSS 对页面进行修饰（详见本章项目代码），所以页面效果甚为简陋，美观的页面效果在第 4 章完成。

编号	名字	性别	年龄	部门
10001	李婧	女	29	设计部
10002	张伟	男	32	测试部
10003	王涛	男	25	开发部
10004	杨颖	女	26	开发部
10005	张强	男	24	产品部
10006	王正	男	24	开发部
10007	孟宇	男	25	

图 3-3

3.6.2　新增页面

当用户点击"新增"按钮时，使用 JavaScript 实现新增页面的跳转，本页面主要使用$\{\}$访问后端 Model 数据、使用@$\{\}$表达式规范引入的静态文件路径；通过 th:each 指令循环填充新增表单中的部门数据，并使用三目运算符进行非空判断。

emp\add.html 关键代码：

```html
<body>
<div id="container">
    <form action="add">
        <div class="align">
            <label>编号</label>
            <input type="text" placeholder="请输入编号"
             name="number">
        </div>
        <!--省略部分代码，完整代码参考项目-->
        <div class="align">
            <label>部门</label>
            <select name="dep.id">
                <option th:each="dep:${depList}"
                th:text="${dep.name }" th:value="${dep.id }">
                </option>
            </select>
        </div>
        <div class="align">
            <button type="submit">保存</button>
        </div>
    </form>
</div>
</body>
```

3.6.3　修改页面

因为还没有实现复杂的 JavaScript 操作，本页面在本章项目中只能通过 URL 加 id 参数的方式进行访问，主要使用$\{\}$访问后端 Model 数据、使用@$\{\}$表达式规范引入的静态文件路径；使用 th:value 指令设置修改表单的表单元素取值；使用 th:selected 指令设置选中部门下拉框的取值；使用 th:checked 指令设置性别的选取；使用 th:each 指令循环修改表单的部门数据，并使用三目运算符进行非空判断。

3.7　本章总结

本章介绍了网站系统显示层技术和架构的发展与演变，详细介绍了 Spring Boot 推荐的 Thymeleaf 模板引擎，并运用它进行 hrsys_thymeleaf 项目的实战，实现了具有完整界面的 Alan 人事管理系统的员工模块和部门模块。

Thymeleaf 代表当前 Java 模板引擎水平的最高层次，在前端工程量较小或团队没有专业前端工程师的情况下，使用 Thymeleaf 填充页面初始数据并搭配下一章要介绍的 jQuery 与 AJAX 技术，完全可以满足显示层的开发。

第 4 章　传统 Web 前端设计

近几年，随着 Node.js 技术的出现，Web 前端工程化成为现实，前后端分离的项目也逐渐多了起来。前后端分离本质上是社会分工细化的一个体现，即让专业的人做专业的事。但如果不管应用场景如何，一味地追求前后端分离架构，无疑会给公司增加成本，因为这需要团队中有专门的前端工程师和后端工程师。

技术是为更好地完成业务需求服务的，不能仅仅为了追求新的、酷的技术而被流行的技术牵着鼻子走。针对很多中小型网站，或是功能复杂但访问量不高的网站，从开发和运维的工作量与复杂度来看，没有必要通过前后端分离的方式进行开发和部署。使用传统 Web（也就是单体项目）前端设计，即由后端程序的控制器转发视图，通过模板引擎解析 Java 代码生成页面，并响应给浏览器，并在页面的某些场景下再搭配 AJAX 请求数据，接收后端响应回 JSON，浏览器局部刷新渲染出效果，就能满足这些网站的需求，还可以大大降低公司的运营成本。

本章主要介绍以传统 Web 前端设计的方式完成视图页面的开发过程，并且在前 9 章都使用该方式完成对 Spring Boot 及其推荐的后端技术和 Vue 基础的学习。这样做的好处是，读者一方面可以更好地梳理前端技术和架构的发展脉络，另一方面也可以和从第 10 章开始的前后端分离架构设计进行对比，以掌握在不同场景下选择不同技术体系的技能。

本章参考项目：hrsys_iframe 和 hrsys_ajax。

4.1　前端设计介绍

UI（User Interface）即用户接口，是指用户和计算机交互的接口。在计算机发展的过程中，最开始的输入设备、输出设备是按钮开关和打孔机，后来输入设备有了键盘、鼠标、摄像头等，输出设备有了显示器、音响、耳机等。

在显示器出现之后，用户和计算机借助于可视化界面进行交互，不过最开始的界面是命令行窗口，如当前 Windows 系统的 CMD 命令行程序、Linux 系统的 Terminal 命令行程序。

随着计算机计算能力的增强，逐渐出现了图形图像化技术，如 Windows 系统、Word 文字处理软件等，此时就出现了 GUI（Graphical User Interface，图形用户接口）。虽然用户与计算机交互要借助于多种输入设备和输出设备，但由于键盘、鼠标、打印机等都已经在底层由操作系统和驱动封装好了，只有图形界面是灵活多变的，因此此时的用户接口特指的是通过显示器显示的界面。

GUI 设计师可以是 iOS UI 设计师、Android UI 设计师、Windows UI 设计师，当然最多的还是指 Web UI 设计师。

4.1.1　网页设计技术

1990 年，英国计算机科学家蒂姆·伯纳斯·李（Tim Berners-Lee）创造了浏览器、HTML、URL 及 HTTP，从而实现了万维网。万维网通俗来讲就是常说的网站，由于网站访问的便捷性，使得非计算机专业人员都可以轻松上网，因此电脑的受众群体一下子庞大起来，这一现象又反过来推动着计算机软硬件、互联网产品和技术的高速发展。尤其是从 2010 年左右开始，全球进入移动互联网的高速发展时期。相对于计算机，手机可以随时随地上网，而手机 App 中很多界面的设计均是由 Web 技术实现的，即由 App 中内嵌的没有地址栏的浏览器来展示网页。因为如果不使用 Web 技术实现，则手机软件的界面设计就要依赖于手机的操作系统，这样同一款产品就需要 iOS 开发工程师、Android 开发工程师、Web 前端开发工程师等开发和维护多套对应平台的 UI 界面。无论是从工作量考虑，还是从成本考虑，都不如使用 Web 前端去设计统一的界面，因为这些系统都支持 HTML、CSS、JavaScript 语言。

马太效应显示，受青睐的会越来越受更多人青睐。另外，Web 前端的参与者众多，这也会推动 Web 前端设计技术蓬勃发展。

网页的界面可以通过三种技术实现，即 HTML、CSS、JavaScript，并最终由浏览器渲染呈现。

1.　HTML

由于 HTML 不包含逻辑，因此严格意义上讲它不是一门编程语言，而是一门由一对"< >"组成的"<标签名>"形式的标记性语言。它由浏览器解析执行，用来组织网页的结构及内容，内容可以是文字、图片、声音、视频。自 1990 年诞生以来，HTML 经历了多个版本的更新，目前由 W3C 组织维护，最新版是 HTML 5。

HTML 5 提供了语义标签、增强型表单、视频和音频、Canvas 绘图、地理定位、本地存储、WebSocket 等支持，这让 Web 前端开发的应用更加全面。

2. CSS

CSS 也是一种标记性语言，用来修饰 HTML 元素。它提供了各种属性和对应值，用来对文字、文本、背景、表格、盒子模型、定位进行修饰，使用选择器和样式表可以让属性对 HTML 元素的修饰生效。

CSS 也由 W3C 组织维护，提供了过渡、动画、圆角、渐变、倒影等效果支持，另外最新版本的 CSS 3 还提供了逻辑属性。运用逻辑属性，CSS 3 可以做出具有选择分支功能的修饰代码。

3. JavaScript

JavaScript 是网景公司于 1995 年推出的一门语法上模仿 Java 的脚本语言。网景公司的初衷是使用它在前端做一些简单验证，比如当用户登录时，判断用户名和密码是否为空。JavaScript 的实际发明者是 Brendan Eich，据说他仅仅用了两三周的时间就独立创造了这门编程语言。由于 Brendan Eich 是函数式编程的爱好者，因此当他在接受网景公司安排的发明一门类似于 Java 编程语言的任务时，在语法层面上他充分模仿了 Java，但是在思想上却加了很多函数式编程的元素。这就造成了一个普遍现象：Java 开发者可以迅速上手 JavaScript，但是越深入使用 JavaScript，就会越发现它与 Java 实质上有很大的不同，如函数是一种类型、基于原型生成对象、原型链、闭包等。

JavaScript 自诞生以来经过多次版本更新，又借鉴其他语言加入了很多特性，现在 JavaScript 由国际标准化组织 ECMA 进行标准化管理，就是 ECMAScript。本书将在第 11 章对 ECMAScript 的概念及常见语法进行介绍。

HTML、CSS、JavaScript 是 Web 前端标准实现技术，另外还有很多基于它们的框架，如基于 CSS 的 Bootstrap、MUI、HUI 等，基于 JavaScript 的 ExtJS 和 jQuery，还有实现 MVVM 思想的框架，如现在 Web 前端最流行的 AngularJS、React 和 Vue。

Alan 人事管理系统属于后台管理系统的范畴，即公司内部使用的应用系统，这类网站一般不追求华丽的页面，只需要简洁大方。一般后台管理系统的左侧是竖形菜单区域，右侧是内容展示区域。如果使用 HTML 和 CSS 来实现这种类型的网站，就要求开发者对 UI

设计、前端技术有很高的水平，因此，行业中一般选择免费开源的静态 UI 框架来实现。

本章的 UI 静态网页设计使用的是 Bootstrap 框架，网页的动态效果使用 jQuery 实现。

4.1.2 网站通信技术

目前，网站和服务器之间的通信是通过浏览器和服务器程序共同实现 HTTP 进行的。

前端浏览器会向后端服务器程序发送请求，请求中包含 URL、Header、内容、Cookie。后端服务器程序监听端口，在接收到请求后，开启线程处理，处理完毕后会响应给前端浏览器，响应中包含状态码、Header、内容、Cookie。

URL 的格式如下：

```
协议名://主机名:端口号/路径名
```

在前端向后端发送请求时，最重要的信息是 URL，因为利用其中的主机名可以在互联网上找到一台计算机；利用端口号可以找到该计算机运行的进程，如 Tomcat；利用路径名可以找到应用程序中的代码文件。

从上层应用的角度来看，一种请求是发送 URL，后端处理完会响应页面；另一种请求是通过 JavaScript 发送 AJAX，后端处理完会响应字符串或 JSON 字符串。

当网站访问者通过浏览器发送请求时，如果后端程序是 Java 语言实现的 MVC 架构，则先由 Controller 接收请求，处理完之后转发到 JSP 或其他模板引擎页面，然后由 Tomcat 解析 JSP 代码并将文件（此时只会保留 HTML、CSS、JavaScript 及数据信息等）响应给浏览器，浏览器解析传输过来的文件信息并渲染成页面展示给网站访问者。

访问者与网站的交互，实际上就是前端与后端进行的 HTTP 通信，隐藏在内部的是浏览器往后端发送 URL、报文、数据等信息。

从用户的角度来看，发送请求有四种形式。

- 在地址栏中输入 URL 访问。
- 超链接 href 属性指定 URL，点击该链接访问。
- form 表单在 action 中指定 URL，点击 form 表单中类型为 submit 的按钮提交数据。
- 通过 JavaScript 的事件机制调用 JavaScript()函数，并执行函数向后端发送请求，可以通过 location 对象提供的 href 属性指定 URL 进行访问，也可以通过 AJAX 技术访问。

当使用 JavaScript 进行 AJAX 通信时，要自行创建 XMLHttpRequest 对象，并要考虑不同浏览器的生成方式，十分烦琐。因此，行业中一般会使用 jQuery AJAX 或 axios，本章使用 jQuery AJAX。

4.2　Bootstrap

Bootstrap 是 Twitter 公司出品的，当前广泛使用的 Web UI 框架，主要用于开发响应式布局的 Web 项目。

Bootstrap 的主要知识点是栅格化，让开发者可以方便地进行网页布局，另外还提供了风格统一、美观的 UI 控件，让开发者可以快速开发网页。

创建本章项目，复制项目 hrsys_thymeleaf 并重命名为 hfsys_iframe，将 Bootstrap、jQuery 用到的文件复制到 resources/static 目录下，如图 4-1 所示。

图 4-1

在页面中，利用 Thymeleaf 的 @{} 表达式引用 Bootstrap 文件。

```
<link rel="stylesheet" th:href="@{'/bootstrap/css/bootstrap.min.css'}"/>
```

4.2.1　栅格化

栅格化是指栅格系统先通过行（row）与列（column）的一系列组合来创建页面布局，然后将内容放入创建好的布局中。

.row 必须包含在 .container（固定宽度）或 .container-fluid （100% 宽度）中，以便为其赋予合适的排列（aligment）和内边距（padding），通过"行（row）"可以在水平方向上创建一组"列（column）"。

栅格化实现的原理是使用 CSS 的 width 属性对元素设置百分比的单位。Bootstrap 将容器均分为 12 列（有的 UI 框架分为 16 列），并根据网页所在的不同设备提供了表 4-1 所示的前缀，可以使用 col-md-1 和 col-md-3 分别设置元素占 12 栅格中的 1 格和 3 格。

表 4-1

设备	超小屏幕 手机 (<768px)	小屏幕 平板 (≥768px)	中等屏幕 桌面显示器 (≥992px)	大屏幕 大桌面显示器 (≥1200px)
类前缀	.col-xs-	.col-sm-	.col-md-	.col-lg-
最大列宽度	自动	62px	81px	97px

4.2.2　控件

Bootstrap 提供了网页开发中常见控件的类选择器，如按钮、表单元素、表格、菜单、模态框等。以表格为例，Bootstrap 提供了表 4-2 所示的类选择器，当使用它们时，只需要将对应表格元素上的 class 属性值设置成 Bootstrap 提供的类选择器即可。

表 4-2

类选择器	功能
.table	为任意 <table> 标签添加基本样式 (只有横向分隔线)
.table-striped	在 <tbody> 标签内添加斑马线形式的条纹（IE8 不支持）
.table-bordered	为所有表格的单元格添加边框
.table-hover	在 <tbody> 标签内的任一行启用鼠标悬停状态

要想实现带横纵边框的表格，只需要将<table>标签的 class 属性设置为 table table-bordered 即可，代码如下所示。

```
<table class="table table-bordered">
   <!--省略 tr、td 标签及数据-->
</table>
```

4.2.3　Bootstrap 项目实战

接下来，在实战中使用 Bootstrap 修饰员工的展示页面 emp/show.html。该页面主要由一个表单元素横向排列的多条件组合查询表单、一个展示员工数据的表格和新增、删除、修改三个按钮构成。首先在 Bootstrap 官网上分别查找 Bootstrap 针对表单、表格和按钮提供的

class 选择器，然后套用在页面对应的元素上即可实现静态页面的设计。

此时，效果如图 4-2 所示。

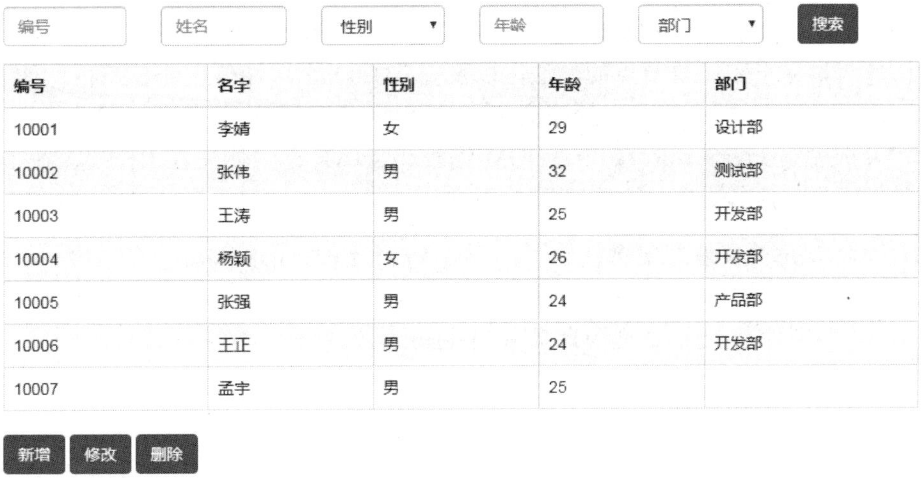

编号	名字	性别	年龄	部门
10001	李婧	女	29	设计部
10002	张伟	男	32	测试部
10003	王涛	男	25	开发部
10004	杨颖	女	26	开发部
10005	张强	男	24	产品部
10006	王正	男	24	开发部
10007	孟宇	男	25	

图 4-2

新增页面 emp/add.html 由一个填写新增员工信息的表单构成，表单元素纵向排列，由文本框、单选按钮、下拉框、提交按钮构成，对应的效果如图 4-3 所示。

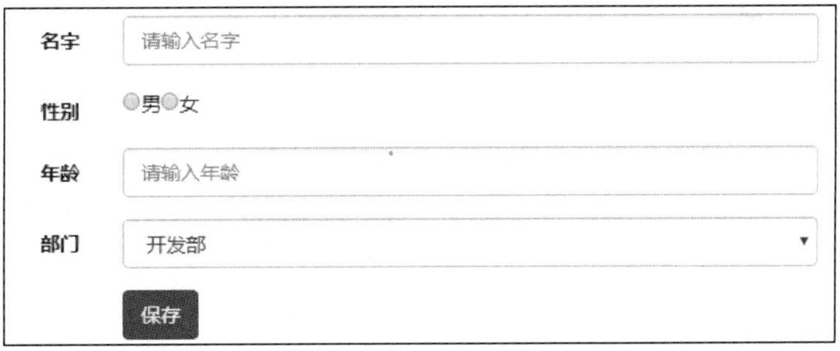

图 4-3

修改页面和新增页面的风格、元素都是完全一样的，通过 emp/add.html 即可完成对 emp/update.html 页面的样式修改。可以看到，此时经过 Bootstrap 修饰的系统界面已经非常美观了。

4.3　jQuery

jQuery 的作者是 John Resig，他于 2006 年创建了 jQuery 开源项目，当时他只有 22 岁。

jQuery 是一个 JavaScript 框架，主要提供对 DOM 元素进行方便查找的选择器、根据文档结构快速查询父子和兄弟节点的方法，以及修改 HTML 属性值、CSS 属性值的方法，简化了 JavaScript DOM 操作。众人拾柴火焰高，开源社区的支持极大地丰富了 jQuery，目前 jQuery 已经成为集 JavaScript、CSS、DOM 编程和 AJAX 于一体的强大框架，在 JavaScript 框架中脱颖而出，流行十多年之久，至今不衰。

作为一名 Java 开发者，笔者认为可以不会 Vue、AngularJS、React 等 MVVM 框架，甚至可以不会 JavaScript DOM 编程，但不能不会 jQuery。目前，jQuery 仍然是许多公司招聘 Java Web 开发工程师所要求掌握的众多 JavaScript 框架中最关键的一个。

4.3.1　常用 API

HTML 文档中有一个 id 为"add"的按钮，如果使用 JavaScript 获取它，则要使用 document.getElementById("add")方法。JavaScript DOM 编程提供的 document 对象包含以下四种方法。

- getElementById()：根据 id 值查找元素。
- getElementsByName()：根据 name 属性值查找元素。
- getElementsByTagName()：根据标签名查找元素。
- getElementsByClass()：根据 class 属性值查找元素。

而如果使用 jQuery，则只需要使用$("#add")，其中$()表示 jQuery 对象，"#add"是一个 id 选择器。jQuery 选择器在语法上借鉴了 CSS 选择器的风格，使用非常简单。相对于 JavaScript DOM 提供的四种方法，jQuery 提供了 id、class、标签、普通属性、特殊属性、组合选择器等形式来查找元素。

使用 Java Script 查询 DOM 元素，除了 getElementById()方法的返回值是单个元素，其余方法的返回值都是数组类型，这时如果要对每一个元素注册事件函数，则需要遍历数组。而 jQuery 可以直接对由同一个选择器得到的集合统一注册事件。

使用 jQuery 需要在页面中引入 jQuery.js，并使用文档加载成功的函数作为入口函数。

```
<script type="text/javascript" th:src="@{'/js/jquery.js'}"></script>
<script>
```

```
  $(document).ready(function () {
  })
</script>
```

4.3.2　jQuery 项目实战

下面把员工展示界面中的新增、修改、删除三个按钮注册上点击事件。当按钮触发点击事件时，使用 Javascript BOM 编程中的 window.location 对象向后端发送请求。

```
<button type="button" class="btn btn-primary" id="add">新增</button>
<button type="button" class="btn btn-primary" id="update">修改</button>
<button type="button" class="btn btn-danger" id="delete">删除</button>
```

通过 id 选择器找到新增按钮，注册点击事件向后端发送"showAdd"请求。

```
$("#add").click(function () {
   location.href = "showAdd";
})
```

当进行修改和删除操作时，首先要在表格上选中一行数据，才能点击修改、删除按钮针对这条数据进行操作。这样就必须先解决两个前置问题：一是让用户看到自己选中的数据；二是获得选中的 id 值，以便传到后端服务器进行修改和删除操作。

对于第一个问题，可以通过设计选中表格中的某一行，以背景色变色的方式解决。要设置 tr 的 class 属性值为 data，不能设置为 id=data，因为循环${list}会生成多个 tr，而按照 HTML 的规范，id 在文档中是唯一的。

对于第二个问题，在循环 tr 时，可以通过"data-id"属性来存放每条员工数据对应的 id 值来解决。data-*属性是 jQuery 的首创，后来被 W3C 借鉴并添加到 HTML5 作为存放数据的标准属性，它的作用是在网页中记录数据，却不让用户看到。这个属性以 data-开头，"-"后可以拼缀任意字符，但不能有大写字母。要想获取属性值，需要使用 jQuery 给元素提供对象的 data("*")访问，其参数"*"就是定义 data-*中"*"的具体值。

Thymeleaf 循环构建表格的代码如下：

```
<tr class="data" th:each="emp:${list}" th:data-id="${emp.id }">
   <td th:text="${emp.number }"></td>
   <td th:text="${emp.name }"></td>
   <td th:text="${emp.gender }"></td>
   <td th:text="${emp.age }"></td>
```

```
    <td th:text="${emp.dep==null}?'':${emp.dep.name  }"></td>
</tr>
```

定义一个 id 变量并将其设置为-1，这是借鉴 JavaString 中 indexOf()方法的设计。如果没有选中一行，则 id 的默认值为-1；如果选中了某一行，则为对应的 id 值。另外，需要定义一个#container.selected 组合选择器来提高权重，以免优先级低于 Bootstrap 自带的组合选择器。jQuery 提供的 removeClass()方法可以移除所有行 class 属性的 selected 值，并对选中行的 class 属性添加 selected 值。这可以实现点击一行即让该行背景变色，实现选中的效果。

CSS 代码：

```
#container .selected {
   background: #337ab7
}
```

jQuery 代码：

```
var id = -1;
$(".data").click(function () {
  $(".data").removeClass("selected");
  $(this).addClass("selected");
  id = $(this).data("id");
})
```

当点击修改按钮时，需要先判断 id 值是否大于-1。如果 id 值不大于-1，则说明没有选中数据，用警告框提示用户；如果 id 值大于-1，则说明选中了数据，向后端服务器发送数据，并将 id 值与对应的值拼接在 URL 中一起发送。

```
$("#update").click(function(){
 if(id > -1){
    location.href = "showUpdate?id=" + id;
 } else {
  alert("请选中数据");
 }
})
```

由于已经对表格的行做了选中操作，因此只需要对删除按钮注册 click 事件即可完成删除操作。其代码跟修改功能的一样，只是向后端服务器发送的 URL 不一样。

经过以上操作，利用 jQuery 将员工管理模块的新增、删除、修改、查询功能连接起来。部门管理模块的代码跟员工管理模块的基本一致，读者可以自行实现。

4.4 iframe 复用技术实现首页

此时，项目功能有员工管理和部门管理两大模块，它们分别需要通过不同的 URL 进行访问，即网站拥有两个入口 URL，十分不便。我们可以给网站开发一个主页面，实现网站统一入口，如图 4-4 所示。首页布局分为上、中、下三部分，中间又分为左右两部分，是一个典型的后台管理网站样式。当点击左侧竖形菜单的选项时，右侧区域的内容会做相应切换。

图 4-4

右侧区域可以显示 emp/show.html 或 dep/show.html 页面的内容，实现页面的复用，具体可以使用 iframe、AJAX 等技术实现。

HTML 旧版本提供了 frameset 和 iframe 两种框架，但是 HTML5 已经舍弃了 frameset，只保留了 iframe。

在 controller 包下新建 IndexController 类，类中定义一个接收 "/index" 的请求，并转发到 index.html 的方法中。

```java
@Controller
public class IndexController {
    @RequestMapping("index")
    public String index() {
        return "index";
    }
}
```

首先，在 templates 目录下新建 index.html，并在 index.html 中设计布局和 id 为"right"的 iframe，以便对它进行 CSS 修饰。其中，设置 iframe 的 name 为"right"，这是通过设置左侧竖形菜单中超链接的 target 属性值等于 iframe 的 name 属性值实现的，这时点击超链接就可以将其 href 指定的页面显示在 iframe 中。另外，scrolling="no"表示不出现滚动条，frameborder="0"表示没有边框，src="emp/search"表示 iframe 默认显示员工的信息。

index.html 整体布局的代码如下：

```
<div id="container">
    <div id="top"> </div>
    <div id="main">
        <div id="left"> </div>
        <iframe id="right" name="right" scrolling="no" frameborder="0"
            src="emp/search">
        </iframe>
    </div>
    <div id="bottom"> </div>
</div>
```

接下来，再为左侧开发一个竖形菜单，使用 div 构建一级菜单、ul-li 构建二级菜单。点击菜单有收缩和伸展的动态效果，其中一级菜单和二级菜单在结构上是"兄弟"关系。相关代码如下：

```
<div id="left">
    <div class="yi">员工管理</div>
    <ul class="er">
        <li><a href="emp/search" target="right">员工管理</a></li>
        <li><a href="emp/showAdd" target="right">员工添加</a></li>
    </ul>
     <div class="yi">部门管理</div>
        <!--省略-->
     <div class="yi">权限管理</div>
        <!--省略-->
</div>
```

还可以使用 CSS 开发内部样式表，对上下、左右区域设置大小和背景色，对竖形菜单设置大小、背景色、字体大小、颜色、边距等。

利用 jQuery 实现动态切换的效果，当点击一级菜单时，可以根据二级菜单当前是显示状态还是隐藏状态，对应做收缩、舒展操作，从而实现竖形菜单的效果。jQuery 提供的 next()

方法可用于找到当前元素的下一个兄弟节点；slideToggle()方法用于以卷帘、放帘的动画形式隐藏和显示元素，它可以接收一个以毫秒为单位的数字，来控制卷帘和放帘的动画效果时间。

```
$(".yi").click(function () {
    $(this).next().slideToggle(500);
})
```

此时，首页设计完毕，这样项目便成为一个前端通过 iframe 复用页面（网站头部、左侧菜单、底部）的网站。

4.5　AJAX

AJAX 是一种通过异步传输、局部刷新来提升用户和网站交互方式的网页通信技术。

它是 1998 年由微软公司率先在 IE4.0 上推出的，但直到 2005 年谷歌将它使用在 Google Maps 和 Google Suggest 上，这一技术才火起来。

因为 AJAX 是异步传输、局部刷新，可以为网站访问者提供非常好的体验，所以在很多公司的网站开发中被大量使用，这也使前端页面设计与前后端通信发生了重大改变。

4.5.1　AJAX 特性

传统前后端通信的架构和流程，如图 4-5 所示。第一步，浏览器发起请求，以 Java 语言实现后端程序为例，Tomcat 监听 8080 端口发来的信息，并将接收到的请求作为线程交由 Servlet 处理（Spring MVC 的底层也是 Servlet）。Controller 接收到请求后执行第二步，即调用 Model，比如调用 Service 层或 Dao 层来访问数据库，当然第二步不是必需的，也可以直接执行第三步，即转发到视图。因为 Thymeleaf 是一种嵌入了 HTML 的技术，所以会先将 Thymeleaf 解释成文本信息，然后将整个视图文档作为信息响应给浏览器，即完成第四步。此时，响应的信息只包含 HTML、CSS、JavaScript 及文本信息，浏览器接收之后便可以解释、执行这些前端代码，并渲染出对应的 UI 界面，完成第五步。

AJAX 请求由 JavaScript 代码发起，可以由 JavaScript 代码直接驱动调用执行，也可以由用户通过在页面上进行单击、双击等操作，触发事件驱动调用执行。其架构和流程如图 4-6 所示。

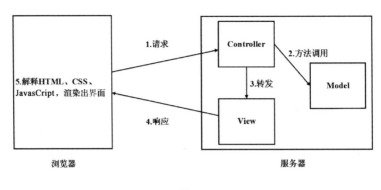

图 4-5

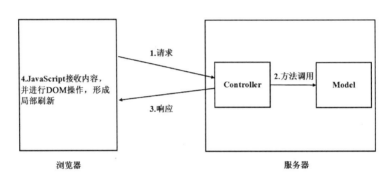

图 4-6

第一步，浏览器中的 JavaScript 代码发起 AJAX 请求，Controller 接收到请求并执行第二步，即先调用 Model 整理好的数据，然后执行第三步，即响应给发起请求的 JavaScript 代码的回调函数，最后回调函数对结果进行处理。一般通过 JavaScript 进行 DOM 操作来实现页面的局部刷新。

jQuery 对 JavaScript 的 AJAX 操作进行了简化，在内部实现了不同浏览器的兼容性，使用起来非常方便。

4.5.2　AJAX 项目实战

对项目进行 AJAX 改造,为避免覆盖代码,复制 hrsys_iframe 项目并重命名为 hrsys_ajax。

在 Alan 人事管理系统中，员工管理模块中的多条件查询可以使用 AJAX 的形式进行异步传输数据，并局部在表格中渲染出来。对 form 表单设置值为 searchForm 的 id 属性。

```
<form class="form-horizontal" id="searchForm">
```

　　将 form 表单中搜索按钮的 type 值 submit 改为 button，否则会发起一次提交 form 表单的请求（表单提交是非 AJAX 请求），并将其 id 属性值设置为 search。

```
<button type="button" class="btn btn-primary" id="search">搜索</button>
```

　　使用 jQuery AJAX 技术向后端服务器发送 searchByCondition 的请求，无法像 type 为 submit 的按钮提交 form 表单那样，由浏览器将表单元素数据整理好并作为参数传递给后端程序，而是需要先利用 jQuery 提供的 serialize()方法将表单元素序列化，再进行数据的发送，还需要将后端程序接口修改为响应 JSON 格式的数据。在 jQuery 成功获得后端响应的数据后，先使用 remove()方法将原表格中的数据删除，然后使用 for 循环遍历 JSON 数组，并使用 append()方法将新数据添加到<table>标签中。

　　通过点击"查询"按钮发起 AJAX 请求的 jQuery 代码如下。

```
$("#search").click(function () {
    $.ajax({
        url: "searchByCondition",
        type: "post",
        data: $("#searchForm").serialize(),
        dataType: "json",
        success: function (data) {
            $(".data").remove();
            for (var i = 0; i < data.length; i++) {
                var tr = "<tr class='data' data-id=" + data[i].id + ">" +
                    "<td>" + data[i].number +
                    "</td><td>" + data[i].name +
                    "</td><td>" + data[i].gender +
                    "</td><td>" + data[i].age +
                    "</td><td>" + data[i].dep.name +
                    "</td>< /tr>"
                $("table").append(tr);
            }
        }
    })
})
```

　　在后端 Controller 中重构查询方法，无参方法负责查询数据并返回页面，有参方法利用 @ResponseBody 注解将返回的数据类型转换为 JSON 格式。

```
@RequestMapping(value="search")
public ModelAndView search() {
```

```
    ModelAndView mv = new ModelAndView("emp/show");
    List<Employee> list = empService.search(null);
    List<Department> depList=depService.search();
    mv.addObject("list", list);
    mv.addObject("depList",depList);
    mv.addObject("c", new Employee());
    return mv;
}
@RequestMapping(value="searchByCondition")
@ResponseBody
public List<Employee>  search(Employee condition) {
    List<Employee> list = empService.search(condition);
    return list;
}
```

修改完毕后，通过测试发现此时查询浏览器不需要进行全局刷新。

但经过全面测试，发现无法通过点击选中表格中的行，这是因为当前表格内部的行列结构和数据是通过 AJAX 的局部刷新重新构建的。这说明在文档加载成功后，通过 document.ready()方法用选择器找到元素给它注册事件的方式已经无法使用。在这种情况下，要使用$(document).on("click",".data",function () {})的方式对 document 对象设置事件监听。

$(document).on("click",".data",function () {})代表的含义是，当点击事件在本页面任意位置被触发时，document 的监听事件就会起作用；当事件发生在选择器为 ".data" 的元素上时，则执行第三个参数——匿名函数的代码逻辑。因此，当对 AJAX 生成的新文档元素设置事件时，不能再使用以下代码中的方式一，而要使用方式二，详见项目代码。

```
//方式一
$(".data").click(function () {
})
//方式二
$(document).on("click",".data",function () {
})
```

4.5.3　模态框

由于 AJAX 技术的实现让网页的前后端通信更加灵活，因此模仿桌面应用软件的富客服端形态的弹窗形式也开始出现，但浏览器弹窗的开发复杂，数据交互麻烦，有些浏览器还会认为弹窗是恶意广告而默认禁止。在开发行业中，弹窗一直广受诟病，故一般习惯使用模态框技术来模拟弹窗效果。

　　既然是模拟弹窗，那就不是真正的浏览器窗口。模态框的原理是使用 CSS 设计一个弹出框窗口样式的 DIV，如图 4-7 所示，该 DIV 的 CSS 属性 display 默认是 none，即隐藏不可见。当用户通过点击按钮打开模态框时，JavaScript 代码将该 display 的属性值修改为 block 后，模态框就会显示出来。而使用 CSS 的绝对定位、z-index、阴影设计等，可以让该 DIV 的效果看起来像一个弹出窗口。

图 4-7

　　在模态框打开期间，由于不能对其之外的对象进行操作，因此通常对原页面覆盖一个大小相同的 DIV，并将其背景设置为灰色，这时如果点击模态框之外的地方，则模态框会自动消失。

　　因为模态框使用了 bootstrap.min.js，所以要引入该文件，而该文件依赖于 jQuery 文件，所以要放在引入 jQuery 文件的代码之后。

```
<script type="text/javascript" th:src="@{'/js/jquery.js'}"></script>
<script th:src="@{/bootstrap/js/bootstrap.min.js}"></script>
```

　　Bootstrap 提供了模态框控件，实现模态框的代码如下。

```
<div class="modal fade" id="modal" tabindex="-1" role="dialog"
     aria-labelledby="modalLabel" aria-hidden="true">
  <div class="modal-dialog">
    <div class="modal-content">
      <div class="modal-header">
        <button type="button" class="close" data-dismiss="modal"
               aria-hidden="true">×</button>
        <h4 class="modal-title" id="modalLabel"></h4>
      </div>
      <div class="modal-body" id="modalBody">
      </div>
    </div>
  </div>
</div>
```

以点击新增按钮打开新增模态框为例，在点击事件被触发后，首先调用 $("#modalBody").html("")方法将#modalBody 节点内部置空，然后使用 jQuery 的 load()方法加载 showAdd 页面（showAdd 是一个路径，该路径用于访问后端的 Controller，最终会被转发到 emp/add.html 页面），并将页面放到#modalBody 元素内。接下来，对模态框设置"新增"标题，并通过 modal()方法让模态框显示出来。

```
$("#add").click(function () {
    $("#modalBody").html("");
    $("#modalBody").load("showAdd");
    $("#modalLabel").text("新增")
    $("#modal").modal("show");
})
```

读者可以根据以上模态框技术的实现，完成修改功能和部门管理模块的新增、修改功能的实现，以便让网页整体实现富客户端的风格，提升用户的体验。

4.5.4　JavaScript UI 介绍

本章使用的 Bootstrap 是一个 CSS UI 框架，主要提供各种 UI 控件，但不提供该控件展示数据的方法。读者可以根据自己的习惯，使用后端模板引擎填充页面渲染显示，或使用 JavaScript 和 jQuery 发起 AJAX 获得数据并局部刷新显示。

除了这两种方式，行业中还流行一种 Web UI 框架，它不仅提供风格统一的各种 UI 控件，还提供各个控件的数据访问方法和操作方法，因为它是通过 JavaScript 动态生成的 HTML 和 CSS 来实现的，所以一般称它们为 JavaScript UI 框架，其中常见的有 jQuery EasyUI 和 Lay UI，利用它们可以快速构建一个前后端交互的表格，如图 4-8。

这种类型的 UI 一般都利用 jQuery 框架动态生成控件，其内部逻辑已经被高度封装，对使用者提供了简单的 API，以便进行访问。

JavaScript UI 的优势是写很少的 HTML、CSS、JavaScript 代码，仅仅利用其提供的 API 就可以生成一套和服务器轻松交互并展示数据的具有后台管理程序风格的网站系统。但其弊端也很明显，因为封装性太强，控件的 HTML 结构和 CSS 都是动态生成的，所以使用原生的 CSS 修饰往往不起作用。在 API 没有提供修改方法的情况下，对控件做修改是很难实现的。

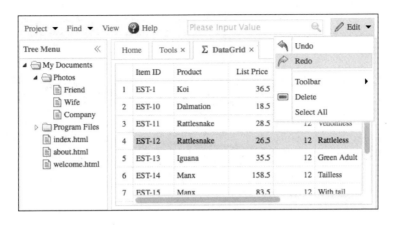

图 4-8

由于这一原因，曾经流行近十年的 JavaScript UI 框架，在 2014 年左右逐渐被以 Bootstrap 为代表的 CSS UI 框架替代。虽然 CSS UI 框架只提供静态控件，但它把控制权交给了开发者，因为开发者可以灵活地使用原生的 JavaScript DOM 或 jQuery 操作实现自己想要的效果，所以借助于它可以开发大型、复杂的网页。

但是 JavaScript UI 框架在某些特定的应用场景下还相当有活力，如可以快速搭建中小型后台管理风格的网站系统、为 Vue 等 MVVM 框架提供 UI 支持，例如，本书后续要介绍的为 Vue 3 提供 UI 支持的 Element Plus，也是一个 JavaScript UI 框架。

4.6 本章总结

本章主要介绍了传统 Web 前端网页设计中常用的技术：浏览器、服务器、HTTP 等，以及 Web 前端编程语言 HTML、CSS、JavaScript，并重点介绍了 Bootstrap 和 jQuery 两个知名的 Web 前端框架。本章完成了项目的首页面，分别创建 hrsys_iframe 和 hrsys_ajax 项目，使用 iframe 和 AJAX 实现页面的复用，并且根据 AJAX 的异步传输、局部刷新实现更加友好的网页展示，如模态框，以达到增强用户体验的效果。

另外，还对网页设计技术、网页通信技术、当前行业中常用的框架技术做了整体介绍，读者可以根据它们的使用场景来进行前端技术的选型。

此时，一个完整的 Spring Boot+SSM+Thymeleaf+HTML/CSS/JavaScript 的网站项目才算完成。

第 5 章　Spring Boot 特性与原理

正如之前所说，Spring Boot 是一个用起来才能体会到其好处的框架。在学习本章之前，读者应该已完成 Alan 人事管理系统贯穿项目前面的章节版本，即以 Spring Boot 搭载 Spring MVC、Spring、MyBatis 和 Thymeleaf，前端技术框架 HTML、CSS、JavaScript、Query、Bootstrap 等。

本章以理论结合实践的方式，对 Spring Boot 的管理依赖、简化配置、快速运行、推荐技术等特性进行介绍，并对其实现原理进行深入分析和对源码进行讲解。

复制项目 hrsys_iframe 并重命名为 hrsys_springboot。

5.1　spring-boot-dependencies 管理依赖

有过 SSM/SSH+Maven 开发经历的读者，在开发项目时一定会遇到依赖版本冲突和一项技术需要引入多个依赖的问题。以前，这两个问题都需要由开发者自行验证解决，而现在 Spring Boot 推出的管理依赖功能彻底解决了这两个问题，解放了开发者。

5.1.1　版本管理

观察 hrsys_springboot 项目 pom.xml 文件中的<parent>标签，发现它继承了 spring-boot-parent 依赖。按住"Ctrl"键点击进入 spring-boot-parent 依赖的 pom.xml 文件，会发现<parent>标签继承了 spring-boot-dependencies 依赖，它的作用就是对 Spring Boot 项目的依赖和版本进行管理。

spring-boot-dependencies 依赖的核心代码如下：

```
<properties>
  <angus-mail.version>1.0.0</angus-mail.version>
  <!--省略其余版本定义-->
</properties>
<dependencyManagement>
  <dependencies>
```

```
    <dependency>
      <groupId>org.eclipse.angus</groupId>
      <artifactId>angus-core</artifactId>
      <version>${angus-mail.version}</version>
    </dependency>
    <!--省略其余 400 多个 dependencies 的引入-->
  </dependencies>
</dependencyManagement>
<build>
  <pluginManagement>
    <plugins>
      <plugin>
        <groupId>org.codehaus.mojo</groupId>
        <artifactId>build-helper-maven-plugin</artifactId>
        <version>${build-helper-maven-plugin.version}</version>
      </plugin>
      <!--省略其余 plugins 的引入-->
    </plugins>
  </pluginManagement>
</build>
```

<properties> 的作用是在该文档中统一定义后续引入依赖的版本号，<dependencyManagement>的作用不是引入依赖，而是为被继承的子项目统一定义依赖信息（主要是版本信息）。如果子项目中引入了某个依赖，但没有显示定义其版本号，则会以父项目<dependencyManagement>中<dependency>定义的为准。如果子项目中显示定义了版本号，则以子项目中定义的为准。<pluginManagement>的作用是定义插件版本号，作用同理。

dependencyManagement 不是 Spring Boot 的技术，而是 Maven 的技术，Spring Boot 利用它为开发者提供了便利。Spring Boot 定义的依赖版本通过了准确性测试，不会出现版本冲突、依赖缺少等问题。

dependencyManagement 中定义的依赖有 400 多个，足以支撑常见的 Java 生态圈技术的项目开发。

5.1.2　spring-boot-starter 简化依赖

在 hrsys_springboot 项目的 pom.xml 文件中有一个叫作 spring-boot-starter-web 的依赖。顾名思义，该依赖是支持 Spring Boot 做 Java Web 开发的。

打开该依赖会发现，其 pom.xml 文件中引入了如下依赖。

```xml
<dependencies>
  <dependency>
    <groupId>org.springframework.boot</groupId>
    <artifactId>spring-boot-starter</artifactId>
    <version>3.0.6</version>
    <scope>compile</scope>
  </dependency>
  <dependency>
    <groupId>org.springframework.boot</groupId>
    <artifactId>spring-boot-starter-json</artifactId>
    <version>3.0.6</version>
    <scope>compile</scope>
  </dependency>
  <dependency>
    <groupId>org.springframework.boot</groupId>
    <artifactId>spring-boot-starter-tomcat</artifactId>
    <version>3.0.6</version>
    <scope>compile</scope>
  </dependency>
  <dependency>
    <groupId>org.springframework</groupId>
    <artifactId>spring-web</artifactId>
    <version>6.0.8</version>
    <scope>compile</scope>
  </dependency>
  <dependency>
    <groupId>org.springframework</groupId>
    <artifactId>spring-webmvc</artifactId>
    <version>6.0.8</version>
    <scope>compile</scope>
  </dependency>
</dependencies>
```

除 spring-boot-starter 依赖外，还有 JSON 支持、内置 Tomcat、Spring Web、Spring MVC 等支持 Java Web 开发的依赖。

打开 spring-boot-starter 依赖，会发现其包含了 Spring Boot、Spring Context、Spring Core 等 Spring 核心依赖。因此，开发者只需要引入 spring-boot-starter-web 依赖即可，不需要像 "Maven+SSM" 开发时分别引入以上依赖。

在当前的 hrsys_springboot 项目中，除了 spring-boot-starter-web 依赖，还有 spring-boot-starter-thymeleaf、spring-boot-starter-test 等，以 spring-boot-starter-*命名的依赖。这些依赖不

仅可以简化依赖的管理，而且可以在 Spring Boot 项目启动时实现自动装配，进一步简化了开发。

Spring Boot 3 提供了 44 个 spring-boot-starter-*依赖，几乎满足了所有场景的 Java 开发。

5.2　简化配置

Spring Boot 尽管致力于简化配置，但是无法做到零配置。针对 DI、扫描注解包、创建数据源、管理 MyBatis sqlSession、Spring MVC 处理的路径等项目开发中常见的配置，统统可由 Spring Boot 按照默认配置去处理，只要不做特殊配置，开发者不必再去专门配置。而对于数据库连接信息、MyBatis 映射文件所在路径等这些无法合理推断的信息，则需要开发者进行手动配置。

当前，Spring Boot 支持多种配置方式，但最常见的是基于配置文件（properties 和 YAML）的方式和 Java Config 方式。

5.2.1　properties 和 YAML

Spring Boot 提供了核心配置文件 application，存放于 resources 目录下。它提供了 properties 和 YAML 两种文件类型，它们加上后缀名的全名分别为 application. properties 和 application.yml（也可以是 application.yaml）。

如果项目使用了其他技术，而该技术有可能需要单独建立相应的配置文件，如接下来要使用的 Logback 日志工具。在绝大多数情况下，Spring Boot 只需要通过 application 文件即可完成项目中所有的配置工作。

properties 是常见的 Java 开发配置文件，它的内容是键值对信息，其中键和值之间用"="间隔，键可以通过"."进行语义分割，以表示层级关系。

使用 properties 文件配置 hrsys_springboot 项目，如下：

```
#数据库
spring.datasource.driver-class-name=com.mysql.cj.jdbc.Driver
spring.datasource.url=jdbc:mysql://localhost:3306/hrsys1?serverTimezone=UTC&characterEncoding=UTF-8
spring.datasource.username=root
spring.datasource.password=123456
#MyBatis
```

```
mybatis.mapper-locations=classpath:mapper/*.xml
#Thymeleaf
spring.thymeleaf.cache=false
spring.thymeleaf.mode=HTML
```

以上分别配置了数据库连接信息、MyBatis 映射文件所在路径、Thymeleaf 缓存等。

YAML 是一个双关缩写，即"YAML Ain't a Markup Language"（YAML 不是一种标记语言）和"Yet Another Markup Language"（仍是一种标记语言）。

YAML 是一种借鉴了 XML、JSON 等语言的语法而创造出来的应用于配置文件的新语言，可以简单表达清单、散列表，标量等数据形态。它具有空白符号缩进和大量依赖外观的特色，特别适合用来表达或编辑数据结构、配置文件等。

它的基本语法如下：

- 对大小写敏感。
- 使用缩进表示层级关系。
- 缩进不允许使用 Tab 键，只允许使用空格键。
- 键后面紧跟一个冒号和一个空格。
- 空格之后是值，如果是下一级，则需要通过换行缩进表示。
- #表示注释。

使用 YAML 文件配置 hrsys_springboot 项目，如下：

```
spring:
  datasource:
    username: root
    password: 123456
    driver-class-name: com.mysql.cj.jdbc.Driver
    url: jdbc:mysql://127.0.0.1:3306/hrsys1?serverTimezone=UTC&character
    Encoding=UTF-8
  thymeleaf:
    cache: false
    mode: HTML
mybatis:
  mapper-locations: classpath:mapper/*.xml
```

对比以上两种配置，不难看出虽然 properties 文件的键也能通过"."进行层级划分，但是键与键之间却无法共享上级键名，比如 spring.datasource.username 和 spring.datasource.password

必须分别将上级资源的键值 spring.datasource 进行完整书写。

而 YAML 文件的键有层级关系的概念，它的"：空格 换行"符号组可以表示一个层级，即可以轻松表示 username 和 password 同属于 spring 的 datasource。因为 YAML 文件可以共享上级键值，从而减少了冗余代码，可以做到使用少量代码表示更多的信息。

通常，节省信息是为了便于在网络中快速传输，而在当前计算机环境下，就算配置文件在分布式部署的局域网内传输，也不过多几千字节的信息量，速度的损耗可以被忽略不计。

目前，在项目开发中，配置文件的可阅读性更为重要。在复制、分享某一段配置的场景中，YAML 文件会涉及大量的层级结构及无关的兄弟节点，反而 properties 文件没有这种弊端，故我们应根据项目场景选用适合的配置文件类型。

通过 Spring Initializr 创建的 Spring Boot 项目会默认生成 application.properties 文件，当 Spring Boot 项目启动时，会扫描并加载 properties 文件和 YAML 文件。如果项目中同时存在 properties 文件和 YAML 文件，则它们配置的相同属性以 properties 文件配置的为准。

为不占用过多篇幅，本书后续只展示配置信息的片段，为了更好地表意，本书使用 properties 文件进行 Spring Boot 的配置工作，方便读者阅读和学习。

5.2.2　Java Config

Java Config 是一种基于 Java 的 Spring 配置技术。传统的 Spring 配置一般都是由 XML 文件或 XML 文件搭配注解来完成的，而 Spring 3.0 版本新增了 Java Config 的配置方式，它使用纯 Java 代码搭配注解的方式来配置 Java 类（Bean）。在以前的 Spring 项目中，Java Config 并不太流行，但在 Spring Boot 项目开发中却得到了大规模的推广和使用。

相对于 XML 文件配置，使用 Java Config 配置的好处如下。

- 可以充分利用复用、继承、多态等特性。
- 有更多的自由度来控制 Bean 的初始化，注入复杂对象的构建。
- 由于是 Java 语言，因此对开发者和开发工具都十分友好。

Java Config 配置主要依赖@Configuration 和@Bean 两种注解来实现。

@Configuration 注解使用在类上，指定该类是一个配置类。当 Spring Boot 启动时，会进行包扫描，而当扫描到有@Configuration 注解的类时，会将其当作配置类的解释处理。

@Bean 注解使用在方法上，作用是将方法返回的对象保存在 Spring 的 DI 容器中，相当于 XML 文件中的 bean 标签、注解中的@Component。

下面使用 Java Config 对贯穿项目的 Service 层进行声明式事务配置，如定义切点、配置增强的传播方式、由切点和增强组成切面以表明事务作用的位置，代码如下。

```java
@Configuration //设置本类为配置类
public class TransactionConfig {
    //定义一个 execution 表达式，用于配置切点
    private static final String AOP_POINTCUT_EXPRESSION = "execution
        (*com.alan.hrsys.service.impl.*.*(..))";

    @Autowired
    private TransactionManager transactionManager;
    //通过@Bean 注解生成一个 TransactionInterceptor 对象，即定义增强信息
    @Bean
    public TransactionInterceptor txAdvice() {
        DefaultTransactionAttribute txAttr_REQUIRED = new DefaultTransactionAttribute();
        txAttr_REQUIRED.setPropagationBehavior(TransactionDefinition.
        PROPAGATION_REQUIRED);
        DefaultTransactionAttribute txAttr_REQUIRED_READONLY = new
        DefaultTransactionAttribute();
        NameMatchTransactionAttributeSource source = new
          NameMatchTransactionAttributeSource();
        source.addTransactionalMethod("add*", txAttr_REQUIRED);
        source.addTransactionalMethod("save*", txAttr_REQUIRED);
        source.addTransactionalMethod("delete*", txAttr_REQUIRED);
        source.addTransactionalMethod("update*", txAttr_REQUIRED);
        source.addTransactionalMethod("exec*", txAttr_REQUIRED);
        source.addTransactionalMethod("set*", txAttr_REQUIRED);
        source.addTransactionalMethod("get*", txAttr_REQUIRED_READONLY);
        source.addTransactionalMethod("query*", txAttr_REQUIRED_READONLY);
        source.addTransactionalMethod("load*", txAttr_REQUIRED_READONLY);
        source.addTransactionalMethod("find*", txAttr_REQUIRED_READONLY);
        source.addTransactionalMethod("list*", txAttr_REQUIRED_READONLY);
        source.addTransactionalMethod("count*", txAttr_REQUIRED_READONLY);
        source.addTransactionalMethod("is*", txAttr_REQUIRED_READONLY);
        return new TransactionInterceptor(transactionManager, source);
    }
    //利用 AspectJExpressionPointcut 设置"切面=切点+增强"
    @Bean
    public Advisor txAdviceAdvisor() {
        //增强和切点共同组成切面：它的功能及在何处完成其功能
```

```
    AspectJExpressionPointcut pointcut = new AspectJExpressionPointcut();
    pointcut.setExpression(AOP_POINTCUT_EXPRESSION);
    return new DefaultPointcutAdvisor(pointcut, txAdvice());
  }
}
```

5.3　快速运行

Spring Boot 运行项目的方式回归到 Java 原始的由 main()方法驱动执行程序，这是因为它内置了 Tomcat 容器，大大简化了 Java Web 项目部署到 Servlet 容器上运行所进行的操作。它还给 DevTools 提供了实现内置 Tomcat 容器的热部署，方便开发时进行调试。

5.3.1　内置 Web 容器

Spring Boot 支持 Tomcat、Jetty、Undertow 三种 Servlet 容器和 Webflux 的 Reactive 容器。项目中所引用的 spring-boot-starter-web 依赖内置了 spring-boot-starter-tomcat 依赖，该依赖内部引用了 tomcat-embed-core 依赖。

```
<dependency>
  <groupId>org.springframework.boot</groupId>
  <artifactId>spring-boot-starter-tomcat</artifactId>
  <version>3.0.6</version>
  <scope>compile</scope>
</dependency>
```

Embed Tomcat 是嵌入式的 Tomcat 服务器，与 Tomcat 容器一样都由 Apache Tomcat 官方发布。如果项目中不想使用 Tomcat 容器，也可以通过修改 pom.xml 文件排除 Tomcat，加入其他 Servlet 容器，如基于 NIO 的非阻塞容器 Undertow。

```
<dependency>
  <groupId>org.springframework.boot</groupId>
  <artifactId>spring-boot-starter-undertow</artifactId>
</dependency>
<dependency>
  <groupId>org.springframework.boot</groupId>
  <artifactId>spring-boot-starter-web</artifactId>
  <exclusions>
    <exclusion>
      <groupId>org.springframework.boot</groupId>
      <artifactId>spring-boot-starter-tomcat</artifactId>
```

```
    </exclusion>
   </exclusions>
</dependency>
```

因为是内置的 Servlet 容器，所以修改端口号等有关容器配置的信息不需要在服务器自身的配置文件中配置，只需要在 application.properties 文件中配置即可。通过 server.port 可以配置项目运行的端口号，当进行微服务开发和开发工具需要开启多个应用程序时，使用这种方式管理端口号（即启动的项目分别使用不同的端口号），对建立分布式架构测试环境十分方便。

```
server.port=8090
```

5.3.2   热部署

spring-boot-devtools 依赖的作用是提供热部署功能，即当修改代码时不需要手动重启应用程序。这需要在 application.properties 文件中加入以下配置：

```
spring.devtools.restart.enabled=true
```

spring-boot-devtools 的原理是当改动代码并点击保存时，开发工具会自动触发代码编译，而且新编译的 class 文件会替换原来的 class 文件，而 spring-boot-devtools 检测到有文件变更后会重启 Spring Boot 项目。

要实现热部署，还需要依赖开发工具。在 IDEA 中进行自动构建项目的配置，先在菜单栏中选择"File"，然后选择"Setting"，最后在窗口中依次选择"Build, Execution, Deployment"和"Compiler"，并在右侧区域选中"Build project automatically"选项。这时，当项目代码有改动时，就会触发热部署。

5.3.3   启动类

Spring Boot 项目只需要通过启动类中的 main()方法就可以独立启动。观察启动类会发现该类是一个非常简单的 Java 类，只有六行代码，包含只有一条语句的 main()方法，在所有代码中涉及的 Spring Boot 技术只有两处：@SpringBootApplication 注解和 SpringApplication.run()方法。

因为本项目使用 MyBatis 的 Mapper 接口实现方式，所以启动类还多了一个@MapperScan 注解，以指定确定的包位置并进行 Mapper 扫描。

```
@SpringBootApplication
@MapperScan("com.alan.hrsys.dao")
public class HrsysApplication {
    public static void main(String[] args) {
        SpringApplication.run(HrsysApplication.class, args);
    }
}
```

运行 main()方法，如果控制台没有报错信息出现，则说明项目正常启动。在浏览器中输入 "http://localhost:8090/index"，便可以对项目进行访问。

与传统 Java Web 项目不同的是，URL 端口号之后没有项目名，直接是路径名。因为 Spring Boot 内置了 Servlet 容器，所以默认不需要项目名，直接访问相对路径 "/"，即项目的根目录，就可以对应用程序进行访问。如果想要加上项目名，则可以在 application.properties 文件中加入以下内容。

```
server.servlet.context-path=/projectName
```

不加项目名的 URL 在浏览器和服务器之间交互更加便利，因为浏览器是根据 "协议名://主机名:端口号" 来区分域的，而项目中的静态文件一般会放在开发环境项目的 webapp 目录下，等到了部署环境下，webapp 目录下的资源会被整理到项目名下，所以在传统的部署方式上，对于静态文件的引用要考虑文件的相对路径，或统一在路径前加 "协议名://主机名:端口号/项目名"，即以绝对路径的方式组织管理。而在 Spring Boot 项目中，可以免去这种麻烦，即在页面中直接通过 "/静态文件" 的方式进行静态文件的路径引入，而浏览器遇到 "/" 也会发起对服务器项目根目录的访问。

5.4　推荐技术

在活跃的开源社区的支持下，Java 成为世界上使用人数最多的编程语言，但是这也导致了其第三方技术的种类繁多。例如，持久层框架有 JDBC、JPA、Hibernate、MyBatis 等，安全框架有 Spring Security、Shiro 等，定义任务有 Timer、Spring Task、Quartz 等。

鉴于开发者对某一个问题的技术选型会产生烦恼，Spring Boot 针对不同的场景推荐了对应的技术。"近水楼台先得月"，它所推荐的技术当然是 Spring 组织推出的技术，开发者如果使用它推荐的技术，则可以做到和 Spring Boot 更好地衔接，并尽可能地少书写配置信息。如果不使用这些技术，相对来说则要写更多的配置信息。

下面通过介绍开发中比较简单且不可或缺的技术：数据库连接池和日志工具，了解 Spring Boot 推荐技术给开发者提供的便利性。

5.4.1　HikariCP 数据库连接池

目前，有许多成熟的数据库连接池技术，如 DBCP、C3P0、Druid、HikariCP 等。Spring Boot 从 2.0 版本开始集成了 HikariCP，即默认将 HikariCP 作为数据库连接池技术。

HikariCP 可能是目前世界上最快的数据库连接池，具有如下优点。

- 字节码非常精简。
- 能够优化代理和拦截器。
- 自定义数组类型（FastStatementList）代替 ArrayList，提高了读写效率。
- 自定义集合类型（ConcurrentBag），提高了并发读写的效率。

HikariCP 是 Spring Boot 内置的技术，存在于持久层框架的依赖中，可以通过 mybatis-spring-boot-starter 依赖找到其所引用的 spring-boot-starter-jdbc 依赖，在该依赖中可以找到引用的 HikariCP 依赖。

```
<dependency>
  <groupId>com.zaxxer</groupId>
  <artifactId>HikariCP</artifactId>
  <version>5.0.1</version>
  <scope>compile</scope>
</dependency>
```

即开发者不需要在 pom.xml 文件中加入依赖就可以直接在 Spring Boot 项目中使用 HikariCP，这只需要在 application.properties 文件中做以下配置。

```
#数据库连接池
#最小空闲连接数量
spring.datasource.hikari.minimum-idle=8
#连接池最大连接数，默认为 10
spring.datasource.hikari.maximum-pool-size=20
#控制从连接池返回连接的默认自动提交行为
spring.datasource.hikari.auto-commit=true
#空闲连接存活的最长时间，默认为 600000（10 分钟）
spring.datasource.hikari.idle-timeout=30000
#定义连接池的名字
spring.datasource.hikari.pool-name=HrsysHikariCP
#控制池中连接的最长生命周期，值为 0 表示无限生命周期，默认为 1800000，即 30 分钟
```

```
spring.datasource.hikari.max-lifetime=1800000
#数据库连接超时时间，默认为 30 秒，即 30000
spring.datasource.hikari.connection-timeout=3000000
#测试
spring.datasource.hikari.connection-test-query=select 1
```

完成以上配置后，在项目中就可以直接添加和使用 HikariCP 数据库连接池了。当启动项目时，控制台打印信息会报如下提示，这说明数据库连接池已经在项目中正常工作了。

```
com.zaxxer.hikari.HikariDataSource        : HikariPool-1 - Starting...
......
com.zaxxer.hikari.HikariDataSource        : HikariPool-1 - Start completed.
```

5.4.2　Java 日志发展史与 Logback

Java 日志的工具众多，想要厘清它们的关系就必须提到一个人——俄罗斯的程序员 Ceki Gülcü，他创造了著名的 Log4j 日志，并交由 Apache 开源组织维护。后来，为了统一 Java 日志工具，他又开发了日志门面工具 SLF4J（Simple Logging Facade For Java），统一了日志实现的接口。在对 SLF4J 的推广初期，由于并不是所有的日志系统都会使用 SLF4J，因此他不得不开发多种针对不同日志工具的桥接包。因为这项工作太过于烦琐，所以他又开发了全面实现 SLF4J 门面的日志工具 Logback。Logback 的性能优于 Log4j，在 Java 行业中有广泛的应用。

SLF4J 并不是一个具体的日志实现方案，就像 JDBC 一样，它只提供接口和基本类，由具体的数据库开发商对这些接口进行实现。因此，单独的 SLF4J 是不能工作的，必须搭配其他日志工具才能使用，但是使用 SLF4J 却可以不必调用不同日志工具的 API 就可以进行编程，这给开发者提供了很大的便利。

Spring Boot 使用了 SLF4J，具体的日志实现是 Logback。我们可以通过 spring-boot-starter-web 依赖中引入的 spring-boot-starter 依赖，查看它所引入的 Spring 日志管理依赖 spring-boot-starter-logging。

```xml
<dependency>
  <groupId>org.springframework.boot</groupId>
  <artifactId>spring-boot-starter-logging</artifactId>
  <version>3.0.6</version>
  <scope>compile</scope>
</dependency>
```

由于 spring-boot-starter-logging 依赖中引入了 Logback 依赖，因此项目中不需要在 pom.xml 文件中再次引入。

```xml
<dependency>
  <groupId>ch.qos.logback</groupId>
  <artifactId>logback-classic</artifactId>
  <version>1.4.7</version>
  <scope>compile</scope>
</dependency>
<dependency>
  <groupId>org.apache.logging.log4j</groupId>
  <artifactId>log4j-to-slf4j</artifactId>
  <version>2.19.0</version>
  <scope>compile</scope>
</dependency>
<dependency>
  <groupId>org.slf4j</groupId>
  <artifactId>jul-to-slf4j</artifactId>
  <version>2.0.7</version>
  <scope>compile</scope>
</dependency>
```

因为 Logback 实现了 SLF4J 接口，所以使用 Logback 开发自定义的日志非常方便。例如，如果我们想要在 EmployeeController 类中输出日志，则首先在类中定义一个 Logger 类型的成员变量。

```java
Logger logger= LoggerFactory.getLogger(EmployeeController.class);
```

然后在方法中直接使用 SLF4J 提供的日志级别方法进行日志的输出，在 EmployeeController.java 的 search()方法中添加日志，其优先级从低到高如下面的代码所示。在 Spring Boot 中，如果不做配置，则默认显示 info 级别及更高级别的日志。

```java
Logger logger= LoggerFactory.getLogger(EmployeeController.class);
@RequestMapping(value="search")
public ModelAndView search(Employee condition) {
    logger.trace("记录了 trace 日志");
    logger.debug("记录了 debug 日志");
    logger.info("访问了 info 日志");
    logger.warn("记录了 warn 日志");
    logger.error("记录了 error 日志");
    ModelAndView mv = new ModelAndView("emp/show");
    //省略无关代码
```

```
    return mv;
}
```

如果是简单的日志输出，则 Spring Boot 会将日志打印在控制台上；如果想要设置输出到本地文件并指定输出级别，则可以在 application.properties 文件中进行设置。举例来说，因为 MyBatis 框架的日志输出默认是 debug 级别，所以如果想要通过控制台打印 MyBatis 日志进行调试，则需要将 Logback 在 DAO 层上的日志级别设置为 debug。

```
logging.file.path=d://logs/springboot.log
logging.level.com.alan.hrsys.dao=debug
```

如果是复杂的日志输出，比如说要显示日志输出的行号等，则需要先专门定义一个日志配置文件，然后在 application.properties 文件中使用 logging.config 指定文件的目录。

```
logging.config.classpath=日志配置文件名.xml
```

当 Spring Boot 启动时，会默认扫描 classpath 下的 logback.xml 和 logback-spring.xml 两个文件，因此如果按照以上两种方式命名，则不必单独再对日志配置文件进行引入。以下是一份指定了日志文件输出位置、内容与格式的 logback.xml 文件。

```xml
<?xml version="1.0" encoding="UTF-8"?>
<configuration debug="false" scan="false" scanPeriod="60 seconds">
    <property name="LOG_HOME" value="d:/logs/logback"/>
    <property name="appName" value="hrsys"/>
    <!-- 定义控制台输出 -->
    <appender name="stdout" class="ch.qos.logback.core.ConsoleAppender">
        <layout class="ch.qos.logback.classic.PatternLayout">
            <pattern>
                %d{yyyy-MM-dd HH:mm:ss.SSS} - [%thread] - %-5level - %logger{50}
                - %msg%n
            </pattern>
        </layout>
    </appender>
    <appender name="appLogAppender" class="
      ch.qos.logback.core.rolling.RollingFileAppender">
        <!-- 指定日志文件的名称-->
        <file>${LOG_HOME}/${appName}.log</file>
        <rollingPolicy class="ch.qos.logback.core.rolling.TimeBasedRollingPolicy">
        <fileNamePattern>
            ${LOG_HOME}/${appName}-%d{yyyy-MM-dd}-%i.log
        </fileNamePattern>
        <MaxHistory>30</MaxHistory>
```

```
            <timeBasedFileNamingAndTriggeringPolicy class=
              "ch.qos.logback.core.rolling.SizeAndTimeBasedFNATP">
                <MaxFileSize>10MB</MaxFileSize>
                    </timeBasedFileNamingAndTriggeringPolicy>
        </rollingPolicy>
        <!-- 指定日志输出内容和格式-->
        <layout class="ch.qos.logback.classic.PatternLayout">
            <pattern>
                %d{yyyy-MM-dd HH:mm:ss.SSS} [ %thread ] -
                [ %-5level ] [ %logger{50} : %line ] - %msg%n
            </pattern>
        </layout>
    </appender>
    <!-- 日志输出级别 -->
    <logger name="org.springframework" level="debug" additivity="false"/>
    <logger name="com.alan.hrsys" level="debug"/>
    <root level="INFO">
        <appender-ref ref="stdout"/>
        <appender-ref ref="appLogAppender"/>
    </root>
</configuration>
```

在 Logback 的竞争压力下，Apache 于 2015 年宣布停止更新 Log4j 并推出了 Log4j2。Log4j2 参考了 Logback 中的一些优秀设计，并且修复了 Log4j 的一些问题，在功能和性能上都有显著优势，如下。

异常处理：Log4j2 提供了 Logback 不具备的一些异常处理机制。

性能提升：相对于 Log4j 和 Logback，Log4j2 具有明显的性能提升。

自动重载配置：提供自动刷新参数配置功能，即动态地修改日志的级别，而不需要重启应用。

无垃圾机制：提供了一套无垃圾机制，避免频繁的日志处理导致 Java 垃圾回收机制的触发。

因为 Spring Boot 默认并集成的日志技术是 Logback，所以如果你要使用 Log4j2，在配置上要比使用 Logback 麻烦。首先在 spring-boot-starter 依赖中去除默认的日志依赖，然后再引入 Log4j2 的依赖。

```
<dependency>
```

```
    <groupId>org.springframework.boot</groupId>
    <artifactId>spring-boot-starter</artifactId>
    <!--去除默认的日志依赖-->
    <exclusions>
        <exclusion>
            <groupId>org.springframework.boot</groupId>
            <artifactId>spring-boot-starter-logging</artifactId>
        </exclusion>
    </exclusions>
</dependency>
<!--引入 Log4j2 的依赖-->
<dependency>
    <groupId>org.springframework.boot</groupId>
    <artifactId>spring-boot-starter-log4j2</artifactId>
</dependency>
```

因为 Log4j2 也实现了基于 SLF4J 门面模式的编程，所以开发日志业务的相关代码与 Logback 是相同的。

5.5　Spring Boot 原理与源码分析

通过对 hrsys_springboot 项目的推进，可以看出 Spring Boot 框架可以帮助开发者提高开发效率，这主要表现在以下五个方面。

（1）简化依赖配置，维护版本的一致性。

（2）使用业内习惯的配置方式，以减少大量的配置代码。

（3）免部署，内置 Servlet 容器，可独立运行。

（4）提供开发所涉及的针对各种场景的推荐技术，免去了技术选型之苦。

（5）针对推荐的技术可以做到无缝衔接，最大限度地减少配置的麻烦。

这也对应了第 1 章提到的 Spring Boot 的四大特性：管理依赖、简化配置、快速运行和推荐技术。这五个方面中的"简化依赖配置，维护版本的一致性"是 Java 代码之外的事情，在 5.1 节中已经进行过介绍。

下面通过启动类深入分析 Spring Boot 的运行原理。

5.5.1 @SpringBootApplication 注解

对于"使用业内习惯的配置方式,以减少大量的配置代码""免部署,内置 Servlet 容器,可独立运行""对于推荐的技术,可以做到无缝衔接,最大限度地减少配置的麻烦",则要通过 Spring Boot 项目的启动流程来分析。下面从项目的启动类 HrsysApplication 开始着手,启动类中的代码很少,包含@SpringBootApplication 注解和一个调用静态 run()方法的 SpringBootApplication 类。

@SpringBootApplication 注解的作用是指定自动装配的入口,SpringBootApplication 类是执行 Spring Boot 应用程序的入口。阅读@SpringBootApplication 源代码,可以发现该注解实际上是@SpringBootConfiguration、@EnableAutoConfiguration 和@ComponentScan 三个注解的组合体。

```
@Target({ElementType.TYPE})
@Retention(RetentionPolicy.RUNTIME)
@Documented
@Inherited
@SpringBootConfiguration
@EnableAutoConfiguration
@ComponentScan(
    excludeFilters = {@Filter(
    type = FilterType.CUSTOM,
    classes = {TypeExcludeFilter.class}
), @Filter(
    type = FilterType.CUSTOM,
    classes = {AutoConfigurationExcludeFilter.class}
)}
)
public @interface SpringBootApplication {
}
```

它们的含义与作用分别如下:

@SpringBootConfiguration 注解声明当前类是 Spring Boot 应用的配置类注解,在这个注解的源码中又有一个@Configuration 注解,其在本章 Java Config 中已经介绍过,作用是声明当前类是一个配置类。@SpringBootConfiguration 注解的作用与@Configuration 注解的相同,都是标识一个可以被 Spring 扫描器扫描的配置类,只不过@SpringBootConfiguration 是被 Spring Boot 进行重新封装命名的注解,在项目中只能存在一个。

@EnableAutoConfiguration 为开启自动配置注解,作用是让 Spring Boot 基于引入的依赖去推断开发者想要如何配置依赖。比如,本项目引入了 spring-boot-starter-web 依赖,而启动器帮开发者添加了 Tomcat、Spring MVC 的依赖,此时,当 Spring Boot 启动时,自动配置机制就会据此知道开发者要开发一个 Web 应用。这时,Spring Boot 就会在 application.properties 文件中寻找关于 Web 和 Spring MVC 的相关配置,如果有,则以开发者配置的为准;如果没有,则会以 Spring Boot 内部定义的默认规则为准,也就是说 Spring Boot 对其提供的常见技术均提供一套默认的配置信息,因此它能够做到用尽量少的技术配置就可以工作,让开发者尽量只关注业务逻辑的实现。

@ComponentScan 为配置组件扫描注解,提供了类似于 XML 配置中 <context: component-scan>标签的功能,通过 basePackageClasses 或者 basePackages 属性来指定要扫描的包。如果没有指定这些属性,则从声明这个注解的类所在的包开始扫描包及子包。由于 @SpringBootApplication 注解声明的类就是 main()方法所在的启动类,因此扫描的包是该类所在的包及子包,即项目中的其他类只能在启动类同级或子级的包目录中。

5.5.2　Spring Boot 启动流程

SpringApplication 类静态方法 run(HrsysApplication.class, args)的第一个参数是 Spring Boot 项目入口类的类对象,第二个参数 args 是启动 Spring 应用的命令行参数,该参数可以在 Spring 应用中被访问。

Spring Boot 的 SpringApplication 类用来启动 Spring,实质上是为 Spring Boot 应用创建并初始化 Spring 上下文。

SpringApplication 类的 run()方法默认返回 ConfigurableApplicationContext 对象,在具体代码中调用了一个同名的重载 run(new Class<?>[] { primarySource }, args)方法。

```java
public static ConfigurableApplicationContext run(Class<?> primarySource,
    String... args) {
    return run(new Class<?>[] { primarySource }, args);
}

public static ConfigurableApplicationContext run(Class<?>[] primarySources,
    String[] args) {
    return new SpringApplication(primarySources).run(args);
}
```

在该方法中，首先创建一个 SpringApplication 类型的对象，然后调用动态方法 run(args)。SpringApplication 类提供了两个构造方法，SpringApplication(Class<?>... primarySources)构造方法会使用 this 关键字调用 SpringApplication(ResourceLoader resourceLoader, Class<?>... primarySources)构造方法。读者可以根据以下有关该构造方法的逐行注释来理解代码的含义。

```java
public SpringApplication(Class<?>... primarySources) {
    this(null, primarySources);
}


// SpringApplication 构造方法进行初始化工作
public SpringApplication(ResourceLoader resourceLoader, Class<?>... primarySources) {
    // 1.资源加载器，进行资源初始化工作
    this.resourceLoader = resourceLoader;
    // 2.利用断言来判断 PrimarySources，即项目启动类的 Class 对象不能为 null
    Assert.notNull(primarySources, "PrimarySources must not be null");
    // 3.初始化主要加载资源类集合并去除重复项
    this.primarySources = new LinkedHashSet<>(Arrays.asList(primarySources));
    // 4.判断当前 Web 的应用类型，一共有 NONE、SERVLET 和 REACTIVE 三种
    this.webApplicationType = WebApplicationType.deduceFromClasspath();
    // 5.获取 META-INF/spring.factories 配置的 BootstrapRegistryInitializer 实例
    this.bootstrapRegistryInitializers = new ArrayList<>(
    getSpringFactoriesInstances(BootstrapRegistryInitializer.class));
    // 6.设置应用上下文的初始化器
    setInitializers((Collection) getSpringFactoriesInstances(Application
    ContextInitializer.class));
    // 7.设置监听器，当监听触发时会从 META-INF/spring.factories 中读取
    //ApplicationListener 类的实例名称集合，并使用 Set 集合去除重复项
    setListeners((Collection) getSpringFactoriesInstances(ApplicationListener.
    class));
    // 8.推断主入口应用类，通过当前调用栈获取 main()方法所在类，并赋值给
    // mainApplicationClass
    this.mainApplicationClass = deduceMainApplicationClass();
}
```

其中，第 4 条注释的 this.webApplicationType = WebApplicationType.deduceFromClasspath()方法调用了 WebApplicationType 枚举中的 deduceFromClasspath()方法。

```java
public enum WebApplicationType {
    // 非 Web 项目
    NONE,
    // Servlet 项目
```

```
SERVLET,
// Reactive 项目
REACTIVE;

// 以下常量定义了 Servlet 和 Reactive 用到的主类包名和类名全称
 private static final String[] SERVLET_INDICATOR_CLASSES =
{ "jakarta.servlet.Servlet",
"org.springframework.web.context.ConfigurableWebApplicationContext"};

 private static final String WEBMVC_INDICATOR_CLASS =
"org.springframework.web.servlet.DispatcherServlet";

 private static final String WEBFLUX_INDICATOR_CLASS =
"org.springframework.web.reactive.DispatcherHandler";

 private static final String JERSEY_INDICATOR_CLASS =
"org.glassfish.jersey.servlet.ServletContainer";

// 判断当前项目的类型
static WebApplicationType deduceFromClasspath() {
    if (ClassUtils.isPresent(WEBFLUX_INDICATOR_CLASS, null) &&
        !ClassUtils.isPresent(WEBMVC_INDICATOR_CLASS, null)
        && !ClassUtils.isPresent(JERSEY_INDICATOR_CLASS, null)) {
            return WebApplicationType.REACTIVE;
    }
    for (String className : SERVLET_INDICATOR_CLASSES) {
        if (!ClassUtils.isPresent(className, null)) {
            return WebApplicationType.NONE;
        }
    }
    return WebApplicationType.SERVLET;
  }
}
```

deduceFromClasspath()方法的作用是使用 Spring 提供的 ClassUtils 工具类中的 isPresent()方法判断当前项目中使用的技术。isPresent()方法利用了 Java 的反射机制，即通过 Class.forName()方法加载依赖技术的入口类，如果不抛出异常则返回 true，否则返回 false。

```
public static boolean isPresent(String className, @Nullable ClassLoader
    classLoader) {
    try {
       forName(className, classLoader);
       return true;
```

```
    }
    catch (IllegalAccessError err) {
        throw new IllegalStateException("Readability mismatch in inheritance
            hierarchy of class [" + className + "]: " + err.getMessage(), err);
    }
    catch (Throwable ex) {
        return false;
    }
}
```

第 6 条注释的 setInitializers((Collection) getSpringFactoriesInstances (ApplicationContextInitializer.
class))方法调用了 getSpringFactoriesInstances()方法，从"spring-boot/META-INF/spring.
Factories"中读取 ApplicationContextInitializer 类的实例名称集合，并使用 Set 集合进行去重
操作，返回一个 List。

第 7 条注释的 setListeners()方法的逻辑与第 6 条中设置 setInitializers()方法的相同，它设
置的监听器（Listener）会贯穿 Spring Boot 的整个生命周期。当触发事件时，监听器就会通
过回调方法进行功能的处理。

spring-boot/META-INF/spring.factories 的部分代码如下：

```
# Application Context Initializers
org.springframework.context.ApplicationContextInitializer=\
org.springframework.boot.context.ConfigurationWarningsApplicationContextIn
itializer,\
org.springframework.boot.context.ContextIdApplicationContextInitializer,\
org.springframework.boot.context.config.DelegatingApplicationContextInitia
lizer,\
org.springframework.boot.rsocket.context.RSocketPortInfoApplicationContext
Initializer,\
org.springframework.boot.web.context.ServerPortInfoApplicationContextIniti
alizer

# Application Listeners
org.springframework.context.ApplicationListener=\
org.springframework.boot.ClearCachesApplicationListener,\
org.springframework.boot.builder.ParentContextCloserApplicationListener,\
org.springframework.boot.context.FileEncodingApplicationListener,\
org.springframework.boot.context.config.AnsiOutputApplicationListener,\
# 省略
```

同所有的构造方法一样，SpringApplication(ResourceLoader resourceLoader, Class<?>...

primarySources)的作用是进行初始化。在初始化完毕后，便可以执行 run()方法了。run()方法是 Spring Boot 项目执行的开始，其中会涉及许多类和方法的多级调用，这里只讲解主线流程，读者可以根据以下关于 run()方法的逐行注释来理解代码的含义。

```java
public ConfigurableApplicationContext run(String... args) {
    // 记录开始时间
    long startTime = System.nanoTime();
    // 创建启动应用上下文,调用 SpringApplication()方法中获得的
    // BootstrapRegistryInitializer 实例
    DefaultBootstrapContext bootstrapContext = createBootstrapContext();
    ConfigurableApplicationContext context = null;
    // 设置 headless 属性
    configureHeadlessProperty();
    // 获取 META-INF/spring.factories 配置的 SpringApplicationRunListener 实例
    SpringApplicationRunListeners listeners = getRunListeners(args);
    // starting()方法内部循环启动 listeners
    listeners.starting(bootstrapContext, this.mainApplicationClass);
    try {
        // 将运行参数封装在 ApplicationArguments 中
    ApplicationArguments applicationArguments = new
        DefaultApplicationArguments(args);
        // 创建并配置环境,因为本项目是 Servlet 项目，所以会创建
        // ApplicationServletEnvironment 对象
            ConfigurableEnvironment environment =prepareEnvironment(listeners,
    bootstrapContext, applicationArguments);
        // 打印 Banner
        Banner printedBanner = printBanner(environment);
        // 创建应用上下文,因为本项目是 Servlet 项目，所以实例化的是
        // AnnotationConfigServletWebServerApplicationContext 对象
        context = createApplicationContext();
        // 将初始的上下文对象、环境变量、监听器、参数加载到 DI 容器中
        context.setApplicationStartup(this.applicationStartup);
        // 准备应用上下文
        prepareContext(bootstrapContext, context, environment, listeners,
    applicationArguments, printedBanner);
        // 刷新上下文
    refreshContext(context);
        // 空方法，可通过设计子类实现扩展
        afterRefresh(context, applicationArguments);
        // 计算启动用时
        Duration timeTakenToStartup = Duration.ofNanos(System.nanoTime() -
        startTime);
```

```
        if (this.logStartupInfo) {
            new StartupInfoLogger(this.mainApplicationClass).logStarted
            (getApplicationLog(), timeTakenToStartup);
        }
        // 监听器执行 started()方法，表示启动成功
        listeners.started(context, timeTakenToStartup);
        // 回调所有的 ApplicationRunner 和 CommandLineRunner
        callRunners(context, applicationArguments);
    }
    catch (Throwable ex) {
        if (ex instanceof AbandonedRunException) {
            throw ex;
        }
        handleRunFailure(context, ex, listeners);
        throw new IllegalStateException(ex);
    }
    try {
        if (context.isRunning()) {
            Duration timeTakenToReady = Duration.ofNanos(System.nanoTime()
            - startTime);
            // 监听器执行 ready()方法
            listeners.ready(context, timeTakenToReady);
        }
    }
    catch (Throwable ex) {
        if (ex instanceof AbandonedRunException) {
            throw ex;
        }
        handleRunFailure(context, ex, null);
        throw new IllegalStateException(ex);
    }
    return context;
}
```

需要注意的是，Spring Boot 每次的小版本升级都有可能对启动类调用的方法进行重新设计。

在以上代码中，虽然已经使用注释对每行代码进行了解释说明，但由于 Spring Boot 启动过程涉及的代码较多，部分代码完成的是同一个步骤，故可以结合图 5-1 所示的步骤充分理解 Spring Boot 的启动流程。

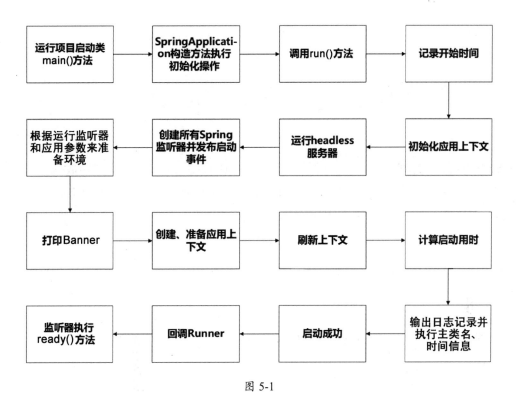

图 5-1

5.6　本章总结

本章围绕 Spring Boot 的管理依赖、简化配置、快速运行、推荐技术等特性，以理论结合实践的方式，分析了 Spring Boot 的原理，丰富了 hrsys_springboot 项目。

Spring Boot 的核心就是它的启动源代码，本章对 @SpringBootApplication 注解、SpringApplication 类的构造方法、run()方法进行了介绍，探寻 Spring Boot 底层是如何工作的。

到此，读者应该了解到 Spring Boot 的管理依赖、简化配置、快速运行三个特性的实现并不复杂，其强大之处是为开发中的各种场景提供的推荐技术，免去了开发者的技术选型之苦。

第 6 章　持久层发展与 Spring Data JPA

MyBatis 提供的 Mapper 功能通过定义方法、搭配 SQL 语句可以实现和数据库的交互，能明显提升项目持久层开发工作的效率。而 Java 行业中还有一种 ORM（Object Relational Mapping，对象关系映射）的持久层框架，使用这种框架只需要将实体类和数据库表做好映射，不用编写 SQL 语句，开发流程更加简单。

作为 ORM 框架的翘楚，Hibernate 本来已经统治 Java 持久层十年之久，为什么会被相对简陋的 MyBatis 取代？Spring Data JPA 有什么特别之处，能让 Spring Boot 将它作为持久层框架？Spring Data JPA 和 Sun 的 JPA 有什么区别？Spring Data JPA 和 Spring Data 项目有什么关系？等等，这些问题都可以在本章找到答案。

本章参考项目：test_jpa 和 hrsys_jpa；本章和第 7 章使用的数据库：hrsys2。

6.1　相关技术介绍

ORM 是一种思想，即通过实体类和数据库表映射、属性和字段映射、对象和数据库表的行数据映射，实现利用面向对象编程的思想和风格来操作关系型数据库的目的。用 Java 语言实现的 ORM 框架有 Hibernate 和 TopLink 等，其中 Hibernate 最为知名。

6.1.1　Spring Data

Spring Data 是 Spring 的一个子项目，用于简化数据库访问，支持关系数据库和 NoSQL 存储。其主要目标是封装众多底层数据存储的不同操作方式，对外统一接口，让针对数据的操作变得方便、快捷。

Spring Data 支持的关系型数据存储技术有 JDBC 和 JPA。

Spring Data 支持的 NoSQL 存储有 MongoDB（文档数据库）、Neo4j（图形数据库）、Redis（键/值存储）和 HBase（列族数据库）。

Spring Data 提供了一个 Repository 作为顶层的接口，它是一个空接口，目的是统一所有的数据存储操作，并且在项目启动进行 Spring 组件扫描时可以根据引入的依赖及配置信息识别使用的存储技术。

项目中的持久层接口必须继承 Repository 接口，这样通过泛型指定要查询的实体类就可实现基本的新增、删除、修改、查询功能，对于大部分的操作，也不需要再写 SQL 语句或 NoSQL 数据库的 API，十分方便。

6.1.2　Hibernate

Hibernate 是澳大利亚程序员 Gavin King 在 2001 年创造的一个面向关系型数据库的 Java 持久层框架，它将实体类与数据库表建立映射关系，是一个全自动的 ORM 框架。Hibernate 在底层封装了 JDBC 操作，为开发者提供简洁的、面向对象操作的 API。使用这些 API 可以自动生成 SQL 语句并连接到数据库执行，还可以将执行结果转换成面向对象的数据类型。Hibernate 支持常见的关系型数据库，如 Oracle、SQL Server、MySQL，使用它可以屏蔽不同数据库的特性，也可以将开发者使用的 Hibernate API 操作自动转换成对应数据库的方言，还可以实现在不同数据库平台之间进行项目迁移，而不用修改项目中的代码。

Gavin King 在推广 Hibernate 的初期，在 Hibernate 官网宣称：程序员使用 Java 原生数据库连接技术（JDBC）完成的某一项数据库操作，只要 Hibernate 做不到或者效率低就奖励 100 美元。他这种对自己创作的产品的自信不是盲目的，因为它确实经得起考验。后来 Hibernate 作为 Java 开发三大框架 SSH 中的一员，在 Java 持久层编程界"统治"了十多年的时间，至今流行不衰。

如果你有 Hibernate 的开发经验，那么学习 Spring Data JPA 会非常快。

6.1.3　JPA

JPA（Java Persistence API）即 Java 持久层的 API，是 Sun 公司在 JDK 1.5 版本中推出的一种基于注解或 XML 设置类和关系表的映射关系，其能将运行期的实体对象持久化到数据库中。它是一套实现了 ORM 的 Java 方法标准规范，但是与 JDBC 一样，也没有对应的具体实现，需要使用 Hibernate 等 ORM 框架。

Sun 引入新的 JPA 规范的两个原因：

- 简化现有的 JDBC 技术，以便进行复杂的企业级开发。
- 整合 ORM 技术，实现企业级持久层技术的统一。

自 JPA 发布以来，受到了广大 Java 开发者的欢迎。它改变了 EJB 1.x 和 EJB 2.x 中 Entity Bean 笨重且难以使用的形象，而且它不依赖于 EJB 容器，可以作为一个独立的持久层应用于任何技术架构中。

在使用的方便程度上，脱胎换骨的 EJB 3.0 搭载 JPA 与 JSF 技术组成的开发框架套装不输于当时的竞争对手 SSH 框架，但是由于当时行业中已经全面流行 SSH 框架，因此 JSF+EJB 3.0+JPA 的组合技术实际上并没有广泛流行起来。

6.1.4　Spring Data JPA

Spring Data JPA 是 Spring 根据 ORM 思想在 JPA 规范的基础上封装的一套新的 JPA 应用规范，也是靠 Hibernate、OpenJPA 等 ORM 框架实现的一种解决方案。它用极简的代码实现了对数据库的访问和操作，包括新增、删除、修改、查询等常用功能。同样，Spring Data JPA 也仅仅是一套规范，并没有提供实现的具体方式，需要搭配其他 ORM 持久层框架使用。目前，对 Spring Data JPA 实现的框架有 Hibernate 和 OpenJPA。

那么，为什么不直接使用 Hibernate 而要选择 Spring Data JPA 呢？

这是因为 Hibernate 在完成复杂的数据库操作时，上层提供的 API 也非常复杂，开发者对此苦不堪言，而对于很多复杂的查询，他们宁愿写本地 SQL。这就是为什么后来技术含量不如它的 MyBatis 逐渐将它取代，成为使用最多的持久层框架的主要原因。

而 Spring Data JPA 刚好解决了这一问题，它提供了简单易学的 API 给开发者调度复杂但功能强大的 Hibernate。而且在这套 API 下还可以选择其他的 ORM 框架，使耦合度变得更低，这就是为什么 Spring Boot 推荐使用 Spring Data JPA 的原因。

6.2　Spring Data JPA 详解

Spring Data JPA 提供了简明 API，屏蔽了 Hibernate，下面介绍如何使用 Spring Data JPA。

6.2.1　环境搭建

因为 Spring Data JPA 的知识点较多，所以本章新建一个 test_jpa 项目，专门用作测试。又因为 Spring Data JPA 会根据类自动创建表，所以从本章开始，新建数据库 hrsys2，其数据可以从 hrsys1 中导入，或自造。

在创建 test_jpa 项目时，可以选择 Spring Data JPA 和 MySQL 依赖，也可以在项目的

pom.xml 文件中直接引入。

```
<dependency>
    <groupId>org.springframework.boot</groupId>
    <artifactId>spring-boot-starter-data-jpa</artifactId>
</dependency>
```

在 application.properties 文件中，除 MySQL 配置信息外，还需要加入 Spring Data JPA 配置信息。

```
spring.jpa.properties.hibernate.hbm2ddl.auto=update
spring.jpa.properties.hibernate.format_sql=true
spring.jpa.properties.hibernate.enable_lazy_load_no_trans=true
spring.jpa.properties.show-sql=true
```

以上配置文件中各个属性的含义如下。

hibernate.hbm2ddl：根据实体类自动创建和更新数据库表，而使用 Spring Data JPA 可以省略传统项目开发中的建表工作。

hibernate.hbm2ddl.auto 的取值如下。

- create：根据实体类生成表，每次运行都会删除上一次的表，之前保存的数据会丢失。
- create-drop：根据实体类生成表，但是当 sessionFactory 关闭时，新生成的表会被删除，即表的存在期仅在项目运行阶段。
- update：最常用的属性，根据实体类生成表，如果实体类的属性发生改变，则会在对应表中添加新属性，但表中的旧字段仍然存在，也不会删除以前的数据。
- validate：只会和数据库中的表进行比较，不会创建新表，但是会插入新值。

hibernate.format_sql：格式化 SQL 语句，让输出的 SQL 语句更符合阅读习惯。

hibernate.enable_lazy_load_no_trans：默认为 false。如果被设置为 true，则可以在测试环境下模拟事务的效果，以便使用它的懒加载。

jpa.properties.show-sql：将底层的 SQL 语句输出到控制台。

在设置 hbm2ddl.auto=update 后，运行 Spring Boot 项目就可以根据实体类生成数据库表，但是它并不会自动生成，需要开发者自行创建一个新的数据库，从本章开始，本书后续使用的数据库是 hrsys2。这一步非常关键，如果还使用之前的数据库，则会导致其表结构发生改变。新建数据库后，要记得给 application.properties 文件中的数据源配置新的数据库连接信息。

6.2.2 实体类

由于 ORM 框架的核心是对实体类和数据库进行关联映射，并根据实体类自动生成表，这样在操作实体类时即可对表进行新增、删除、修改、查询操作，因此对实体类的配置是 Spring Data JPA 的核心。

在实体类的配置上，Spring Data JPA 并没有一套新的注解，而是使用 JPA，即包含在 JDK 的 jakarta.persistence 包下的注解，具体如下。

@Entity：必需项，使用此注解标记的 Java 类是一个 JPA 实体，数据库中创建的表名默认和类名一致。

@Table(name="", catalog="", schema="")：可选项，用来标注数据库对应的实体，数据库中创建的表名默认和类名一致。其通常和@Entity 配合使用，只能标注在实体的 class 定义处，表示实体对应的数据库表信息。注解中的 name 属性是可选的，用来自定义该实体对应的数据库表名称。

@Id：必需项，定义映射到数据库表的主键。

@GeneratedValue(strategy=GenerationType, generator="")：可选项，strategy 属性表示主键生成策略，有 AUTO、IDENTITY、SEQUENCE 和 TABLE 四种；generator 属性表示主键生成器的名称。

@Column(name = "user_code", nullable = false, length=32)：可选项，用来描述数据库表中该字段的详细定义，其中 name 属性表示数据库表中该字段的名称，生成的字段名默认与属性名一致；nullable 属性表示该字段是否允许为 null，默认为 true；unique 属性表示该字段是否是唯一标识，默认为 false；length 属性表示该字段的大小，仅对 String 类型的字段有效。

@Transient：可选项，用来表示该属性并非要映射到数据库表的字段，ORM 框架会忽略该属性。

下面将 Employee 实体类中的属性加入以下代码中，因为要尽量简化 demo，所以删掉了关联的 dep 属性。

```
@Entity
@Table
```

```
public class Employee {
    @Id
    @GeneratedValue(strategy = GenerationType.IDENTITY)
    private Integer id;
    @Column
    private Integer number;
    @Column
    private String name;
    @Column
    private String gender;
    @Transient
    private Integer age;
    //省略 getter、setter
}
```

运行启动类，如果配置没有问题，则会在控制台上打印如下建表语句。

```
Hibernate:
create table employee (
  id integer not null auto_increment,
  gender varchar(255),
  name varchar(255),
  number integer,
  primary key (id)
) engine=InnoDB
```

在数据库中，可以看到 employee 表已经被创建，里面没有 age 属性，这是因为 age 属性上加了@Transient 注解。如果此时将 age 属性上的@Transient 注解换成@Column 注解，再运行启动类，则会在控制台上打印如下 alter 语句，这说明 Hibernate 引擎已经将 age 字段添加在表中了。

```
alter table employee
    add column age integer
```

6.2.3　Repository 接口

Spring Data JPA 为开发者提供了一系列 Repository 接口，它们的继承关系如图 6-1 所示。

Repository 是一个空接口，只具有标记作用。CrudRepository 接口定义基本的 CRUD 操作；ListCrudRepository 是 Spring Boot 3 新增的接口，提供将父接口 CrudRepository 查询出的 Iterable 类型转换成 List 的功能；PagingAndSortingRepository 接口定义分页和排序查询；

ListPagingAndSortingRepository 接口的作用和 ListCrudRepository 的一样，也是将 Iterable 类型转换成 List；QueryByExampleExecutor 接口提供简单的动态查询方法；JpaRepository 接口则是以上接口的子接口，继承它们的所有操作，并提供其他常见操作，是使用 Spring Data JPA 自定义持久层接口时最常用的继承接口。

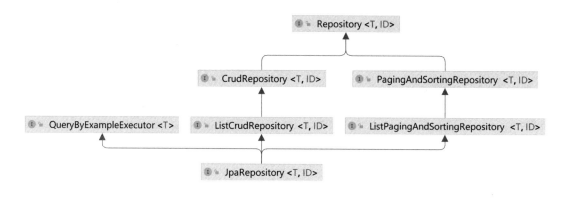

图 6-1

JpaRepository 接口提供的常见方法一般都可以通过方法命名推测到功能。JpaRepository 接口提供的常见方法的代码如下：

```
List<T> findAll();
List<T> findAll(Sort var1);
List<T> findAllById(Iterable<ID> var1);
<S extends T> List<S> saveAll(Iterable<S> var1);
void flush();
<S extends T> S saveAndFlush(S var1);
void deleteInBatch(Iterable<T> var1);
void deleteAllInBatch();
T getOne(ID var1);
<S extends T> List<S> findAll(Example<S> var1);
<S extends T> List<S> findAll(Example<S> var1, Sort var2);
```

利用 JpaRepository 接口及其父接口提供的方法，可以完成项目中绝大多数的应用开发工作。Spring Data JPA 创建功能接口的方式和 MyBatis 的非常相似，需要根据模块定义一个持久层接口，如在 Alan 人事管理系统中定义一个员工管理模块的持久层接口 EmployeeDao。

```
public interface EmployeeDao extends JpaRepository<Employee,Integer> {
}
```

6.2.4　基本的新增、删除、修改、查询操作

下面使用 Spring Boot Test 进行测试，首先在 test 的 java 目录的 com.alan.hrsys 包下新建 EmployeeDaoTest 类，然后对 EmployeeDao 继承下来的且项目中经常使用的方法进行测试。

1.　findAll()方法

findAll()方法用来查询所有的数据：

```
@SpringBootTest
public class EmployeeDaoTest {
    @Autowired
    EmployeeDao empDao;
    @Test
    public void testSearchAll() {
      List<Employee> list = empDao.findAll();
      for(Employee emp : list) {
        System.out.println(emp.getId() + " " + emp.getName() + " " + emp.getGender());
      }
    }
}
```

在实际开发中，根据 id 查询一条记录是常见的操作，Spring Data JPA 对此提供了两种方法：getOne()和 findById()。

（1）getOne()方法

```
@Test
public void testSearchOne() {
    Employee emp=empDao.getOne(2);
    System.out.println(emp.getId() + " " + emp.getName() + " " + emp.
      getGender());
}
```

（2）findById()方法

```
    @Test
    public void testSearchOne() {
        Employee emp = empDao.findById(2).get();
        System.out.println(emp.getId() + " " + emp.getName() + " " + emp.
          getGender());
    }
```

它们的区别是，当使用 getOne()方法找不到所传 id 对应的数据时，则会报 jakarta.persistence.EntityNotFoundException 异常。而当使用 findById()方法找不到该 id 的数据时，还是返回 Optional 类型，其中 Optional 类可以包含 null 和非 null。

Optional 类是 JDK 1.8 推出的新特性之一，是一个可以为 null 的容器对象。如果它的值存在，则 isPresent()方法返回 true，反之则返回 false。Optional 类的引入很好地解决了空指针异常的问题，适合搭配 λ 表达式使用。Optional 类提供的 get()方法的作用是，如果在 Optional 类中包含这个值，则返回具体值，否则抛出 NoSuchElementException 异常。

2. save()方法

新增和修改均使用 save()方法，该方法会根据传入对象是否包含 id 属性值来决定是进行 insert 操作还是 update 操作，因为它们都是上层接口提供的方法，所以 EmployeeRepository 中不需要添加任何代码就可以通过测试类的调用测试。

新增操作：

```java
@Test
public void testAdd() {
    Employee emp = new Employee();
    emp.setNumber(10021);
    emp.setName("张婧");
    emp.setGender("女");
    emp.setAge(23);
    Employee newEmp = empDao.save(emp);
    System.out.println(newEmp.getId());
}
```

修改操作：

```java
@Test
public void testUpdate() {
    Employee emp = empDao.findById(1).get();
    emp.setNumber(10022);
    emp.setAge(26);
    Employee newEmp = empDao.save(emp);
    System.out.println(newEmp.getId());
}
```

3. deleteById()方法

deleteById()方法提供根据 id 删除数据的功能，需要注意的是 Spring Data JPA 提供的一系列删除方法均没有返回值，即无法通过返回值判断是否删除成功，如果需要验证则要搭配 try-catch 来完成。在实际的项目开发中，一般不推荐使用 delete 语句进行物理删除，而是使用 update 某个预设字段进行逻辑删除。

```
@Test
public void testDelete() {
  empDao.deleteById(1);
}
```

6.2.5 方法命名查询

上面提供的都是继承自 JpaRepository 接口的方法，只能满足常规的新增、删除、修改、查询，其中查询提供了查全表和根据 id 查某条记录的方法。如果想根据其他属性查询表中的数据，则可以使用 Spring Data JPA 提供的方法命名查询，这是一个神奇的属性自定义查询功能。

方法命名查询是通过解析方法名来创建满足开发者自身业务逻辑的查询，以 find...By 为例，其规则如表 6-1 所示。在进行方法名解析时，框架会先把方法名多余的前缀 find...By、read...By、query...By、count...By 和 get...By 截取掉，然后对剩下的部分进行解析，其中第一个 By 会被用作分隔符来指示实际查询条件的开始，最后使用实体属性来定义条件，并将它们与 And 和 Or 连接起来，从而创建适应于各种情况的查询。

表 6-1

关键字	方法命名	sql where 语句
And	findByNameAndPwd	where name= ? and pwd =?
Or	findByNameOrSex	where name= ? or sex=?
Is,Equals	findById,findByIdEquals	where id= ?
Between	findByIdBetween	where id between ? and ?
LessThan	findByIdLessThan	where id < ?
LessThanEquals	findByIdLessThanEquals	where id <= ?
GreaterThan	findByIdGreaterThan	where id > ?
GreaterThanEquals	findByIdGreaterThanEquals	where id > = ?
After	findByIdAfter	where id > ?
Before	findByIdBefore	where id < ?
IsNull	findByNameIsNull	where name is null
Containing	findByNameContaining	where name like '%?%'

利用方法命名查询可以构建非常复杂、特殊的查询。例如，在 EmployeeDao 接口中创建以下四个方法，并使用姓名、性别、年龄进行组合查询。只要是按照表 6-1 中的内容进行方法命名，Spring Data JPA 就可以先让方法的查询功能生效，再使用 Spring Boot Test 进行测试验证。

```java
public interface EmployeeDao extends JpaRepository<Employee, Integer> {
    //根据性别查询
    List<Employee> findByGender(String gender);
    //根据性别和年龄查询
    List<Employee> findByGenderAndAge(String gender, Integer age);
    //根据姓名、性别、年龄查询
    List<Employee> findByNameAndGenderAndAge(String name, String gender,
     Integer age);
    //根据模糊的姓名、性别、年龄查询
    List<Employee> findByNameContainingAndGenderAndAge(String name, String
        gender, Integer age);
}
```

6.2.6　JPQL

除了方法命名查询，Spring Data JPA 还提供了一种类似于 SQL 语句的面向对象的查询语句 JPQL。如果你使用过 Hibernate，则会发现 JPQL 语法跟 Hibernate 提供的 HQL 的几乎完全一样。

相对于方法命名查询，JPQL 语句涵盖更多的数据库操作，它可以做到方法命名查询无法做到的复杂的 SQL 操作，比如连接查询、批量更新和删除、分组聚合等。

JPQL 语法的特点是语句中出现的不再是表名、列名，而是 Java 实体类名和属性名，并且区分大小写。JPQL 语句的关键字和 SQL 语句的一样，不区分大小写。当查询全属性时，不能使用"select *"，要通过"select 别名"的形式查询。

通过以下操作，可以对 SQL 语句和 JPQL 语句进行对比。

```sql
//SQL 语句，查询全列
select * from employee e
//JPQL 语句，查询全属性
select e from Employee e
//JPQL 语句，查询全属性的一种简写形式
from Employee e
```

```
//SQL 语句, 查询 name 列
select e.name from employee e
//JPQL 语句, 查询 name 属性
select e.name from Employee e
```

在 Spring Data JPA 中，可以通过@Query 注解在持久层的方法上书写 JPQL 语句，这样当调用该方法时就会通过 JPQL 语句定义的逻辑操作数据库。例如，以下代码中 find()方法的功能就是查询员工表的所有数据，并将结果整理成 List<Employee>类型的对象。

```
@Query(value="from Employee emp")
List<Employee> find();
```

下面对 JPQL 的语法进行详细介绍。

1. 运算符

JPQL 语句提供算术运算，其算术运算符和标准 SQL 语句的一致。

```
select emp from Employee emp where (emp.age-5 ) = 20
```

JPQL 语句提供关系运算，其关系运算符与标准 SQL 语句的一致。

```
select emp from Employee emp where emp.age>= 20
```

JPQL 语句的逻辑运算符符合 Java 面向对象的特性，有 between and、like、in、is null、is empty、not、and、or。其中，is null 用来判断普通属性值是否为 null，is empty 用来判断集合属性值是否为 null。

```
select emp from Employee emp where emp.age between 20 and 25
```

2. 函数

字符串函数有 concat、substring、trim、upper、lower、length、locate 等，其中 concat 用来拼接字符串，trim 用来去掉字符串的前后空格，length 用来得到字符串的长度，locate 是定位函数。

时间函数有 CURRENT_DATE(当前日期)、CURRENT_TIME(当前时间)和 CURRENT_TIMESTAMP（当前日期和时间）。

算术函数有 ABS（绝对值）、SQRT（平方根）、MOD（取模）和 SIZE（集合数量）。

3. 分组查询

和 SQL 语句一样，JPQL 语句也使用 group by ... having。

聚合函数有 avg(distinct)、sum(distinct)、count(distinct)、min(distinct)和 max(distinct)。

4. 连接查询

JPQL 语句的连接查询和 SQL 语句的显著不同，根本原因是其类与类的关系是包含关系，连接时可以通过自身属性直接关联。

```
select emp .number,emp .name,d.number,dep.name from Employee emp left join
emp.dep dep
```

使用 fetch 可以及时查询关联的数据，但该数据只包含在使用对象中，不会出现在结果集中。

```
select emp from Employee emp left join fetch emp.dep
```

5. 参数查询

如果语句中需要获得动态参数，则可以通过将“：参数名”作为占位符的形式制定动态参数，参数名只需要和方法的形式参数名保持一致即可。

```
@Query(value="from Employee emp where emp.name=:name")
List<Employee> findByName(String name);
```

如果使用实体类型的参数，则要通过“#{}”的形式，并且实体参数前也要加“#”号，如下所示。

```
@Query(value="from Employee emp where emp.name=:#{#e.name}")
List<Employee> findByName(Employee e);
```

6. 本地 SQL

Spring Data JPA 除了提供 JPQL 语句查询，也给开发者提供了使用原生 SQL 的权利，即使用@Query 注解的权利。当在 value 属性中添加 SQL 语句时，可以使用 nativeQuery=true 来标记这是一条原生 SQL。但一般不推荐使用这种方法，因为使用它相当于使用 MyBatis 框架将 SQL 与 Java 分离，并将结果集整理成 List 集合返回，这不符合 Spring Data JPA 的 ORM 思想。

```
@Query(value="select * from employee where name=:name",nativeQuery = true)
List<Employee> findByNameNativeString name);
```

7. 新增、删除和修改

JPQL 没有提供插入（insert）操作，这是因为插入操作不涉及条件筛选，通过 JpaRepository 提供的 save()方法即可完成。

如果修改（update）操作通过 save()方法实现，则只能通过 id 筛选对象，save()方法无法满足通过其他属性找到对象并进行修改，删除（delete）操作也有通过非 id 属性筛选的情况。也就是说，如果想要通过 id 属性进行修改和删除操作，则 save()方法和 deleteById()方法就可以满足需求，但如果想要通过其他属性进行修改和删除操作，则需要通过 JPQL 方式实现。

如果要进行修改和删除的 JPQL 操作，则要在该方法或该类上添加@Transactional 事务注解。当然，如果像第 5 章中在 config 包下通过 Java Config 的形式配置了全局事务，则不需要再对方法或类添加该注解。

另外，还需要在方法上加@Modifying 注解，该注解标记此方法是一个修改和删除方法。其返回值的类型是 void 或者 int/Integer，整数结果的值是数据库受影响的行数。

```
@Transactional//如果配置了全局事务，则此注解可不加
@Modifying
@Query(value="update Employee emp set emp.age=:#{#e.age} where emp.
number=:#{#e.number}")
 int  updateByNumber(Employee e);
```

同样，也可以使用本地 SQL 的方式进行修改和删除操作。

```
@Transactional//如果配置了全局事务，则此注解可不加
@Modifying
@Query(value="update employee  set age=:#{#e.age} where number=:#{#e.number}",
nativeQuery = true)
int updateByNumberNative(Employee e);
```

6.3　关联关系

使用过 Hibernate 的开发者一定知道，它最强大的功能是对关联对象的处理，下面对其进行详细介绍。

6.3.1 多对一

一对一是多对多的一种特殊情况，这里不再单独列举。

在实体与实体的关系中，多对一和一对多是由于站的角度不同而产生的不同关系。例如，员工和部门：一个员工归属一个部门，而一个部门可以有多名员工。站在员工的角度看，员工和部门是多对一的关系；而站在部门的角度看，部门和员工则是一对多的关系。

在数据库表中，当在多对一和一对多的表中建立关联关系时，都是在"多"的一方新增一个关联列，让这一列的值对应"一"的 id，如 employee 表中的 dep_id。该列可以加外键约束，也可以不加。

而在面向对象语言中，在类和类的设计上，多对一是在"多"的一方建立"一"方类型的对象，而一对多是在"一"方建立"多"方类型的集合。

多对一：

```
public class Employee {
private Department dep;
}
```

一对多：

```
public class Department{
private Employee emps;
}
```

像以上的 Employee 和 Department，如果双方各有对方的属性，则被称为双向多对一或双向一对多关联。而要让 Spring Data JPA 知道类与类之间的关系，还需要通过 Spring Data JPA 提供的注解在类与类的关系上进行关联关系的配置，这样 Spring Data JPA 内部机制才会将关联关系维护起来。因为本节研究的是多对一的关系，所以在 Department 实体类中不需要加 Employee 类型的集合。

下面在 Employee 类的 Department 类的 dep 对象上添加@ManyToOne 注解，配置 Employee 和 Department 多对一的关系。

Employee.java：

```
public class Employee {
    @Id
```

```
@GeneratedValue(strategy = GenerationType.IDENTITY)
private Integer id;
//省略其他属性
@ManyToOne
@JoinColumn
private Department dep;
 //省略 getter()方法和 setter()方法
}
```

Department.java：

```
@Entity
@Table
public class Department {
    @Id
    @GeneratedValue(strategy = GenerationType.IDENTITY)
    private Integer id;
    //省略其他属性
    //省略 getter()方法和 setter()方法
}
```

运行项目，控制台会输出以下修改表结构的语句。观察数据库，会发现在 employee 表中生成了 dep_id 列，并默认加上外键约束。

```
alter table employee
    add column dep_id integer
alter table employee
    add constraint FKe18129hcd0klevt866ww22wnd
    foreign key (dep_id)
    references department (id)
```

如果你觉得默认生成的列名 dep_id 不合适，则可以在@JoinColumn 注解中通过 value 属性指定列名。如果你不希望在数据库建立外键约束，则可以使用 foreignKey = @ForeignKey (name="none",value = ConstraintMode.NO_CONSTRAINT)去除，如下所示。

```
@ManyToOne
@JoinColumn(name="d_id",foreignKey = @ForeignKey(name="none",value =
            ConstraintMode.NO_CONSTRAINT))
private Department dep;
```

对查询员工进行测试，调用 EmployeeDao 接口中的 findAll()方法打印员工的 id 和 name 及对应部门的 name。观察控制台的语句输出，会发现可以正常打印员工和部门的数据。

```
@Test
public void testSearchWithDep() {
  List<Employee> list = empDao.findAll();
   for (Employee emp : list) {
      System.out.print(emp.getId() + " " + emp.getName());
      System.out.println("隔断符");
      if (emp.getDep() != null) {
          System.out.println(emp.getDep().getName());
      }
   }
}
```

@ManyToOne 注解中的 fetch 属性值决定关联数据是进行及时加载，还是进行懒加载，默认为 FetchType.EAGER，即及时加载。通过注释掉代码中打印部门名称的语句，可以发现无论是否用到部门信息，Spring Data JPA 都会打印查询员工的 SQL 语句和对应部门的 SQL 语句。

懒加载根据实际情况选择是否查询关联关系中的数据。如果将 fetch 属性值设置为 FetchType.LAZY，则实现懒加载的效果；这时注释掉打印部门的代码，就可以只查询员工数据，而不查询对应的部门。如果去掉注释，则会在隔断符之后打印查询部门，这说明项目会按照实际需求进行关联查询操作，提高了查询性能。

```
@ManyToOne(fetch = FetchType.LAZY)
@JoinColumn(name = "dep_id",foreignKey=@ForeignKey(name="none",
        value=ConstraintMode.NO_CONSTRAINT))
private Department dep;
```

但是多对一的查询并不会太影响数据库的性能，故按照@ManyToOne 注解中 fetch 属性默认设置的进行及时加载即可。

当对关联关系进行新增、删除、修改时，可能会遇到级联操作的问题，而 Spring Data JPA 在@ManyToOne 注解中提供了一个 cascade 属性，用来标记关联实体间的级联操作关系。它有如下枚举取值。

- CascadeType.PERSIST：级联保存。
- CascadeType.MERGE：级联更新。
- CascadeType.REMOVE：级联删除。
- CascadeType.REFRESH：级联刷新。
- CascadeType.ALL：以上四种都是。

通过设置 cascade 属性值对 PERSIST 进行测试：

```
@ManyToOne(cascade = {CascadeType.PERSIST})
@JoinColumn(name = "dep_id",foreignKey=@ForeignKey(name="none",
        value=ConstraintMode.NO_CONSTRAINT))
private Department dep;
```

测试代码如下：

```
public void testAddWithDep() {
    Employee emp = new Employee();
    emp.setNumber(10031);
    emp.setName("吴远");
    Department dep=new Department();
    dep.setName("产品部");
    emp.setDep(dep);
    Employee newEmp = empDao.save(emp);
    System.out.println(newEmp.getId());
}
```

由于设置的是 CascadeType.PERSIST，因此观察数据库的结果，发现在保存员工信息时级联保存了对应的部门信息。而如果不设置 CascadeType.PERSIST，则运行会报错，因为 dep 并不是一个持久化对象。但在实际场景中，员工对象所拥有的部门对象是从数据库查出来的持久化对象，并不需要级联保存，因此可以不必对 cascade 属性进行设置。它的默认值是一个空数组，即不包含以上任何关联关系。

6.3.2　一对多

当对实体进行一对多设置时，需要在部门实体中新增存放员工的数组、Set、List 类型的对象，一般习惯使用 List。

在 Department 类中添加一个 List<Employee>类型的对象 emps，并使用@OneToMany 注解标注一对多关联。

```
@Entity
@Table
public class Department {
    @Id
    @GeneratedValue(strategy = GenerationType.IDENTITY)
    private Integer id;
    @Column
    private String name;
```

```
    @Column
    private Integer number;
    @JoinColumn(name = "dep_id",foreignKey =@ForeignKey(name="none",value=
ConstraintMode.NO_CONSTRAINT))
    @OneToMany
    private List<Employee> emps;
    //省略 getter()方法和 setter()方法
}
```

测试代码如下：

```
@SpringBootTest
public class DepartmentDaoTest {
    @Autowired
    DepartmentDao depDao;
    @Test
    public void testSearch() {
        List< Department> list = depDao.findAll();
        for ( Department dep : list) {
            System.out.println(dep.getId() + " " + dep.getName());
            for(Employee emp:dep.getEmps()){
                System.out.print(emp.getName()+" ");
            }
            System.out.println();
        }
    }
}
```

运行 testSearch()方法，观察控制台的打印语句会发现先打印了查询部门表并输出了部门信息，然后根据部门的 id 值再去查询员工表，并打印对应的员工信息，这说明一对多默认使用懒加载。

如果将该方法设置为及时加载模式，则不论是否查询对应的员工，均会将员工数据一并查出，但因为一对多级联会影响数据库的性能，故在一般项目中不建议这样使用。

```
@JoinColumn(name = "dep_id",foreignKey =@ForeignKey(name="none",value=
        ConstraintMode.NO_CONSTRAINT))
@OneToMany(fetch =FetchType.EAGER)
private List<Employee> emps;
```

接下来测试级联操作，将 emps 的 cascade 属性值设置为 CascadeType.PERSIST。

```
@JoinColumn(name = "dep_id",foreignKey =@ForeignKey(name="none",value=
```

```
        ConstraintMode.NO_CONSTRAINT))
@OneToMany(cascade = {CascadeType.PERSIST})
private List<Employee> emps;
```

测试代码如下：

```
@Test
    public void testAddWithEmp() {
        Department dep=new Department();
        dep.setName("质量部");
        Employee emp1 = new Employee();
        emp1.setNumber(10051);
        emp1.setName("李明");
        Employee emp2 = new Employee();
        emp2.setNumber(10052);
        emp2.setName("李小明");
        List<Employee> emps=new ArrayList<>();
        emps.add(emp1);
        emps.add(emp2);
        dep.setEmps(emps);
        Department newDep = depDao.save(dep);
    }
```

控制台输出语句：

```
Hibernate:
    insert into department (name, number) values (?, ?)
Hibernate:
    insert into employee (age, dep_id, gender, name, number) values
    (?, ?, ?, ?, ?)
Hibernate:
    insert into employee (age, dep_id, gender, name, number) values
        (?, ?, ?, ?, ?)
Hibernate:   update employee  set dep_id=?  where id=?
Hibernate:
    update  employee  set dep_id=?  where id=?
```

　　观察控制台输出的 SQL 语句，发现先执行一条插入部门的语句，然后执行两条插入员工的语句，最后通过更新 employee 表将 dep_id 值更新。这是因为 dep 对象中有 emps，而emps 中没有 dep 对象，所以在执行插入员工时，并不能将 dep_id 值直接插入，只能暂时保存为 null。注意此时如果设置了 dep_id 列为 NOT NULL，则会报异常，可以通过 dep 对象更新 employee 表来对 dep_id 值进行设置。

　　显然，以上方式在维护关系上多执行了两条 update 语句，这样会降低系统的性能，而通过在@OneToMany 注解上使用 mappedby 属性可以解决这一问题。mappedby 属性的作用和 Hibernate 的 inverse 属性的作用相同，都是将关联关系的维护交给对方。需要注意的是，如果加上 mappedby 属性，则需要将@JoinColumn 注解去掉。

```
@OneToMany(cascade = {CascadeType.PERSIST},mappedBy="dep")
private List<Employee> emps;
```

　　测试代码如下：

```
@Test
public void testAddWithEmp() {
    Department dep=new Department();
    dep.setName("质量部");
    Employee emp1 = new Employee();
    emp1.setNumber(10051);
    emp1.setName("李明");
    emp1.setDep(dep);//在员工对象中设置对应的部门对象
    Employee emp2 = new Employee();
    emp2.setNumber(10052);
    emp2.setName("李小明");
    emp2.setDep(dep);//在员工对象中设置对应的部门对象
    List<Employee> emps=new ArrayList<>();
    emps.add(emp1);
    emps.add(emp2);
    dep.setEmps(emps);
    Department newDep = depDao.save(dep);
}
```

　　需要特别注意的是，此时使用"多"的一方来维护关系，以上代码的注释中必须有emp1.setDep(dep)和 emp2.setDep(dep)才可以保存数据。此时，因为"多"的一方拥有了"一"方的值，所以在设置 employee 表时可以直接加入 dep_id 的数据，这时只需要执行三条 insert语句即可完成级联操作。在多对一关系和一对多关系的实际操作中，建议由"多"的一方维护关系。

```
Hibernate:
    insert  into  department (name, number) values (?, ?)
Hibernate:
    insert into employee (age, dep_id, gender, name, number) values
    (?, ?, ?, ?, ?)
Hibernate:
```

```
insert into employee (age, dep_id, gender, name, number) values
(?, ?, ?, ?, ?)
```

对 Employee 和 Department 分别建立多对一关联或一对多关联，叫作双向关联。在实际的业务开发中，是否需要建立双向关联要根据项目情况进行具体分析。一般来说，大部分场景只需要建立多对一关联。

6.3.3　多对多

在数据库表中，多对多关系是通过关系表的方式确立的，而在面向对象的类与类中是通过每一方拥有对方属性集合方式的双向关联确定的。

下面通过角色和权限两个实体来看一下多对多关系。

使用@ManyToMany 注解标记多对多关系，其中在某一方通过配置@JoinTable 的 name 属性值来指定关系表的名称，joinColumns 属性指定实体在指定的关系表中各列的名称及是否配置外键约束等，inverseJoinColumns 属性指定对方实体，uniqueConstraints 属性指定联合主键。

角色实体类 SysRole.java：

```java
@Entity
@Table
public class SysRole {
    //省略其他属性
    @ManyToMany
    @JoinTable(name = "m_role_permission",
            joinColumns = @JoinColumn(name = "r_id",
            foreignKey = @ForeignKey(name = "none", value =
            ConstraintMode.NO_CONSTRAINT)),
            inverseJoinColumns = @JoinColumn(name = "p_id", foreignKey =
            @ForeignKey(name = "none", value = ConstraintMode.NO_CONSTRAINT)),
            uniqueConstraints = @UniqueConstraint(columnNames = {"r_id",
                "p_id"}))
    private List<SysPermission> permissions;
    //省略 getter()方法和 setter()方法
}
```

权限实体类 SysPermission.java：

```java
@Entity
@Table
```

```
public class SysPermission {
    @Id
    @GeneratedValue(strategy = GenerationType.IDENTITY)
    private Integer id;
    //省略其他属性
    @ManyToMany(mappedBy = "permissions")
    private List<SysRole> roles;
    //省略 getter()方法和 setter()方法
}
```

在多对多关系中，因为都是"多"的一方有另一方泛型的 List，所以其在进行新增、删除、修改、查询时和一对多的一致，读者可以自行进行测试。

6.4　Spring Data JPA 项目实战

复制 hrsys_springboot 项目，并重命名为 hrsys_jpa 项目。

首先删除项目中有关 MyBatis 的配置和代码，及 pom.xml 文件中的 MyBatis 依赖；删除 resources 文件夹下的 mapper 文件夹，即删除 MyBatis 和 DAO 层接口的映射文件，并将 EmployeeDao 接口中的方法全部删除，注意此时 service.impl 包下的方法会因为调用 DAO 层的方法而报错，这时可以先对其进行注释操作，只要保持项目不出现编译报错即可；删除启动类中的@MapperScan 注解；删除 application.properties 文件中有关 MyBatis 的配置，也可以将上一章中关于自定义日志的配置删除。

然后参考本章的 test_jpa 项目引入 Spring Data JPA 依赖，并在 application.properties 文件中加入 Spring Data JPA 配置信息。

本章的实战任务是，在 hrsys_jpa 项目中使用 Spring Data JPA 技术，将原项目中员工管理模块和部门管理模块持久层中的 MyBatis 框架替换为 Spring Data JPA 框架，并开发用户、角色、权限三个完整的模块。

6.4.1　实体类开发

对于 ORM 框架而言，最关键的就是实体类之间的配置。员工和部门之间可以只设置多对一的单向关联，用户、角色、权限之间分别设置多对多的单向关联。

Employee.java：

```
@Entity
```

```
@Table
public class Employee {
    //省略其他属性
    @ManyToOne
    @JoinColumn(name = "dep_id", foreignKey = @ForeignKey(name = "none", value
    =ConstraintMode.NO_CONSTRAINT))
    private Department dep;
    // 省略 getter()方法和 setter()方法
}
```

Department.java：

```
@Entity
@Table
public class Department {
    @Id
    @GeneratedValue(strategy = GenerationType.IDENTITY)
    private Integer id;
    @Column
    private Integer number;
    @Column
    private String name;
    //省略 getter()方法和 setter()方法
}
```

因为后续会使用 Spring Security 对系统进行安全管理，而 Spring Security 提供了 User 类，为了避免产生歧义，在项目中的用户、角色、权限的类名上统一加上"Sys"前缀，但生成的表还是分别使用 user、role、permission 作为表名，所以这里使用@Table 注解的 value 属性设置相应的表名。

在对一对多和多对多关联的设置中，可以对关联查询的集合进行排序，即使用@OrderBy 注解指定其 value 属性的值是根据哪个属性升序或降序排列的。

SysUser.java：

```
@Entity
@Table(name="user")
public class SysUser {
    //省略其他属性
    @JoinTable(name = "m_user_role",
            joinColumns = @JoinColumn(name = "u_id",
            foreignKey = @ForeignKey(name = "none", value =
                ConstraintMode.NO_CONSTRAINT)),
```

```
            inverseJoinColumns = @JoinColumn(name = "r_id",
            foreignKey = @ForeignKey(name = "none", value =
                ConstraintMode.NO_CONSTRAINT)),
        uniqueConstraints = @UniqueConstraint(columnNames = {"u_id", "r_id"}))
    @ManyToMany
    @OrderBy("id asc")
    private List<SysRole> roles;

    //省略 getter()方法和 setter()方法
}
```

SysRole.java：

```
@Entity
@Table(name="role")
public class SysRole {
    //省略其他属性
    @ManyToMany
    @JoinTable(name = "m_role_permission",
            joinColumns = @JoinColumn(name = "r_id",
            foreignKey = @ForeignKey(name = "none",
            value = ConstraintMode.NO_CONSTRAINT)),
            inverseJoinColumns = @JoinColumn(name = "p_id",
            foreignKey = @ForeignKey(name = "none",
            value = ConstraintMode.NO_CONSTRAINT)),
            uniqueConstraints = @UniqueConstraint(columnNames = {"r_id", "p_id"}))
    @OrderBy("id asc")
    private List<SysPermission> permissions;
    //省略 getter()方法和 setter()方法
}
```

6.4.2　DAO 层开发

相比 MyBatis，使用 Spring Data JPA 除了在特殊的复杂操作中需要写 JPQL，还可以更少地编写 SQL 语句。因为其大部分的方法都可以直接继承自 JpaRepository，所以 hrsys_jpa 项目 DAO 层的代码量会变得更少。

因为 EmployeeDao 接口要提供动态语句查询功能，所以还要继承 JpaSpecificationExecutor 接口，并且除了继承接口的方法，还需要增加一个根据部门 id 置空 dep_id 的方法，以用于删除部门时对应置空员工的 dep_id 值以进行事务性操作。

EmployeeDao.java：

```
@Repository
public interface EmployeeDao extends JpaRepository<Employee, Integer>,
JpaSpecificationExecutor<Employee> {
    @Modifying
    @Query("update Employee emp set emp.dep=null where emp.dep.id=:depId")
    int updateByDep(Integer depId);
}
```

DepartmentDao 接口比较简单，只需要继承 JpaRepository 接口。

DepartmentDao.java：

```
@Repository
public interface DepartmentDao  extends JpaRepository<Department,Integer> {
}
```

因为目前用户、角色、权限的 DAO 层都是使用本身的功能，所以只列举 SysUserDao 接口。

SysUserDao.java：

```
@Repository
public interface SysUserDao extends JpaRepository<SysUser,Integer>{
}
```

6.4.3　Service 层及动态条件查询

当查询的属性不确定时，要使用动态条件查询技术，其可以使用拼接 JPQL 和 SQL 的方式实现，也可以通过 Spring Data JPA 提供的 Specification 接口实现。如果要使用 Specification 接口，则对应的 DAO 层接口要继承 JpaSpecificationExecutor 接口。

Specification 接口只有一个抽象方法 toPredicate()，其可以基于 Specification 接口通过直接生成匿名内部类的方式来生成 Specification 类型的对象。首先，通过判断条件并使用 CriteriaBuilder 对象将所要查询的属性和值的对应关系（相等、大于、小于等）组装成 Predicate 类型的对象，并将其添加到方法新建的 List<Predicate>列表中。然后，使用 criteriaBuilder.and() 方法将以上保存所有查询条件的列表整理成 Predicate 类型的对象。最后，调用 JpaSpecificationExecutor 接口中的 findAll(@Nullable Specification<T> spec)方法进行动态条件查询。

项目中只有员工管理模块涉及动态条件查询，其他 Service 层的方法都是直接对 DAO 层调用，故只列举 EmployeeServiceImpl 类的代码。

EmployeeServiceImpl .java：

```java
@Service
public class EmployeeServiceImpl implements EmployeeService {
    @Autowired
    EmployeeDao empDao;
    @Override
    public List<Employee> search(Employee condition) {
        List<Employee> list=null;
        Specification specification = new Specification() {
            @Override
            public Predicate toPredicate(Root root, CriteriaQuery criteriaQuery,
                                CriteriaBuilder criteriaBuilder) {
                List<Predicate> predicates = new ArrayList<>();
                if (condition.getNumber() != null) {
                    Predicate predicate = criteriaBuilder.equal(
                    root.get("number").as(Integer.class), condition.getNumber());
                    predicates.add(predicate);
                }
                if (!StringUtils.isEmpty(condition.getName())) {
                    Predicate predicate = criteriaBuilder.like(
                    root.get("name").as(String.class), "%" + condition.getName() + "%");
                    predicates.add(predicate);
                }
                if (!StringUtils.isEmpty(condition.getGender())) {
                    Predicate predicate = criteriaBuilder.equal(
                    root.get("gender").as(String.class), condition.getGender());
                    predicates.add(predicate);
                }
                if (condition.getAge() != null) {
                    Predicate predicate = criteriaBuilder.equal(
                    root.get("age").as(Integer.class), condition.getAge());
                    predicates.add(predicate);
                }
                if (condition.getDep() != null&&condition.getDep().getId()!=null) {
                    Predicate predicate = criteriaBuilder.equal(
                    root.get("dep").get("id").as(Integer.class), condition.getDep().
                    getId());
                    predicates.add(predicate);
                }
```

```
            return criteriaBuilder.and(
                predicates.toArray(new Predicate[predicates.size()]));
        }
    };
    list = empDao.findAll(specification);
    return list;
}


@Override
public Employee searchById(Integer id) {
    Employee emp =empDao.findById(id).get();
    return emp;
}
//省略其他常规调用
}
```

6.4.4　多对多视图层开发

因为 Spring Data JPA 是针对 DAO 层的技术，而 Service 层会调用 DAO 层，所以 Service 层也有代码改变。而三层架构规定不能跨层调用，故对 Controller 层来说，它并不知道持久层发生了技术上的变化，即原员工和部门的 Controller 层不需要修改。针对与权限相关的 Controller 层，可以参考员工管理模块和部门管理模块进行开发，此处不再列举。

在本项目中，用户、角色、权限的数据可以通过自行设置值进行新增、修改、删除测试，规范性数据的设计会在第 8 章完成。

用户在界面上需要显示多个角色，而角色又需要显示多个权限，以用户为例，在 UI 上可以设计成图 6-2 所示的效果。

图 6-2

"权限"背景色块可以使用<span>标签搭配 Bootstrap 的修饰来实现，sysUser/show.html 的部分代码如下：

```
<table class="table table-striped table-bordered table-hover">
   <tr>
     <th>账号</th>
     <th>权限</th>
   </tr>
   <tr class="data" th:each="sysUser:${list}" th:data-id="${sysUser.id }">
     <td th:text="${sysUser.username}"></td>
     <td>
     <span class="label label-primary" th:each="role:${sysUser.roles}"
          th:text="${role.name}" style="margin-right:5px"></span>
     </td>
   </tr>
</table>
```

在新增界面中，用户可以选择多个角色，这可以通过 HTML 多选框的形式实现，即在 <select>标签中加上 multiple 标记性属性即可，其效果如图 6-3 所示。

图 6-3

因为 SysUserController 中的 add()方法接收的是 SysUser 类型的对象，所以如何将前端 页面选中的多个角色传递到后端 Controller 层，即让 Spring MVC 接收到自动封装到 sysUser 对象中的 List<SysRole>类型的 roles 对象是一个难题。

```
@RequestMapping("add")
public String add(SysUser sysUser) {
   boolean flag = sysUserService.add(sysUser);
   return "redirect:search";
}
```

在不使用 JSON 传递的方式下，由于 Spring MVC 在对对象中的 List 进行组装时要求参数传递过来的数据格式为 roles[0].id=1，roles[1].id=2，而 HTML 提供的多选下拉框通过正常的提交表单传递的数据格式为 roles.id=1　roles.id=2，因此 Spring MVC 无法正常解析数据。这时，就要借助于 jQuery 先获取表单元素的值，并组装成 Spring MVC 能够解析的形式，然后传递到后台。

因为这里使用的是 GET 的请求方式，所以参数被拼接到 URL 中，这时特殊格式的参数就会报错，要使用 JavaScript 提供的 encodeURI()函数对 URL 进行格式化。

完整的 sysUser/add.html 代码如下：

```html
<head>
    <script>
        $(document).ready(function () {
            $("#save").click(function () {
                var username = $("[name='username']").val();
                var password = $("[name='password']").val();
                var roles = $("[name=roles]").val();
                var rolesParam = "";
                for (var i = 0; i < roles.length; i++) {
                    rolesParam += "&roles[" + i + "].id=" + roles[i]
                }
                var url= encodeURI("add?username=" + username + "&password=" +
                password + rolesParam, "utf-8");
                location.href = url;
            })
        })
    </script>
</head>
<body>
<div id="container">
    <form class="form-horizontal" action="add">
        <div class="form-group">
            <label class="col-sm-2 control-label">账号</label>
            <div class="col-sm-10">
                <input type="text" class="form-control" placeholder="请输入账号
                    " name="username">
            </div>
        </div>
        <!--省略相似代码-->
        <div class="form-group">
            <label class="col-sm-2 control-label">角色：</label>
            <div class="col-sm-10">
```

```
                    <select data-placeholder="选择角色" class="chosen-select form-
                       control" multiple name="roles">
                          <option th:each="role:${roles}" th:value="${role.id}" th:text=
                             "${role.name}"> </option>
                    </select>
                </div>
            </div>
            <div class="form-group">
                <div class="col-sm-offset-2 col-sm-10">
                    <button type="button" class="btn btn-primary" id="save">保存
                    </button>
                </div>
            </div>
        </form>
    </div>
</body>
```

在对页面的修改中，需要使数据库中用户已经关联的角色在下拉框中呈现选中状态，对于 HTML 中的多选下拉框，设置默认选中也需要在循环构建<option>时进行选择判断。

页面中 sysUser 对象的 roles 列表包含 id、name 等属性，对 id 进行判断十分麻烦，因为 Thymeleaf 允许使用 SpEL 表达式，可以利用 SpEL 的投影运算表达式将 roles 列表对象转换成只包含其对应角色 id 的数组类型对象。

投影运算表达式为(集合![属性])，其指定集合元素中的某个属性，并将集合元素对应的属性值生成新的集合。因此，利用${(sysUser.roles.![id])就可以得到一个保存了 id 值的"[1,3,5]"形式的集合，只要通过 SpEL 表达式的 contain()函数判断当前循环生成的<option>权限 id 是否包含在新集合中即可。

sysUser/update.html 的部分代码如下：

```
<select data-placeholder="选择角色" class="chosen-select form-control"
multiple name="roles">
    <option th:each="role:${roles}"    th:value="${role.id}"  th:text="${role.name}"
    th:selected="${(sysUser.roles.![id]).contains(role.id)}?true:false"></option>
</select>
```

6.5 本章总结

本章主要介绍了与 Java 持久层相关的概念、技术和它们之间的关系，重点介绍了 Spring Data JPA 和它的 API。Spring Data JPA 底层使用 Hibernate 实现，但是提供了简化的 API。屏蔽 Hibernate 复杂、烦琐的 API，可以给开发者提供友好的持久层开发体验。因为 Spring Data JPA 是一个 ORM 框架，所以只要正确关联实体和数据库表，就可以针对实体实现数据库编程，而不需要写任何 SQL 语句。另外，Spring Data JPA 提供的 JPARepository 等接口、命名查询和 JPQL，灵活而惊艳，可以不写或写极少量的代码就能完成业务功能。相对于使用 MyBatis 框架，开发者使用 Spring Data JPA 可以写更少的持久层代码。

ORM 框架的学习关键点是关联关系的配置，即厘清多对一、一对多和多对多的关系，并灵活使用懒加载、级联操作、指定维护关系等来增强功能。在 hrsys_jpa 项目中，我们完成了持久层技术 Spring Data JPA 对 MyBatis 的替换，以及用户、角色、权限三个模块的功能。在这个过程中，读者可以体验到 JPARepository 接口的 CRUD 操作、方法命名查询、JPQL、原生 SQL 的使用，以及对多对一、一对多、多对多关联关系的配置，最后通过 hrsys_jpa 项目实战增加读者对 Spring Data JPA 的使用经验和技巧。

另外，在对用户、角色视图层的开发中，对于特殊的需求处理使用了 SpEL 的投影运算表达式。

第 7 章 缓存与 Redis

NoSQL（Not only SQL）一般是指非关系型数据库，是一个庞大的存储系统类别。根据应用场景的不同，具体可以分为以 Redis 为代表的缓存型数据库，以 ElasticSearch 为代表的搜索型数据库，以 MongoDB 为代表的文档型数据库，以 HBase 为代表的适合数据无限递增场景的大数据型数据库等。

虽然以上数据库都是用作存储，但因为它们的底层实现原理不同，提供给上层使用者的 API 也各不相同，而且即使是同类产品，也会因为不像关系型数据库一样有国际标准组织制定的统一 SQL 标准，导致学习成本很高。例如，尽管 Redis 和 Memcached 都是键值对的缓存型数据库，但是因为出品公司不同，所以提供操作的 API 不同。

Spring Boot 对很多 NoSQL 提供了自动化配置支持，而 Spring Data 项目的 Repository 又在各个 NoSQL 产品的操作上做了统一的抽象，以方便开发者操作各类 NoSQL 产品，也就是说在 Java 编程中 Spring Boot 在很大程度上可以简化 NoSQL 的使用。

因为高并发的大型网站经常使用 Redis 作为缓存数据库，即 Java Web 系统开发中最常用的 NoSQL 就是 Redis，所以本章主要介绍 Spring Boot 与 Redis 结合的三种方式，并利用 Redis 缓存技术解决实际应用场景中的问题。

本章参考项目：test_redis 和 hrsys_cache_redis。

7.1 Redis 介绍

Redis 是一个由 ANSI C 语言开发且开源的、高性能的、支持网络并基于内存的数据库产品，在国内外各大公司中都有使用，如 GitHub、Twitter、阿里巴巴、百度等。因为其数据存在于内存中，读写速度非常快，并且可以根据需要对数据设置持久化，所以常被应用于系统缓存实现。另外，根据 Redis 自身的特点，也可以被用来做消息队列、分布式锁等。

7.1.1　Redis 特性

Redis 之所以能够在众多缓存型数据库产品中脱颖而出，并广受各大公司的欢迎，是因为它具备以下卓越的特性。

- 读写性能极高，读的速度是 110 000 次/秒，写的速度可以达到 81 000 次/秒。
- 包含丰富的数据类型，除 String（字符串）之外、还有 List（列表）、Set（集合）、Hash（散列）等常见类型，以满足实际开发的需求。
- 支持原子性和事务操作，即操作要么完全成功执行，要么完全失败。
- 数据在内存中被处理，并且可以持久化到磁盘，这使得数据可以被永久保存，不用担心机器故障导致数据丢失。

7.1.2　Redis 数据结构

Redis 存储的数据是键值对映射形式，其中键为字符串类型，值可以是 String、List、Set、Hash 和 Zset（有序集合）五种数据结构类型。

- String：字符串类型，是 Redis 最基本的数据类型，它是二进制安全的，即除了文本，还可以存储图片、视频。
- List：列表类型，是一个简单的字符串列表。它按照插入数据的顺序进行排序，可以指定添加一个元素到列表的头部（左边）或者尾部（右边）。
- Set：无序不重复的集合，由于其底层是通过哈希表实现的，因此添加、删除、查找的复杂度都是 $O(1)$。其最大的优势在于可以进行交集、并集、差集等操作。
- Hash：键值对集合，是一个 String 类型的"属性"和"值"的映射表，也被称为散列表，特别适合存储对象数据。
- Zset：又被称为 Sorted Set，是一个有序的不重复集合。它的底层是给每个元素关联一个 double 类型的分数，并通过分数的大小对集合中的成员进行排序。

7.2　Redis 详解

Redis 提供了 Linux 版本和 Windows 版本，因为 Java 语言具有跨平台的特性，所以在实际工作中一般会在 Windows 下开发，在 Linux 下运行。下面在 Windows 下搭建 Redis 环境来进行 Spring Boot 的开发。

7.2.1　安装 Redis

在 Redis 官网下载 Windows 版本的安装包，其提供了 msi 安装版和 zip 解压版，这里选择 zip 解压版，下载到本地后解压压缩包。

其中，redis.windows-service.conf 文件是 Redis 服务的配置文件，如果要对本地的 Redis 做密码设置以增加安全性，可以在其中追加对 "requirepass 密码" 的设置。

双击 "redis-server.exe" 文件运行 Redis 数据库，正常会弹出一个命令窗口，该窗口左侧显示由字符组成的一个 RedisLogo 图案，右侧显示 Redis 的版本号、端口号、进程号等信息。

这时，可以使用 Redis 自带的命令行客户端对其进行访问和操作。双击 "redis-cli.exe" 文件，打开 Redis 的客户端命令行程序，使用 Redis 提供的命令 API 对数据进行操作。但对于大部分开发者来说，使用命令行窗口操作比较麻烦，工作效率低，而很多第三方组织提供的可视化工具可以帮助他们访问和操作 Redis 数据库，本书会使用免费的 RedisStudio 工具。

Redis 默认支持 16 个数据库，每个数据库对外都是一个从 0 开始的递增数字命名，可以通过在 redis.windows-service.conf 配置文件中配置 databases 值的方式来修改数据库的个数，没有上限。在客户端与 Redis 建立连接后，系统会自动选择 0 号数据库，可以通过使用 redis-cli 命令行程序的 select 命令更换数据库，如选择 1 号数据库的命令如下。

```
select 1
```

7.2.2　Redis 命令

Redis 提供了丰富的命令来对数据进行操作，开发者可以通过官网提供的操作手册进行查询。

Redis 命令主要分为服务器、连接、发布、事务、Key、String、List、Set、Hash、Zset 等，下面列举一些常见的命令。

1. 与 Key 相关的命令

keys：查询所有的键，使用 keys *。

randomkey：返回随机的键。

type key：返回键存储的类型。

exists key：判断某个键是否存在。

del key：删除 key（某个键）。

FLUSHALL：删除所有键。

2．与 String 相关的命令

set key value：如果键不存在，则创建键；如果键存在，则修改键的值。

get key：通过键取值。

mset key1 value1 key2 value2：一次设置多个值。

mget key1 key2：一次获取多个值。

append key value：把 value 追加到键的原值上。

3．与 List 相关的命令

lpush key value：把值插入链表头部。

rpush key value：把值插入链表尾部。

lpop key：返回并删除链表头部元素。

rpop key：返回并删除链表尾部元素。

读者可以尝试运行以上命令来进行 Redis 的基本操作，但在实际开发过程中，开发者一般不会通过客户端使用命令来操作，而是通过编程语言调用 Redis 提供的 API 进行访问。

7.3　Spring Boot 操作 Redis

Jedis 是 Redis 官方推荐的面向 Java 进行 Redis 操作的客户端技术，Spring Boot 1.x 版本默认使用 Jedis，Spring Boot 2.x 以上版本默认使用 Lettuce。

Jedis 和 Lettuce 的区别：

在实现上，Jedis 直接连接 Redis Server，在多线程环境下是非线程安全的，需要开发者自行设计线程安全的访问。

Lettuce 的连接基于 Netty，连接实例（StatefulRedisConnection）可以在多个线程间并发

访问，因为 StatefulRedisConnection 是线程安全的，所以一个 StatefulRedisConnection 就可以满足多线程环境下的并发访问。

7.3.1　Spring Data Redis

Spring Data Redis 是 Spring Data 项目的子项目，它提供了在 Spring 项目中通过简单的配置访问 Redis 的服务，对 Redis 底层开发进行了高度封装。

Spring Data Redis 提供的 RedisTemplate 类可以满足对 Redis 的各种操作，如异常处理、序列化及发布订阅等，并对 Spring Cache 进行了实现。

RedisTemplate 类中常用的方法如下：

opsForValue()：操作 String。

opsForHash()：操作 Hash。

opsForSet()：操作 Set。

opsForList()：操作 List。

下面使用 Spring Data Redis 进行实践，创建一个名为 test_redis 的 Spring Boot 项目。当 Spring Initializr 选择项目技术依赖时，从 NoSQL 中选择 Spring Data Redis。这时，会发现在 pom.xml 文件中多了 Spring Boot 的 Redis 依赖信息。

```
<dependency>
    <groupId>org.springframework.boot</groupId>
    <artifactId>spring-boot-starter-data-redis</artifactId>
</dependency>
```

在 application.properties 文件中对连接 Redis 做如下配置，具体配置内容可以参考注释代码。

```
#Redis 配置
spring.data.redis.host=127.0.0.1
#Redis 服务器连接端口
spring.data.redis.port=6379
#Redis 数据库索引（默认为 0）
spring.data.redis.database=14
#连接池最大连接数（使用负值表示没有限制）
spring.data.redis.pool.spring.redis.max-active=50
#连接池最大阻塞等待时间（使用负值表示没有限制）
spring.data.redis.pool.spring.redis.max-wait= 3000
```

```
#连接池中的最大空闲连接
spring.data.redis.pool.spring.redis.max-idle=20
#连接池中的最小空闲连接
spring.data.redis.pool.spring.redis.min-idle= 2
#连接超时时间（毫秒）
spring.data.redis.timeout=5000
```

使用 Spring Boot Test 进行测试，并对数据进行新增、删除、修改、查询的操作。

```java
@SpringBootTest
class TestRedisString{
    //自动绑定 RedisTemplate
    @Autowired
    private RedisTemplate<String, String> redisTemplate;
    //设置键值对
    @Test
    void setString() {
        redisTemplate.opsForValue().set("name", "Tom");
    }
    //根据键得到值
    @Test
    void getString() {
        String name = redisTemplate.opsForValue().get("name");
        System.out.println(name);
    }
    //修改 Value
    @Test
    void updateString() {
        String name = redisTemplate.opsForValue().getAndSet("name","李静");
    }
    //删除 Key-Value
    @Test
    void deleteString() {
        Boolean flag = redisTemplate.delete("name");
    }
}
```

在以上代码中，使用@Autowired 注解对 RedisTemplate<String，String> redisTemplate
进行了自动绑定。当项目中没有定义 RedisTemplate 的配置时，Spring 会默认注入
RedisTemplate 类的子类 org.springframework.data.redis.core.StringRedisTemplate 对象，其可
以对字符串进行处理。

StringRedisTemplate 对 Redis 的操作，实际上是按照字符串对 Redis 的值进行处理，即保存到数据库中的数据都是 String 类型，这可以通过 redisTemplate.opsForList()方法进行验证。

```
@SpringBootTest
public class TestRedisEmpString{
    @Test
    void setList() {
      redisTemplate.opsForList().leftPush("emps","王正");
      String[] strs={"李静","陈建"};
      redisTemplate.opsForList().leftPushAll("emps",strs);
      List<String> list=new ArrayList<>();
      list.add("赵杰");
      list.add("孙悦");
      redisTemplate.opsForList().leftPushAll("emps",list);
    }
}
```

以上代码是向 Redis 中存储键为 emps 的数据，其数据先使用 Java 的数组存储，然后使用 Java 的 List 存储，但数据本身都是 String 类型。通过 RedisStudio 工具查看 Redis 数据库中 emps 键对应的数据，会发现保存到 Value 的数据都是 String 类型，如图 7-1 所示。

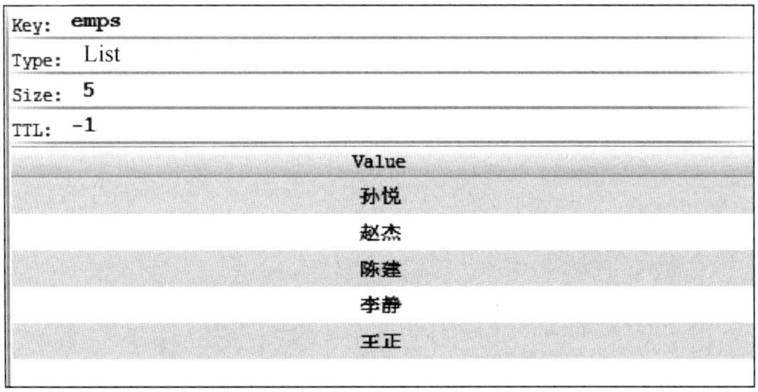

Key:	emps
Type:	List
Size:	5
TTL:	-1

Value
孙悦
赵杰
陈建
李静
王正

图 7-1

这时，使用测试方法访问上面 List 类型数据中索引为 0 的第一个元素，会打印出"孙悦"，因为添加时使用的是往左侧添加的方法，所以最后添加的是"孙悦"，即其实际被保存在左侧第一个位置上。

```
@Test
void getList() {
```

```
    String emp = stringRedisTemplate.opsForList().index("emps",0);
    System.out.println(emp);
}
```

通过以上代码可知，使用 StringRedisTemplate 提供的 opsForList()方法添加字符串值到 List，也可以添加字符串类型的数组，还可以添加泛型为 String 类型的 List 对象。但在实际项目开发中，会频繁使用自定义对象及自定义类型泛型的 List，而不仅仅是字符串类型的集合操作。StringRedisTemplate 也可以对 Java 对象进行 Redis 存储，因为 Redis 本质上存储的是字符串，而 StringRedisTemplate 是将对象序列化成字符串后进行存储的。

因为要使用 IO 流对对象进行序列化，所以如果要使用 Redis 存储对象的数据类型就需要实现 Serializable 接口。

下面来验证保存对象，首先在项目中新建一个 Employee 实体类。

```
public class Employee implements Serializable {
    private Integer id;
    private Integer number;
    private String name;
    private String gender;
    private Integer age;
    //省略 getter()方法和 setter()方法
}
```

然后在测试方法中新建一个 Employee 类型的对象，并使用 redisTemplate. opsForValue() 方法添加数据。

```
@SpringBootTest
public class TestRedisEmp {
    @Autowired
    private RedisTemplate redisTemplate;
    @Test
    void setEmp() {
        Employee emp1 = new Employee();
        emp1.setId(1);
        emp1.setName("李静");
        emp1.setGender("女");
        emp1.setAge(25);
        redisTemplate.opsForValue().set("emp1", emp1);
    }
    @Test
    void getEmp() {
```

```
        Employee emp = (Employee) redisTemplate.opsForValue().get("emp1");
        System.out.println(emp.getName());
    }
}
```

可见，对象可以正常被保存，但因为序列化后的字符串具有不可读性，故呈现为字符乱码。为了避免出现上述问题，在实际项目中一般会将对象转换成 JSON 形式的字符串再进行保存。因为 Spring 提供的 StringRedisTemplate 类没有实现对象和 JSON 数据之间的转换，所以需要开发者自行设计自定义的 RedisTemplate 实现类来完成。

接下来，自定义 RedisTemplate 实现类，在项目中新建 config 包并在包中新建 RedisConfig 类。其作为 Redis 的配置类，通过@Bean 注解实现返回值为自定义的 RedisTemplate 实现类对象的方法，并在该方法中进行 JSON 转换的代码实现。JSON 转换使用 Jackson 工具实现，Jackson 可以在 pom.xml 文件加入 spring-boot-starter-web 依赖，具体代码如下。

```java
@Configuration
public class RedisConfig {
    @Bean
    public RedisTemplate<String, Object> redisTemplate(RedisConnectionFactory
factory) {
        //定义方法的返回值，即生成的 Bean
        RedisTemplate<String, Object> template = new RedisTemplate<String,
            Object>();
        template.setConnectionFactory(factory);
        //使用 Jackson 对 Value 数据进行 JSON 序列化
        Jackson2JsonRedisSerializer jackson2JsonRedisSerializer = new
Jackson2JsonRedisSerializer(Object.class);
        ObjectMapper om = new ObjectMapper();
        om.setVisibility(PropertyAccessor.ALL, JsonAutoDetect.Visibility.ANY);
        om.enableDefaultTyping(ObjectMapper.DefaultTyping.NON_FINAL);
        jackson2JsonRedisSerializer.setObjectMapper(om);
        //使用 StringRedisSerializer 对 Key 数据进行 String 序列化
        StringRedisSerializer stringRedisSerializer = new StringRedisSerializer();
        // 键采用 String 序列化的方式
        template.setKeySerializer(stringRedisSerializer);
        // Hash 的键也采用 String 序列化的方式
        template.setHashKeySerializer(stringRedisSerializer);
        // Value 序列化通过 Jackson 来实现
        template.setValueSerializer(jackson2JsonRedisSerializer);
        // Hash 的 Value 序列化通过 Jackson 来实现
        template.setHashValueSerializer(jackson2JsonRedisSerializer);
```

```
        template.afterPropertiesSet();
        return template;
    }
}
```

在 RedisConfig 类被定义完毕后，启动项目时会将@Bean 注解的 redisTemplate (RedisConnectionFactory factory)方法的返回值加载到 Spring DI 容器中。当在测试类中使用 @Autowired 注解自动绑定 RedisTemplate<String，Object> redisTemplate 时，会自动将以上定义的 template 对象注入 redisTemplate 属性。

在测试类的 setEmp()方法中，通过创建 Employee 类型的对象进行 Redis 存储，并通过定义 getEmp()方法获取对象数据，定义 setEmps()方法保存泛型为 Employee 类型的 List 数据。

```java
@SpringBootTest
public class TestRedisJson {
    @Autowired
    private RedisTemplate<String, Object> redisTemplate;
    //存储对象
    @Test
    void setEmp() {
        Employee emp1 = new Employee();
        emp1.setId(1);
        emp1.setName("李静");
        redisTemplate.opsForValue().set("emp1", emp1);
    }
    //根据键获取对象
    @Test
    void getEmp() {
        Employee emp = (Employee) redisTemplate.opsForValue().get("emp1");
        System.out.println(emp.getName());
    }
    // 保存 List 类型的数据
    @Test
    void setEmps() {
        Employee emp1 = new Employee();
        emp1.setId(1);
        emp1.setName("李静");
        Employee emp2 = new Employee();
        emp2.setId(2);
        emp2.setName("王正");
        List<Employee> list = new ArrayList<>();
        list.add(emp1);
```

```
        list.add(emp2);
        redisTemplate.opsForList().leftPushAll("emps2", list);
    }
    //获取 List 中的第一个数据
    @Test
    void getEmps() {
        Employee emp = (Employee) redisTemplate.opsForList().index("emps2",0);
        System.out.println(emp.getName());
    }
}
```

在执行完以上测试方法后，通过控制台打印信息，可见保存和获取都是成功的。在 RedisStudio 中查看 emp1 和 emp2 的数据，会发现里面存储的都是 JSON 格式的字符串数据，也就是说我们自定义的将对象转换为 JSON 的 RedisTemplate 是可用的。

7.3.2　Redis Repository

通过 RedisTemplate 对 Redis 数据进行新增、删除、修改、查询操作，会发现 RedisTemplate 提供的对方法的抽象程度并不高，如 opsForValue()、opsForList()、leftPushAll()、index()等，其风格更像是 Redis 命令，跟 Java 面向对象形式的 API 格格不入。

在第 6 章曾介绍过 Spring Data 提供了对关系型数据库和非关系型数据库的访问。那么，如果 Spring Data 可以像 Spring Data JPA 一样能够对实体类进行映射配置，并定义继承自 JpaRepository 的接口来操作 Redis 的话，则可以不依赖底层技术的实现，只面向上层的抽象编程，这会极大地方便开发工作。

令人振奋的是，Spring Boot 自 2.1 版本开始就推出了对对象操作的 Redis Repository 方式，其简化了 Spring Data Redis 使用 RedisTemplate 的操作。

Redis Repository 是 Spring 的一个开源项目，它很好地利用了 Redis 的 Hash 类型来存储 Java 的对象数据（因为 Hash 类型的键值对结构和对象的属性-值结构完全相同），并且以类似于 Spring Data JPA 的方式进行数据的存取。

值得一提的是，其实早在 Spring 3.x 版本中，Spring 对 JPA 的操作也是通过提供一个和 RedisTemplate 相似的 JPATemplate 接口对持久层进行操作的，但是在 Spring 4.x 版本中被放弃使用，也就是说 Redis Repository 可能是未来的趋势。但从目前来看，Redis 通常使用协助关系型数据做缓存，故要想在项目中灵活使用 Redis，RedisTemplate 暂时还是不可替代的。

使用 Redis Repository 和使用 JPARepository 类似，先要对实体类进行配置。

```
@RedisHash(value = "employee")
public class Employee {
    @Id
    private Integer id;
    //省略其他属性及 getter()方法和 setter()方法
}
```

@RedisHash 注解会标记本类使用 Redis 做缓存存取，其 value="employee"意为在 Redis 中建立 Key 值为 employee 的 Set 类型的集合，用以保存该 Java 类下可能产生的所有数据。而 Java 类中每个对象的数据都以 HashMap 的数据结构被保存在以上 Set 中，在该 HashMap 的数据结构中以实体类为对象的属性名为 Key，其对应的值为 Value。

@Id 注解会自动生成一个唯一的序列号，而该 HashMap 本身的 Key 值会以"Set 的 Key 值：id 值"的形式创建，比如"employee:313319554"。

如果在项目中对 name 属性做方法命名查询，即在 Repository 中设置"findBy 属性名"方式的查询，则必须在属性上加@Indexed 注解。

由此，会发现使用 Redis Repository 对实体类的映射配置比使用 Spring Data JPA 还要简单。

在 DAO 层新建 EmployeeDao 接口，让它继承自 CrudRepository 接口，与 Spring Data JPA 一样，其基本的新增、删除、修改、查询操作不需要定义任何方法。

```
@Repository
public interface EmployeeDao extends CrudRepository<Employee, Integer> {
    Iterable<Employee> findByName(String name);
}
```

接下来，新建测试类，并调用 DAO 层的方法实现对数据的保存和查询操作。需要注意的是，继承自 CrudRepository 接口的 findAll()方法和 findBy()方法的返回值是 Iterable 类型，不像 JpaRepository 接口中对应方法返回的是 List 类型。使用 Iterable 要先通过 iterator()方法获取 Iterator 类型的对象，然后通过 hasNext()方法判断是否有下一个元素，最后通过 while 循环搭配 next()方法遍历所有元素。

```
@SpringBootTest
public class TestRedisRepository {
    //自动绑定 DAO 层接口实现类
    @Autowired
```

```java
    private EmployeeDao employeeDao;
    //保存两个员工
    @Test
    void setEmp() {
        Employee emp1 = new Employee();
        emp1.setName("李静");
        emp1.setGender("女");
        emp1.setAge(25);
        Employee emp2 = new Employee();
        emp2.setName("王正");
        emp2.setGender("男");
        emp2.setAge(30);
        employeeDao.save(emp1);
        employeeDao.save(emp2);
    }
    //查询所有员工
    @Test
    void getEmps() {
        Iterable<Employee> iterable = employeeDao.findAll();
        Iterator<Employee> iterator = iterable.iterator();
        while (iterator.hasNext()) {
            Employee emp = iterator.next();
            System.out.println(emp.getId() + " " + emp.getName() + " " +
                        emp.getGender() + " " + emp.getAge());
        }
    }
//根据 id 查询员工
    @Test
    void getEmp() {
        Employee emp = employeeDao.findByid(575173324).get();
        System.out.println(emp.getId() + " " + emp.getName() + " "
                    + emp.getGender() + " " + emp.getAge());

    }
    //根据 Name 查询员工
    @Test
    void getEmpByName() {
        Iterable<Employee> iterable = employeeDao.findByName("李静");
        Iterator<Employee> iterator = iterable.iterator();
        System.out.println(iterator.hasNext());
        while (iterator.hasNext()) {
            Employee emp = iterator.next();
            System.out.println(emp.getId() + " " + emp.getName() + " "
```

```
                + emp.getGender() + " " + emp.getAge());
        }
    }
}
```

在完成以上操作后，通过 RedisStudio 可视化工具访问 Redis 数据库，会看到图 7-2 所示的新增数据。它是 Key 值为 employee 的 Set 类型的数据，打开 Set 类型的数据会发现有两个 Key 值为"employee：整数值"形式的数据，该整数值其实就是系统为每个员工对象生成的 id 值。

```
  📄 employee
▼ 📁 employee
      📄 employee:-14653816
      📄 employee:2059589849
```

图 7-2

打开键为"employee:-14653816"的数据，如图 7-3 所示，会发现它的数据类型为 Hash，长度为 6，数据为 id、name、gender、age、dep.name，即 Employee 实体类的属性和当在测试类中执行 setEmp()方法时设置的对应值。另外，系统还会自动生成一个_class 属性，以保存该数据对应的 Java 类的全类名称。

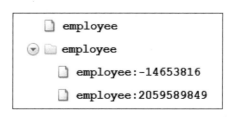

Key:	employee:-14653816
Type:	Hash
Size:	6
TTL:	-1

Field	Value
_class	com.alan.hrsys.entity.Employee
age	25
dep.name	开发部
gender	女
id	-14653816
name	李静

图 7-3

如果是复杂对象，即对象中包含另外的对象，如 Employee 类型对象中有 Department 类型的对象，则只需要在 Employee 类中定义 Department 类型的属性 dep，在测试类中定义 Department 类型的对象并将该对象赋值到 Employee 类的 dep 属性中，即可正常保存。

```
void setEmp() {
  Employee emp1 = new Employee();
  emp1.setName("李静");
  emp1.setGender("女");
  emp1.setAge(25);
  Department dep=new Department();
  dep.setName("开发部");
  emp1.setDep(dep);
  employeeDao.save(emp1);
}
```

在 Redis 中，emp 包含的 dep 数据也会被放在该员工对应的 HashMap 中，以"dep.name"为 Key，以"开发部"为值。当进行查询时，Redis Repository 会自动将 dep 数据转换成对象。

7.4 Spring Cache

在对 RedisTemplate 和 Redis Repository 两种 Spring Boot 访问 Redis 的方式比较后，可以得出当需要对少量数据操作时，使用 RedisTemplate 比较灵活；而当需要对某个实体频繁做新增、删除、修改、查询操作时，使用 Redis Repository 会更加方便。

假如有如下场景，员工数据需要保存在关系型数据库 MySQL 中，但是为了提高查询效率，希望查询的数据可以被存储在 Redis 缓存中，其后每次查询先去 Redis 缓存中查询。如果 Redis 缓存中有对应的数据则直接获取数据返回；如果 Redis 缓存中没有对应的数据，则再去 MySQL 数据库中查询，如图 7-4 所示。

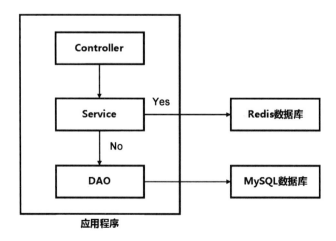

图 7-4

　　这种场景符合利用缓存提高对系统中频繁使用的数据的查询效率的要求，其设计上要保证 Redis 保存的员工数据是 MySQL 中员工表的子集，另外两者保存的数据必须是一致的，即缓存中的数据与持久化的数据是同步的。

　　如果还是用以上两种方式，则当修改 MySQL 的数据时，要实时更新 Redis 中的数据，以保证 Redis 中保存的数据始终和 MySQL 的数据同步。

　　以上对缓存和数据库选择分支的操作（当然，也可以使用反射、AOP 等更好的设计方式实现），均需要开发者自行开发。那么，Spring 是否能提供针对这一场景的解决方案呢？答案是肯定的，解决方案就是 Spring Cache。

7.4.1　Spring Cache 介绍

　　Spring 自 3.1 版本开始，就提供了注解方式以实现对 Cache 的支持，即 Spring Cache。而在此之前，一般都由开发者通过 AOP 自行实现。

　　Spring Cache 本质上不是一个具体的缓存技术的实现方案，底层依然要使用 Redis、EHCache 等缓存技术。它只是对底层的缓存技术做了一层抽象，即通过在代码中加入少量 Spring Cache 提供的注解，达到使用 Java 方法实现缓存数据的效果。

　　Spring Cache 的优点：

- 提供基本的 Cache 抽象，方便切换各种底层 Cache 实现。
- 通过 Cache 注解可以将缓存逻辑简单地应用到业务代码上，且只需要更少的代码就可以完成。
- 提供当事务回滚时也能自动回滚缓存的功能。
- 支持比较复杂的缓存逻辑。

7.4.2　Spring Cache 详解

　　Spring Cache 主要应用于 Service 层，Service 层仍旧通过调用访问关系型数据库 DAO 层的方法实现对数据的持久化操作，而开发者可以通过 Spring Cache 提供的注解实现自动的缓存数据管理，并与真实数据同步。

　　Spring Cache 提供如下常见注解，它们可以满足大部分项目进行缓存设计的需求。

1．@Cacheable

　　该注解可以标记在方法或类上，标记在方法上表示该方法支持缓存，标记在类上则表示该类所有的方法都支持缓存。

对于支持缓存的方法，Spring 会先去缓存数据库中查找，如果查不到则去执行方法的逻辑代码，调用 DAO 层方法去关系型数据库中查找，并将查找的结果加入缓存数据库，以保证当下次利用同样的参数来执行该方法时，可以直接从缓存数据库中获取结果，而不需要再执行该方法的逻辑代码。

该注解的主要参数如下。

value 和 cacheNames：两个等同的参数（cacheNames 是 Spring 4 新增的参数，是 value 的别名），用于指定缓存存储的集合名。由于 Spring 4 新增了@CacheConfig 注解，因此在 Spring 3 中原本必须有的 value 属性，也成为非必需项。

key：缓存对象存储在 Map 集合中的键，非必需，默认将函数的所有参数组合作为键，也支持开发者使用 SpEL 表达式自定义值。

condition：缓存发生的条件，非必需，使用 SpEL 表达式，只有满足表达式的内容才会被缓存。

unless：缓存发生条件，非必需，使用 SpEL 表达式。它与 condition 参数的不同在于发生的时机，因为该参数的条件判断是在方法被调用之后才触发的，所以可以用来对结果进行判断和处理。

keyGenerator：用于指定键生成器，非必需，但与 key 参数是互斥的。若使用 SpEL 表达式不能满足需求，则可以使用该参数指定 Java 代码并创建实现 org.springframework.cache. interceptor.KeyGenerator 接口的键生成器。

cacheManager：用于指定使用的缓存管理器，非必需，只有当项目中有多个缓存数据库时才被使用。

cacheResolver：该参数用于指定使用的缓存解析器，非必需，开发者需要通过 org.springframework.cache.interceptor.CacheResolver 接口来实现自己的缓存解析器，并用该参数指定。

下面使用@Cacheable 注解标记 EmployeeServiceImpl 类中的 findById(Integer id)方法。该方法查到的员工数据会通过 value 属性指定存储在 Redis 数据库中，其中集合的键为 emp，单个存储数据的键为对应员工数据的 id 值。

```
@Cacheable(value = "emp", key = "#id")
Employee findById(Integer id);
```

2. @CachePut

该注解的作用是在写缓存数据上，如新增和修改方法，当调用该方法时会自动把相应的数据放入缓存数据库，示例如下。

```
@CachePut(value = "emp", key = "#emp.id")
public Employee save(Employee emp) {
    return empDao.add(emp);
}
```

@CachePut 注解的参数用法与@Cacheable 注解的类似，会将新增员工的 id 作为 key 属性的值，将返回的员工数据作为值，存储在键为 emp 的员工集合中。

3. @CacheEvict

该注解的作用是在移除缓存数据上，如删除方法，当调用该方法时会从缓存数据库中移除相应的数据，示例如下。

```
@CacheEvict(value = "emp", key = "#id")
void delete(Integer id){
//省略
}
```

7.4.3　Spring Cache 项目实战

复制项目 hrsys_jpa，并重命名为 hrsys_cache_redis，并在项目的 pom.xml 文件中添加 Redis 的 Maven 依赖，在 application.properties 文件中添加 Redis 的配置，这可以参考 test_redis 项目。由于 Spring Cache 包含在 spring-context 中，因此不需要单独引入依赖。

在项目的启动类 HrsysApplication 上需要加@EnableCaching 注解。

```
@SpringBootApplication
@EnableCaching
public class HrsysApplication {
    public static void main(String[] args) {
        SpringApplication.run(HrsysApplication.class, args);
    }
}
```

在 config 包下创建 RedisConfig 类，并在启动项目时加载配置，这主要是为了完成一个适用 Java 对象和 JSON 在 Spring Cache 下自由转换的 RedisCacheConfiguration 配置。如果不使用该配置类进行配置，则 Spring Cache 会默认使用 Java 对象流将对象序列转化成字符串，这需要对实体类实现 Serializable 接口。

```java
@Configuration
public class RedisConfig extends CachingConfigurerSupport {
    @Bean
    public RedisCacheConfiguration redisCacheConfiguration() {
        Jackson2JsonRedisSerializer<Object> serializer = new
                    Jackson2JsonRedisSerializer<Object>(Object.class);
        ObjectMapper objectMapper = new ObjectMapper();
        objectMapper.setVisibility(PropertyAccessor.ALL, JsonAutoDetect.
                                    Visibility.ANY);
        objectMapper.enableDefaultTyping(ObjectMapper.DefaultTyping.
                                    NON_FINAL);
        serializer.setObjectMapper(objectMapper);
        return RedisCacheConfiguration.defaultCacheConfig().
          serializeValuesWith(RedisSerializationContext.SerializationPair.
          fromSerializer(serializer));
    }
}
```

因为 Spring Cache 应用于 Service 层，所以在 Alan 人事管理系统中主要对 sevice.impl 包下的类进行缓存设计。以 EmployeeServiceImpl 类为例，要使用对应的注解对它的新增、删除、修改、查询方法进行缓存设计。

其中，search(Employee condition)是一个多条件查询方法，为其设计缓存较为复杂，超出了 Spring Cache 提供的功能范围，需要开发者使用 RedisTemplate 自行设计。

由于 Spring Cache 设计是针对单个 Java 对象转 JSON 且存入 Redis 缓存的方案，因此需要设计 add(Employee emp)、delete(Integer id)、update(Employee emp)、searchById(Integer id) 四个方法。

对于新增、修改使用的@CachePut 注解，因为 Spring Cache 将方法的返回值更新于缓存，所以 Service 层的接口和实现类要把这两个方法的返回值设计为 Employee，并对 Controller 层的调用代码进行修改。

注意，Spring Cache 是基于 AOP 实现的，无法在本类方法调用中生效。

```
@Service
public class EmployeeServiceImpl implements EmployeeService {
    @Autowired
    EmployeeDao empDao;

    //省略 search(Employee condition)

    @Override
    @Cacheable(value = "employee", key = "#id")
    public Employee searchById(Integer id) {
        Employee emp = empDao.findById(id).get();
        return emp;
    }

    @CachePut(value = "employee", key = "#emp.id")
    public Employee add(Employee emp) {
        Employee newEmp = empDao.save(emp);
        return newEmp;
    }

    @CachePut(value = "employee", key = "#emp.id")
    public Employee update(Employee emp) {
        Employee newEmp = empDao.save(emp);
        return newEmp;
    }

    @Override
    @CacheEvict(value = "employee", key = "#id")
    public boolean delete(Integer id) {
        try {
            empDao.deleteById(id);
        } catch (Exception e) {
            return false;
        }
        return true;
    }
}
```

打开 RedisStudio 工具，运行程序，访问 Alan 人事管理系统，在每次执行以上新增、删除、修改、查询方法时，都可以看到 Redis 数据库中数据的变化，其形式是 JSON 字符串。

7.5　本章总结

Spring 本身并不提供缓存技术，而是提供对当前行业中流行的缓存数据库进行开发和操作的简便方式。本章介绍当前流行的缓存型数据库产品 Redis，并对其功能、特性、数据结构、安装、常见命令进行介绍。

Spring Boot 提供三种访问 Redis 的方法：RedisTemplate、Redis Repository 和 Spring Cache。它们各有优势，RedisTemplate 适用于对缓存进行灵活的管理操作，但自行设计较为复杂；Redis Repository 适用于针对缓存数据库存取的数据处理；Spring Cache 适用于对关系型数据库中持久化存储的数据提供缓存支持，以便提高查询效率，但不够灵活。

在实际项目中，需要根据具体的应用场景，灵活地选择不同方式对缓存数据库进行访问。

因为项目加入了缓存，每次执行测试都需要打开 Redis，不利于后续的学习，所以在后续项目中可以不基于 hrsys_cache_redis 项目进行复制。

第 8 章　认证、授权与 Spring Security

软件应用系统安全主要包括认证（登录）和授权（权限管理）两部分，在行业内通常被称为权限管理。

如果不借助于第三方安全框架，开发者需要自己设计认证和授权功能。其思路是用户在登录页面输入用户名和密码进行登录操作，后端应用程序接收到前端传来的用户名和密码后，通过在数据库中比对信息来完成认证工作。登录成功后，需要关联查询该用户所有的角色，再通过角色关联所有的权限。如果项目是 Web 项目，则可以将用户及对应的角色、权限信息放到 Session 会话中保存。这样，后端应用程序每接收一次请求，就使用过滤器或拦截器进行判断，判断该会话中是否保存了用户的已登录信息。如果用户处于登录状态，则再判断该用户是否有权限访问要访问的资源。

在以上过程中，开发者需要自行设计登录功能、密码加密、Session 的维护、过滤器或拦截器的设置、权限验证、权限的颗粒度划分等，而使用成熟的第三方安全框架，可以帮助开发者解决不限于以上的通用性问题，让开发者更能专注于项目自身的业务逻辑。

本章参考项目：hrsys_security1—hrsys_security4，本章所用数据库为 hrsys3 和 hrsys4。

8.1　安全框架

安全框架主要解决应用系统中的两类问题：认证和授权。其中，认证就是通常所说的登录，即判断该用户是否是系统的合法用户；授权就是权限的设计与验证，即判断该用户是否具备访问系统中某些资源的权限。目前，在 Java 安全框架中有 Spring Security 和 Shiro 两个优秀的框架。

8.1.1　安全框架比较

Shiro 是由 Apache 软件基金会出品的 Java 安全管理框架，因为它具有语义简单、功能强大的特点，所以在 Java 安全领域中有着广泛的用户群体。SSM+Shiro 的架构体系一度是企业进行 Java 开发的首选框架套件，但在 Spring Boot 技术流行之后，Shiro 的版本更新变得缓慢，因为 Spring Boot 搭载的 Spring Security 对它产生了不小的冲击。

Spring Security 是 Spring 组织出品的安全管理框架，功能全面而强大，但是在学习和使用上有一定的难度，而且在与 SSH、SSM 整合时需要烦琐的配置，所以前几年 Spring Security 是一个在 Java 行业中听起来功能全面，但学习成本高得让人望而生畏的安全框架。但这种局面在 Spring Boot 出现后得到了彻底地改变，Spring Boot 对 Spring Security 提供了自动化配置方案，可以让开发者在项目中零配置使用 Spring Security。另外，Spring Boot 首推的安全框架就是 Spring Security，可以预见，功能强大、配置简单的 Spring Boot+Spring Security 组合在未来会有很大的市场空间。

在 Spring Boot 项目中选用 Spring Security 的好处：Spring Security 基于 Spring 开发，在已经选用 Spring 框架（尤其是 Spring Boot 框架）的项目中，Spring Security 的使用更加方便。另外，Spring Security 的功能也比 Shiro 的强大。

由于 Spring Security 依赖 Spring 容器，因此在不使用 Spring 框架的情况下，无法使用 Spring Security。

8.1.2   RBAC 详解与设计

RBAC（Role-Based Access Control）是基于角色的访问控制设计。在 RBAC 中，角色与权限相关联，用户通过与角色关联获得角色的权限。针对这种通过层级相互依赖建立的关系，其设计思路清晰且管理起来很方便。

其实对于权限不复杂的项目，可以只设计"用户–角色"模型，即通过角色进行权限的验证。当然，如果权限很复杂，要控制的权限颗粒度很细，则最好还是设计"用户–角色–权限"模型。

对本系统进行权限设计，其 code 和 name 的对应值如下。

employee：员工管理。

department：部门管理。

sysUser：用户管理。

sysRole：角色管理。

sysPermission：权限管理。

common：通用权限。

复制 hrsys_jpa 项目（因为使用 Redis 需启动 Redis 服务器，导致开发效率过低，所以本章的项目不延续 hrsys_cache_redis 项目），并重命名为 hrsys_security1。

通过项目权限管理模块的新增功能，将权限数据添加到 hrsys3 数据库中，如图 8-1 所示。

运行该项目，通过权限管理模块的界面查询所有的权限，如图 8-2 所示。

id	code	name
1	employee	员工管理
2	department	部门管理
3	sysUser	用户管理
4	sysRole	角色管理
5	sysPermission	权限管理
6	common	通用权限

图 8-1

CODE	名称
employee	员工管理
department	部门管理
sysUser	用户管理
sysRole	角色管理
sysPermission	权限管理
common	通用权限

图 8-2

对本系统进行角色设计，其 code 和 name 的对应值如下：

ROLE_ADMIN：管理员。

ROLE_MANAGER：经理。

ROLE_EMPLOYEE：员工。

通过项目角色管理模块的新增功能，将权限数据添加到数据库中，如图 8-3 所示。

id	code	name
1	ROLE_ADMIN	管理员
2	ROLE_MANAGER	经理
3	ROLE_EMPLOYEE	员工

图 8-3

在对角色添加合适的权限后，可以通过角色管理模块的界面查询所有角色及关联的权限，如图 8-4 所示。

对本系统进行用户设计，因为后续要使用不同的加密算法对密码加密，所以可以将用户 admin 和用户 tom 的密码设计为一致，以便通过对比看出效果，其用户名和密码如下。

admin：123。

abc：111。

tom：123。

CODE	名称	权限
ROLE_ADMIN	管理员	员工管理　部门管理　用户管理　角色管理　权限管理　通用权限
ROLE_MANAGER	经理	员工管理　部门管理　通用权限
ROLE_EMPLOYEE	员工	员工管理　通用权限

图 8-4

在添加用户的过程中，还需要给用户添加合适的角色，根据实际需求可以为每个用户添加一个或多个角色。另外，通过用户管理模块的界面可以查询所有用户及关联的角色，如图 8-5 所示。

账号	角色
admin	管理员
abc	经理
tom	员工

图 8-5

8.1.3　Spring Security 环境配置

在 Spring Boot 环境下集成 Spring Security 非常方便，只需要在 pom.xml 文件中添加 spring-boot-starter-security 依赖即可。

```
<dependency>
    <groupId>org.springframework.boot</groupId>
    <artifactId>spring-boot-starter-security</artifactId>
</dependency>
```

启动程序后，发现在控制台中输出一段密码：

```
Using generated security password: db07bc8b-f061-4987-989b-60106c61f134
```

此时，访问项目中的任何路径均会跳转到"/login"路径对应的默认登录页面。

输入默认的用户名"user"和控制台输出的密码，点击"Sign in"按钮就可以进入系统的首页，但是会发现 iframe 的子页面无法显示。

通过"F12"键打开浏览器控制台，可以看到如下错误，即服务器拒绝当前路径的 iframe 访问。

```
Refused to display 'http://localhost:8090/emp/search' in a frame because it
set 'X-Frame-Options' to 'deny'.
```

这个问题在 Spring Security 配置中可以得到解决，本章稍后介绍，暂时可以忽略不计。通过以上操作，可以验证 Spring Security 在项目中是否可以正常运行。

8.2　认证

认证与授权的关系是先实现认证才可以进行授权。因为只有登录之后才能拿到用户的权限，才可以对用户进行权限的判断。在 8.1.3 节中使用的默认用户名和密码只可以作为对 Spring Security 配置成功与否的测试，下面来介绍如何在项目中进行定制化登录认证。

8.2.1　Properties 存储用户

Spring Boot 提供在 application.properties 文件中存储用户名和密码的配置方式。

```
spring.security.user.name=alan
spring.security.user.password=123
```

以上代码配置了一个名为 alan，密码为 123 的用户。此时，再次启动程序会发现控制台不再输出密码。Spring Security 的规则是，一旦项目中配置了用户，系统便不再自动生成默认的"user"用户和密码。

这种方式有明显的弊端，即用户名和密码会以明文的形式存储在 Properties 配置文件中，有被泄露的风险，是非常不安全的。另外，用户名是写好的，无法实现用户动态的增删。除此之外，Spring Security 还提供了内存存储用户和数据库存储用户两种管理用户的方式，但使用前需要对 Spring Security 进行一定的配置。

8.2.2　Spring Security Config

下面使用 Java Config 方式对 Spring Security 进行配置，首先在项目的 config 包下新建 WebSecurityConfig 类。在此之前，WebSecurityConfig 类需要继承 WebSecurityConfigurerAdapter 类，但在 Spring Security 5.7 版本中舍弃了该类，提倡基于组件化的配置，如下所示。

```
@Configuration
@EnableWebSecurity
public class WebSecurityConfig {
    @Bean
    protected SecurityFilterChain securityFilterChain(HttpSecurity http)
```

```
    throws Exception {
        //配置所有的请求都可以直接访问
        http.authorizeRequests().anyRequest().permitAll();
        return http.build();
    }
}
```

@EnableWebSecurity 注解表示在项目中启动 Spring Security 配置，但在 Spring Boot 最新版本中，如果项目引入的是 spring-boot-starter-security 依赖，则可以省略该注解；如果引入的是 spring-security 依赖，则必须加上该注解。

实际上，以上是对权限认证做了配置，即通过 http.authorizeRequests()方法做了所有请求都可以直接访问的配置（anyRequest().permitAll()）。此时，访问系统的任何一个页面，都不需要通过登录页面进行验证。

下面通过配置解决 iframe 不显示的问题。

```
@Bean
protected SecurityFilterChain securityFilterChain(HttpSecurity http) throws
Exception {
    //配置所有的请求都可以直接访问
    http.authorizeRequests().anyRequest().permitAll();
    //允许客户端通过 iframe 访问
    http.headers().frameOptions().sameOrigin();
    return http.build();
}
```

其中，http.headers().frameOptions().sameOrigin()设置 iframe 同源，其作用是当响应给浏览器时给响应头加上属性和值，等同于 response.addHeader("x-frame-options", "SAMEORIGIN")。

另外，以上配置代码分别使用了 http 对象，其实它们可以使用 Spring Security 提供的and()方法进行简化。and()是一个连接方法，该方法会返回 HttpSecurityBuilder 类型的对象，为开发者提供了一定的便利性。

```
@Bean
protected SecurityFilterChain securityFilterChain(HttpSecurity http) throws
Exception {
    // 使用 and()方法连接不同的配置
    http.authorizeRequests().anyRequest().permitAll().and().headers().fra
    meOptions().sameOrigin();
    return http.build();
}
```

此时，再次访问系统会发现可以正常访问 iframe 中的数据了。

8.2.3　配置登录

如果对认证进行配置，则需要使用 http.formLogin()方法，它有如下方法。

loginPage(String loginPage)：指定登录页面路径。

loginProcessingUrl(String loginProcessingUrl)：处理登录请求的路径。

defaultSuccessUrl(String defaultSuccessUrl)：登录成功后跳转到的页面。

failureUrl(String authenticationFailureUrl)：登录失败后跳转到的页面。

除了以上方法，还有 usernameParameter(String usernameParameter)和 passwordParameter
(String passwordParameter)两种方法可以用于配置后端程序接收的用户名和密码的参数名，
如不配置，则默认为 username 和 password。

对 http.formLogin()方法进行配置的代码如下：

```
@Bean
protected SecurityFilterChain securityFilterChain(HttpSecurity http) throws
Exception {
    http.
    //配置认证
    formLogin()
    //对登录页面路径进行配置
    .loginPage("/login")
    //对登录处理路径进行配置
    .loginProcessingUrl("/doLogin")
    //对登录成功页面进行配置
    .defaultSuccessUrl("/index")
    //对登录失败页面进行配置
    .failureUrl("/loginError")
    //配置以上路径，可以在非登录状态下进行访问
    .permitAll()
    //连接符
    .and()
    //配置注销
    .logout().permitAll()
    .and().
    //配置授权
    authorizeRequests()
```

```
    //静态资源放行
    .requestMatchers("/bootstrap/**", "/js/**").permitAll()
    //所有请求
    .anyRequest()
    //需要经过验证
    .authenticated()
    //允许客户端 iframe 访问
    .and().headers().frameOptions().sameOrigin()
    //取消阻止跨站请求伪造，否则会对开发产生不便
    .and().csrf().disable();
    return http.build();
}
```

自定义登录页面，在 IndexController 类中新增两个对 URL 请求映射的方法。

```
@RequestMapping("login")
public String login() {
    return "login";
}
@RequestMapping("loginError")
public String showLoginError() {
    return "loginError";
}
```

先利用 Bootstrap 快速开发一个 login.html，如图 8-6 所示。需要注意的是，在登录请求中，应该将<form>表单的 method 属性设置为 POST。

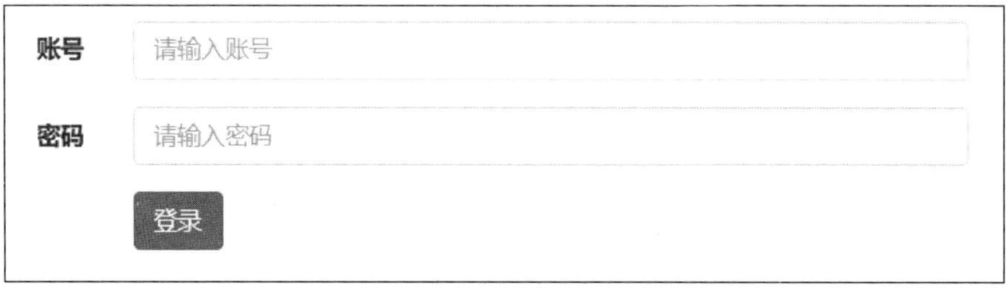

图 8-6

再开发一个 loginError.html，作为简单的登录失败提示。另外，添加一个超链接，被点击时能跳转到登录页面，方便后续的开发调试。

```
<div id="container">
    <h2>登录失败</h2>
    <h3 class="font-bold">用户名或密码输入有误</h3>
    <div class="error-desc">
```

```
            没有登录...
            <br/>您可以返回重新输入
            <br/><a href="/login" class="btn btn-primary m-t">登录</a>
      </div>
</div>
```

这时，重启项目并通过浏览器对项目进行访问，会发现系统可以跳转到刚才设计的登录页面。如果登录成功，则可以顺利进入网站首页；如果登录失败，则可以跳转到登录报错提示页面。

如果前端使用 AJAX 通信，则 Spring Security 也提供当登录成功或失败、权限验证成功或失败时输出字符串或 JSON 的方式。其先通过 successHandler()方法实现接口为 AuthenticationSuccessHandler 类型的匿名内部类，再实现该类中的 onAuthenticationFailure() 抽象方法，并在该方法中进行字符串或 JSON 的输出。

onAuthenticationFailure()方法的参数是 HttpServletRequest 类型和 HttpServletResponse 类型，如果你有 Servlet 的开发经验，则知道利用这两个参数可以实现转发页面、重定向、响应字符串等功能，如下所示。

转发页面：

```
httpServletRequest.getRequestDispatcher("index").forward(httpServletReques
t, httpServletResponse);
```

重定向：

```
httpServletResponse.sendRedirect("/index");
```

响应字符串：

```
httpServletResponse.setCharacterEncoding("UTF-8");
PrintWriter out = httpServletResponse.getWriter();
String str ="响应信息";
out.write(str);
out.close();
```

如果要响应 JSON，则可以使用 spring-boot-starter-web 依赖包含的 Jackson 插件对对象进行转 JSON 操作。

```
httpServletResponse.setCharacterEncoding("UTF-8");
PrintWriter out = httpServletResponse.getWriter();
ObjectMapper mapper = new ObjectMapper();
```

```
String str = mapper.writeValueAsString(Java 对象);
out.write(str);
out.close();
```

logout().permitAll()配置系统的注销操作，其注销操作默认的 URL 为"/logout"，也可以自定义注销路径并设置注销成功后跳转的路径。

```
logout().logoutUrl("/quit").logoutSuccessUrl("/login")
```

在网站页面的合适位置上，可以加入注销链接，比如在 index.html 页面#top 的 div 中。

```
<div><a href="/quit">退出系统</a></div>
```

8.2.4 数据库存储用户

Spring Security 还提供内存配置用户名和密码的方式，但它和 Properties 的配置方式都会面临如下问题。

- 用户不在数据库中，无法动态地新增、删除、修改用户。
- 密码被写在项目中，相当于是明文存储。

对于以上问题，可以通过使用数据库对用户进行存储以实现动态地新增和删除，再搭配合适的加密技术以实现密码的密文存储来解决。

由于 Alan 人事管理系统的用户信息已经存在于数据库表中，因此登录验证时系统会将用户输入的用户名和数据库 user 表中的用户数据进行检索匹配。首先，在 SysUserDao 中定义根据用户名查询用户的方法，这可以利用 Spring Data JPA 的方法命名查询方式进行查询。

```
public interface SysUserDao extends JpaRepository<SysUser,Integer>,
JpaSpecificationExecutor<SysUser> {
    SysUser findByUsername(String username);
}
```

然后，在 SysUserService 接口和 SysUserServiceImpl 类中分别加上调用 DAO 层的方法，方法名可以任意命名。

在 SysUserService 接口中追加的代码如下：

```
SysUser searchByUsername(String username);
```

在 SysUserServiceImpl 类中追加的代码如下：

```
public SysUser searchByUsername(String username) {
    return sysUserDao.findByUsername(username);
}
```

在 service.impl 包下新建 UserDetailsServiceImpl 类，用于调用以上 Service 方法，判断用户是否存在，代码如下。

```
@Component
public class UserDetailsServiceImpl implements UserDetailsService {
    @Autowired
    SysUserService sysUserService;
    @Override
    public UserDetails loadUserByUsername(String username) throws Username
NotFoundException {
        Collection<GrantedAuthority> authorities = new ArrayList<>();
        //从数据库中获取用户信息
        SysUser sysUser = sysUserService.searchByUsername(username);
        //判断用户是否存在
        if (sysUser == null) {
            throw new UsernameNotFoundException("用户名不存在");
        }
        //返回 UserDetails 实现类
        // "{noop}"拼接表示允许明文密码
        return new User(sysUser.getUsername(), "{noop}"+sysUser.getPassword(),
        authorities);
    }
    //转换成自身业务的 SysUser
    public SysUser toSysUser() {
        User user = (User) SecurityContextHolder.getContext()
                    .getAuthentication().getPrincipal();
        return sysUserService.searchByUsername(user.getUsername());
    }
}
```

Spring Boot 的自动装配会识别到 UserDetailsService 的实现类，重启项目再次访问网站，会发现需要通过数据库中的用户名和密码来进行登录验证。

8.2.5　加密技术、MD5 和 Bcrypt

当前项目中的用户密码对应的都是明文存储，如图 8-7 所示。

id	username	password
1	abc	111
2	admin	123
3	tom	123

图 8-7

目前，MD5 作为不可逆加密技术有着广泛的应用。如果要使用 MD5 加密，则可以在 util 包下新建 MD5Util 类，以提供 MD5 加密的方法，并且将固定的字符串"alan"作为盐，以增强代码的安全性。

因为经过 MD5 加密后的密文是不可逆的，而相同明文的加密结果是一致的，这就导致很多简单的密码，如"123""123456"，经过 MD5 加密后的密文很容易通过"MD5 明文、密文对照表"查到对应的明文，所以最好通过加盐的手段将用户输入的密码进行复杂化处理。这样就可以避免出现，当部分用户使用非常简单的密码时，密码的密文泄露后被轻易破解的问题。

因为现在已经加入了权限验证，所以为了避免出现在修改完密码验证方式后无法通过之前的用户访问的情况，可以对 SysUserServiceImpl 类进行修改。在新增和修改用户时，调用新建的 MD5Util 类进行明文密码的转密文操作，代码如下。

```java
@Override
public boolean add(SysUser sysUser) {
    sysUser.setPassword(MD5Util.encode(sysUser.getPassword()));
    SysUser newUser =sysUserDao.save(sysUser);
    return newUser!=null;
}
@Override
public boolean update(SysUser sysUser) {
    sysUser.setPassword(MD5Util.encode(sysUser.getPassword()));
    SysUser newUser =sysUserDao.save(sysUser);
    return newUser!=null;
}
```

新增用户或修改用户密码完毕后，可以看到密码是 MD5 加密的方式，如图 8-8 所示。这时可以看到 admin 和 tom 两个用户的明文密码都是"123"，因为加的盐都是"alan"，所以加密后的密文是一样的。当然，也可以通过为每个用户加不同的盐来解决这一问题，如将用户的注册时间设为盐，这样它们生成的密文就会不一样。总体来说，使用动态盐的安全性比使用固定盐的高。

id	username	password
1	abc	28c92dc7bd3dbfc92248adb6daa148bd
2	admin	4a35df014a3cfb451a53aba264f24c81
3	tom	4a35df014a3cfb451a53aba264f24c81

图 8-8

在 WebSecurityConfig 配置类中，先对加密策略进行修改，并使用创建的 MD5Util 类进行加密操作，然后对用户登录网站进行测试。

加密策略修改的代码如下：

```java
//定义加密策略，使用MD5Util类加密
@Bean
protected PasswordEncoder passwordEncoder (){
 return new PasswordEncoder() {
    @Override
    public String encode(CharSequence charSequence) {
        return MD5Util.encode(charSequence.toString());
    }

    @Override
    public boolean matches(CharSequence charSequence, String s) {
        return s.equals(MD5Util.encode(charSequence.toString()));
    }
 };
}
```

注意不要忘记从 UserDetailsServiceImpl 类中去掉拼接的允许明文密码访问的字符串 "{noop}"。

虽然在行业中 MD5 被广泛使用，但是 Spring Security 推荐使用 Bcrypt 技术进行加密操作。Bcrypt 是单向哈希加密算法，与 MD5 一样不可反向破解生成明文，但它比 MD5 更有优势，即相同明文产生的密文是不一样的，这是由它的密文结构决定的。

Bcrypt 密文有以下四个变量。

saltRounds：正数，代表哈希的杂凑次数，数值越高越安全，默认为 10 次。

myPassword：明文密码字符串。

salt：盐，一个 128 位的随机字符串。

myHash：对明文密码和盐进行哈希处理，循环加盐哈希处理 10 次得到 myHash。

其具体实现原理是，当需要进行加密操作时，首先生成随机盐，然后明文密码经过 10 次加盐加密循环得到 myHash 密文，最后拼接 Bcrypt 版本号、盐、myHash 密文得到最终的 Bcrypt 密码。

这样，对于同一个明文密码，由于根据明文密码和随机盐生成了不同的 myHash 密文，而 myHash 密文加上版本号和盐后仍为不同的密文。

当登录校验时，从密码中取出盐，并用盐与用户输入的密码进行哈希处理，将得到的结果跟保存在数据库中的 Bcrypt 密码进行对比，判断是否是合法用户。

下面使用 Bcrypt 加密技术替换 MD5 加密技术。因为 Bcrypt 是 Spring Security 提供的技术，所以可以直接在 Spring 项目中使用 BCryptPasswordEncoder 类进行处理。在 SysUserServiceImpl 类中修改代码，如下：

```
@Override
public boolean add(SysUser sysUser) {
    sysUser.setPassword(new BCryptPasswordEncoder().encode(sysUser.getPassword()));
    SysUser newUser = sysUserDao.save(sysUser);
    return newUser != null;
}
@Override
public boolean update(SysUser sysUser) {
    sysUser.setPassword(new BCryptPasswordEncoder().encode(sysUser.getPassword()));
    SysUser newUser = sysUserDao.save(sysUser);
    return newUser != null;
}
```

此时，再次查看数据库表可以看到 admin 和 tom 两个用户的明文密码都是"123"，但其加密后的密文不一样了，如图 8-9 所示。

id	username	password
1	abc	$2a$10$8JxfzQbot88kswJ.1isIR.ULX.g49njbARmtFlS1RWrht47uqEUfC
2	admin	$2a$10$7qnPU6PLAhL0S.Xah6zmw.5HUP8ZLjNkw2HDkvenV5OBVhwpwZjY6
3	tom	$2a$10$/wihU/qT63Qck4B7iiZBSeQBXAir0YNW8FQASZvwDe2sy9xwFSX/y

图 8-9

在 WebSecurityConfig 类中修改加密策略并测试网站，显示可以正常访问。

```
private PasswordEncoder encoder= new BCryptPasswordEncoder();
```

至此，Spring Security 认证所涵盖的内容就介绍完了。因为人事管理系统是面向企业内部使用的，所以用户统一由管理员录入，不像普通网站有注册功能。如果读者要开发网站的注册功能，则只需要保证生成用户时和登录时使用的是同一种加密策略即可。

8.3　授权

授权即对系统资源（对外提供的访问路径和内部的方法）进行权限设置，判断访问者（即用户）是否有权限访问。

在认证过程中，我们已经进行了基本的授权处理，即项目的所有资源（即 URL）可以被任何访问者访问。

```
http.authorizeRequests().anyRequest().permitAll();
```

如果这里不使用 permitAll()方法，而使用 authenticated()方法，则表示所有没有单独做权限配置的资源都需要登录认证后才可以访问。

```
http.authorizeRequests().anyRequest().authenticated()
```

如果要进行更加复杂的权限验证设计，则需要在 WebSecurityConfig 类中做更多的配置处理。

Spring Security 提供了 Config 配置方式、@PreAuthorize 注解方式、过滤 URL 方式的三种授权管理方式，下面先介绍基本的授权配置方法。

8.3.1　授权配置

在 WebSecurityConfig 类中，securityFilterChain(HttpSecurity http)方法的 HttpSecurity 参数类型对象 http 的 authorizeRequests()方法提供了以下权限配置的方法。

permitAll()：永远返回 true。

denyAll()：永远返回 false。

anonymous()：在当前用户是 anonymous 时返回 true。

rememberMe()：在当前用户是 rememberMe 时返回 true。

authenticated()：在当前用户不是 anonymous 时返回 true。

fullAuthenticated()：在当前用户既不是 anonymous，也不是 rememberMe 时返回 true。

hasRole(role)：在用户拥有指定的角色权限时返回 true。

hasAnyRole([role1，role2])：在用户拥有任意一个指定的角色权限时返回 true。

hasAuthority(authority)：在用户拥有指定的权限时返回 true。

hasAnyAuthority([authority1,authority2])：在用户拥有任意一个指定的权限时返回 true。

hasIpAddress()：通过参数匹配请求发送的 IP，在匹配时返回 true。

anyRequest()：表示所有请求。

requestMatchers()：通过参数定义某些请求。

需要注意的是，Spring Security 的规则要求从数据库中查询的角色的名称应以"ROLE_"为前缀，但是在 Java 代码配置中不需要加此前缀，如 hasRole("ADMIN")。将 securityFilterChain (HttpSecurity http)方法中的授权配置略作改动，核心代码如下。

```
authorizeRequests()
.requestMatchers("/bootstrap/**", "/js/**").permitAll()
//定义部门路径及其下的子路径
.requestMatchers("/dep/**")
// 需要具备 ADMIN 权限
.hasRole("ADMIN")
//所有请求
.anyRequest()
//需要经过验证
.authenticated()
```

经过以上配置，没有 ADMIN 角色的用户无法正常访问网站，会报 403 的错误码，并返回 Spring Boot 默认的错误页面，可以参考前面登录成功和失败的设置进行权限异常的处理。

返回页面：

```
exceptionHandling().accessDeniedPage("/roleError");
```

返回字符串或 JSON：

```
exceptionHandling().accessDeniedHandler(new AccessDeniedHandler() {
    @Override
    public void handle(HttpServletRequest httpServletRequest, HttpServletResponse
            httpServletResponse, AccessDeniedException e)
            throws IOException, ServletException {
    //返回字符串或 JSON
    }
});
```

开发 roleError.html 页面：

```
<div id="container">
  <h2>无权访问</h2>
  <h3 class="font-bold">您没有权限访问这个页面</h3>
  <div class="error-desc">
    请联系管理员...
    <br/>或者以对应身份访问
    <br/><a href="/login" class="btn btn-primary m-t">登录</a>
  </div>
</div>
```

同样，还需要在 IndexController 类中新建 url 映射的方法：

```
@RequestMapping("roleError")
public String showRoleError() {
    return "roleError";
}
```

此时，访问项目会返回权限不足的提示页面。

这时，通过具有 ADMIN 角色的用户访问，依然会返回没有权限的提示页面，这是因为 user 表和 role 表是多对多的关联关系，在 UserDetailsServiceImpl 类中查询用户时需要将其关联查询出来。

下面对 UserDetailsServiceImpl 类中的 loadUserByUsername(String username)方法做修改，定义 Collection<GrantedAuthority> 类型的变量 authorities，并对其添加通过用户获得的对应角色的代码。

```
public UserDetails loadUserByUsername(String username) throws UsernameNot
FoundException {
  //省略部分代码
  //判断用户是否存在
  if (sysUser == null) {
    throw new UsernameNotFoundException("用户名不存在");
  }
  //添加角色
  List<SysRole> sysRoles = sysUser.getRoles();
  for (SysRole sysRole : sysRoles) {
    authorities.add(new SimpleGrantedAuthority(sysRole.getCode()));
  }
  //返回 UserDetails 实现类
```

```
      return new User(sysUser.getUsername(), sysUser.getPassword(), authorities);
}
```

如果判断的颗粒度要做到权限级别，则可以再将权限对应查询出来；如果角色和权限都需要，则可以将它们都查询出来并加入 authorities 中。

```
// 添加角色
for (SysRole sysRole : sysRoles) {
    authorities.add(new SimpleGrantedAuthority(sysRole.getCode()));
    //添加权限
    for (SysPermission sysPermission : sysRole.getPermissions()) {
        authorities.add(new SimpleGrantedAuthority(sysPermission.getCode()));
    }
}
```

经过以上操作，具有 ADMIN 角色的用户就可以正常访问具有权限的页面了。

8.3.2　Config 配置方式

因为 Spring Security 权限有三种处理方式，为了避免项目中代码太多而产生混淆，建议复制项目 hrsys_security1 并重命名为 hrsys_security2。

为了方便查看和测试角色与权限，可以在项目页面头部显示用户名和对应的角色，如图 8-10 所示。

欢迎：admin 您的身份是：管理员

图 8-10

首先修改 IndexController 类，在访问 index()方法时，通过 Spring Security 提供的 SecurityContextHolder 类获得用户名，然后在 Service 层的 searchByUsername 中获得 SysUser 类型的用户，其中包含对应的角色。

```
@RequestMapping("index")
public ModelAndView index() {
    ModelAndView mv = new ModelAndView("index");
    UserDetails principal = (UserDetails) SecurityContextHolder.getContext()
                        .getAuthentication().getPrincipal();
    String username = principal.getUsername();
    SysUser user = sysUserService.searchByUsername(username);
    mv.addObject("user", user);
    return mv;
}
```

修改 index.html，即在#top 的 div 中加入如下内容。

```html
<div id="top">
    <div id="logo">Alan 人事管理系统</div>
    <div id="welcome" >
        <label>欢迎：</label>
        <th:block th:text="${user.username}"></th:block>
        <label>您的身份是：</label>
        <th:block th:each="role:${user.roles}" th:text="${role.name}">
        </th:block>
    </div>
</div>
```

对于简单的权限配置可以使用 Config 配置方式，其可以做出以下权限设计。

● 管理员角色可以查看任意页面，可以对任意模块进行新增、删除、修改操作。

● 经理可以访问员工、部门页面并进行相关的新增、删除、修改操作。

● 员工可以访问员工页面并进行相关的新增、删除、修改操作（读者可以自行设计员工只能查看，不能进行新增、删除、修改操作的更细颗粒度的权限）。

根据项目的权限复杂程度，可以决定是使用角色设计还是权限设计，但都需要在 WebSecurityConfig 配置类的 securityFilterChain(HttpSecurity http)方法中进行授权配置。

按照角色划分，使用 hasAnyRole()方法。

```
.authorizeRequests()
//  /sysUser/**", "/sysRole/**", "/sysPermission/**路径资源允许具有 ADMIN 角色的
//  用户访问
.requestMatchers("/sysUser/**","/sysRole/**","/sysPermission/**")
.hasAnyRole ("ADMIN")
//  /dep/**路径资源允许具有 ADMIN 或 MANAGER 角色的用户访问
.requestMatchers("/dep/**").hasAnyRole("ADMIN", "MANAGER")
.requestMatchers("/index").hasAnyRole("ADMIN", "MANAGER", "EMPLOYEE")
.requestMatchers("/emp/**").hasAnyRole("ADMIN", "MANAGER", "EMPLOYEE")
.anyRequest().authenticated();
```

按照权限划分，使用 hasAnyAuthority()方法。

```
.authorizeRequests()
//  /index 路径资源允许具有 comomon 权限的用户访问
.requestMatchers("/index").hasAnyAuthority("common")
//  /sysUser/**路径资源允许具有 sysUser 权限的用户访问
.requestMatchers("/sysUser/**").hasAnyAuthority("sysUser")
```

```
.requestMatchers( "/sysRole/**").hasAnyAuthority("sysRole")
.requestMatchers( "/sysPermission/**").hasAnyAuthority("sysPermission")
.requestMatchers("/dep/**").hasAnyAuthority("department")
.requestMatchers("/emp/**").hasAnyAuthority("employee")
.anyRequest().authenticated()
```

需要注意的是，UserDetailsServiceImpl 类中的 loadUserByUsername()方法是根据对角色或权限的颗粒度划分来获取角色和权限并添加到 authorities 中的。

8.3.3 @PreAuthorize 注解方式

如果权限比较复杂，则可以使用注解方式进行处理。同样，复制 hrsys_security2 项目并重命名为 hrsys_security3。

使用 @PreAuthorize 注解方式，首先需要在 WebSecurityConfig 配置类上加 @EnableGlobalMethodSecurity 注解，而 Spring Security 默认禁用该注解，其作用是判断用户对某个方法是否具有访问权限。

```
@EnableGlobalMethodSecurity(prePostEnabled = true)
public class WebSecurityConfig extends WebSecurityConfigurerAdapter {
    //省略代码
}
```

然后将 WebSecurityConfig 配制类 securityFilterChain(HttpSecurity http)方法中通过 authorizeRequests()方法配置的权限全部去掉，只保留 anyRequest().authenticated()方法，这意味着所有页面都要经过登录才能访问。

当前，securityFilterChain(HttpSecurity http)方法的代码如下。

```
protected void securityFilterChain(HttpSecurity http) throws Exception {
    http.formLogin()
    .loginPage("/login")
    .loginProcessingUrl("/doLogin")
    .defaultSuccessUrl("/index")
    .failureUrl("/loginError")
    .permitAll()
    .and()
    .logout().permitAll()
    .and()
    .authorizeRequests()
    .requestMatchers("/bootstrap/**", "/js/**").permitAll()
    .anyRequest().authenticated()
```

```
    .and()
    .exceptionHandling().accessDeniedPage("/roleError")
    .and().headers().frameOptions().sameOrigin()
    .and().csrf().disable();
}
```

最后，在 Controller 层的类或方法上使用@PreAuthorize 注解控制权限，该注解的 value 值可以使用 SpEL 表达式定义访问权限。

例如，在 EmployeeController 中定义的所有方法，即对外提供的 Web 访问接口，都允许具有 ROLE_EMPLOYEE，ROLE_MANAGER，ROLE_ADMIN 角色的用户访问，故可以像这样使用。

```
@PreAuthorize("hasRole('EMPLOYEE') or hasRole('MANAGER') or hasRole('ADMIN')")
public class EmployeeController{
    //省略
}
```

hasRole()方法用于判断是否包含一个权限。如果包含，则返回 true；否则返回 false。hasRole()方法的使用策略跟 Config 配置方式一样，都不需要加 "ROLE_" 前缀。对于多个角色，hasRole()方法也提供了简化的使用方式 hasAngRole()方法。

```
@PreAuthorize("hasAnyRole('EMPLOYEE','MANAGER','ADMIN')")
public class EmployeeController{
    //省略
}
```

@PreAuthorize 注解除了提供角色验证，也提供权限的方式验证，即使用 SpEL 表达式提供的 hasAuthority()方法来验证权限。

```
@PreAuthorize("hasAuthority('employee')")
```

需要注意的是，@PreAuthorize 注解不仅可以在 Controller 层中使用，也可以在其他层的方法或类上使用。它提供了方法级别的权限验证。

8.3.4　过滤 URL 方式

过滤 URL 方式，即预先在项目中（一般是在数据库中）定义好项目 URL 资源和权限的对应关系。当用户访问 URL 时，Spring Security 会用该用户的所有权限去验证其中是否包含访问该 URL 所应具备的权限。如果有，则对请求放行；如果没有，则返回权限受限的提示。这样做就是将权限维护从 Java 代码中解耦出去，并保存在数据库表中，但是需要在数据级别上维护一套和权限相匹配的 URL。

接下来，我们通过过滤 URL 方式实现系统的授权功能，复制项目 hrsys_security3 并重命名为 hrsys_security4。

首先在 SysPermission 实体类中加上 resource 属性，该属性表示权限对象对应的系统 URL，其最终会被保存到数据库表中。因为该操作会修改表结构，所以可以为该项目创建一个新的只为本节服务的数据库 hrsys4。

```
@Column
private String resource;
//省略对应的 getter()方法和 setter()方法
```

重启项目，由 Spring Data JPA 帮助重新修改 permission 的表结构，并生成 resource 列。修改权限管理模块的 HTML 页面，在新增和修改的表单中加入 resource 的表单元素；修改权限管理模块显示的 HTML 代码，在<table>中加入一列"URL"，展示权限所对应的 URL，如图 8-11 所示。 

CODE	名称	URL
employee	员工管理	/emp/**
department	部门管理	/dep/**
sysUser	用户管理	/sysUser/**
sysRole	角色管理	/sysRole/**
sysPermission	权限管理	/sysPermission/**
common	通用权限	/index/**

新增　修改　删除

图 8-11

然后在 util 包下新建 MyFilterInvocationSecurityMetadataSource 类，该类的作用是通过 loadResourceDefine()方法将系统的 URL 和对应的权限列表存储在 map 对象中。当用户请求某个 URL 时，先由 getAttributes()方法判断访问的 URL 是否在 map 对象中，即是否设置了该 URL 要具备的除登录外的额外权限。如果没有设置，则放行；如果已设置，则由 MyAccessDecisionManager

类的 decide()方法来验证是否具备权限。

```java
@Component
public class MyFilterInvocationSecurityMetadataSource implements Filter
InvocationSecurityMetadataSource {
    @Autowired
    private SysPermissionDao sysPermissionDao;
    //定义存放权限的 map 对象
    private HashMap<String, Collection<ConfigAttribute>> map = null;
    //加载权限表中的所有权限，并放到 map 对象中
    public void loadResourceDefine() {
        map = new HashMap<String, Collection<ConfigAttribute>>();
        List<SysPermission> permissions = sysPermissionDao.findAll();
        for (SysPermission permission : permissions) {
            ConfigAttribute cfg = new SecurityConfig(permission.getCode());
            List<ConfigAttribute> list = new ArrayList<>();
            list.add(cfg);
            map.put(permission.getResource(), list);
        }
    }
    //判定用户请求的 URL 是否在 map 对象中
    //如果在，则由 MyAccessDecisionManager 类的 decide()方法判定用户是否有此权限
    //如果不在，则放行
    @Override
    public Collection<ConfigAttribute> getAttributes(Object object) throws
        IllegalArgumentException {
        if (map == null) {
            loadResourceDefine();
        }
        HttpServletRequest request = ((FilterInvocation) object).getHttpRequest();
        for (Entry<String, Collection<ConfigAttribute>> entry : map.entrySet()) {
            String url = entry.getKey();
            if (new AntPathRequestMatcher(url).matches(request)) {
                return map.get(url);
            }
        }
        return null;
    }
    //省略部分代码
}
```

在 util 包下新建 MyAccessDecisionManager 类，该类的作用是通过 decide()方法判断用户
是否具备访问当前 URL 的权限，有则放行，没有则抛出 AccessDeniedException 类型的异常。

```java
@Component
public class MyAccessDecisionManager implements AccessDecisionManager {
    //判断用户是否具备访问当前 URL 的权限
    @Override
    public void decide(Authentication authentication, Object object, Collection
      <ConfigAttribute> configAttributes) throws AccessDeniedException,
        if(null== configAttributes || configAttributes.size() <=0) {
            return;
        }
        ConfigAttribute c;
        String needRole;
        for(Iterator<ConfigAttribute> iter = configAttributes.iterator();
            iter.hasNext(); ) {
            c = iter.next();
            needRole = c.getAttribute();
            for(GrantedAuthority ga : authentication.getAuthorities()) {
            if(needRole.trim().equals(ga.getAuthority())) {
                    return;
                }
            }
        }
        throw new AccessDeniedException("no right");
    }
    //省略部分代码
}
```

在 config 包的 WebSecurityConfig 类的 securityFilterChain(HttpSecurity http)方法中调用 withObjectPostProcessor()方法，该方法可以设置自定义的权限控制类，给它传递一个 ObjectPostProcessor<FilterSecurityInterceptor>类型的匿名内部类对象。在该对象的 postProcess() 方法中，调用 setSecurityMetadataSource()方法和 setAccessDecisionManager()方法，并分别将 MyFilterInvocationSecurityMetadataSource 类型的对象和 MyAccessDecisionManager 类型的对象传递进去，以实现过滤 URL 方式的权限验证。

```java
@Autowired
MyFilterInvocationSecurityMetadataSource myFilterInvocationSecurityMetadataSource;
@Autowired
MyAccessDecisionManager myAccessDecisionManager;
@Override
protected void securityFilterChain(HttpSecurity http) throws Exception {
    http.formLogin()
    //省略登录配置
    .and()
```

```
.authorizeRequests()
.withObjectPostProcessor(new ObjectPostProcessor<FilterSecurityInterceptor>() {
    @Override
    public <O extends FilterSecurityInterceptor> O postProcess(O o) {
        o.setSecurityMetadataSource(myFilterInvocationSecurityMetadataSource);
        o.setAccessDecisionManager(myAccessDecisionManager);
        return o;
    }
})
.anyRequest().authenticated()
//省略其他配置
}
```

经过以上设置，重启项目并访问项目中的页面，可以发现通过过滤 URL 方式配置的授权管理。

使用过滤 URL 方式配置权限，是将权限配置放到数据库表中进行管理，做到了很好的技术解耦合，适合大型的、权限复杂的项目。

8.4　视图层权限

在权限配置中，有一条默认的规则是如果某个用户没有这个权限，就不要让他看到有关此权限操作的 UI。例如，在 Alan 人事管理系统项目中，针对左侧竖形菜单的所有选项，无论哪个角色的用户都可以看见，虽然当用户点击某个他不具备权限的选项时，系统会出现没有权限的提示，但这违背了上面的规则，而是需要将其设计成，不同角色的用户只能看到他所具有的权限菜单。如果是按钮，同理。

本节及后续章节凡是后端项目用到 Spring Security 的均使用注解方式，即根据 hrsys_security3 项目进行扩展。

因为当前项目的模板引擎是 Thymeleaf，所以在 pom.xml 文件中要加上 Thymeleaf 提供的 Spring Security 6 的依赖 thymeleaf-extras-springsecurity6。

```
<dependency>
    <groupId>org.thymeleaf.extras</groupId>
    <artifactId>thymeleaf-extras-springsecurity6</artifactId>
    <version>3.1.1.RELEASE</version>
</dependency>
```

首先在 index.html 的<html>标签中加入对 thymeleaf-extras-springsecurity6 的引入，并定

义别名。

```
<html lang="zh" xmlns:th="http://www.thymeleaf.org"
   xmlns:sec="http://www.thymeleaf.org/thymeleaf-extras-springsecurity6">
```

　　然后在左侧菜单栏上使用 sec:authorize 属性进行权限的验证。因为 Thymeleaf 支持 SpEL 表达式，所以该属性的值也可以使用与@PreAuthorize 注解中相同的 SpEL 函数，如 hasRole()、hasAnyRole()、hasAuthority()、hasAnyAuthority()。sec:authorize 属性可以做到，如果函数的返回值为 false，则标签不显示；如果为 true，则显示。这样，就实现了不同的用户只能看到自己有权限访问的菜单选项。

```
<div id="left">
   <th:block sec:authorize="${hasAnyRole('ADMIN','MANAGER','EMPLOYEE')}">
   <div class="yi" >员工管理</div>
   <ul class="er">
      <li><a href="emp/search" target="right">员工管理</a></li>
      <li><a href="emp/showAdd" target="right">员工添加</a></li>
   </ul>
   </th:block>
   <th:block sec:authorize="${hasAnyRole('ADMIN','MANAGER')}">
         <!--省略-->
   </th:block>
   <th:block sec:authorize="${hasAnyRole('ADMIN')}">
         <!--省略-->
   </th:block>
</div>
```

8.5　本章总结

　　本章我们设计了基于 RBAC 的权限管理模型，使用 Spring Security 进行认证和授权的管理。

　　认证有 Properties 存储用户、内存式用户和数据库存储用户三种方式，其中数据库存储用户最为常见和实用。认证中还涉及自定义登录页面、自定义处理登录和注销的路径、自定义登录时传来的用户名和密码的参数名、对登录成功和失败的处理（是返回提示页面，还是返回字符串和 JSON）等操作。另外，加密技术是认证中重要的知识点。

　　授权有三种授权管理方式：Config 配置方式、@PreAuthorize 注解方式和过滤 URL 方式。其中，Config 配置方式最简单，适用于权限简单的项目；@PreAuthorize 注解方式开发起来最为方便，适用于大多数项目的权限应用场景；过滤 URL 方式做到了权限与系统的解耦，适用于权限复杂的项目。

另外，在前后端分离的项目中，因为浏览器会认为前端服务器和后端服务器不在同一个域下，所以会出现跨域访问的问题：跨域导致无法使用 Cookie、不能使用 Cookie 导致无法使用 Session 等。这就涉及前后端分离架构下的跨域资源访问及认证、授权的解决方案，如反向代理、CORS（Cross-Origin Resource Sharing，跨域资源共享）、JSONP 等，在第 16 章会进行介绍。

第 9 章　Vue 基础

MVVM 思想从桌面应用程序转入 Web 界面开发，以及谷歌的 V8 引擎及配套技术的出现使前端工程化成为现实。以国内的行业环境为例，尤其是当 Vue 框架出现时，Web 前端开发的招聘要求已经从之前的熟练掌握 jQuery 变成熟练掌握 Vue。更有甚者，有很多后端开发工程师的岗位招聘也要求掌握基本的 Vue 开发，Vue 的流行程度和重要性可见一斑。

Vue 是一个以 MVVM 思想实现的 JavaScript 框架，其核心是提供 View、Model 的界面和数据的绑定机制。虽然当前行业中一般会使用 Vue 进行前端工程化的开发，即需要得到 NodeJS、npm、webpack 等环境的支持，但如果初学者直接这样学习 Vue，则会增加学习成本，因为这相当于将 MVVM 思想和前端工程化糅在一起学。而由于本书面对的主要是 Java 开发工程师，因此将 MVVM 思想和前端工程化（需要实现前后端分离）分开介绍。而且，在行业内有很多项目并不需要前后端分离架构设计，但这并不妨碍开发者使用 Vue。

本章使用 HTML 页面引入静态 vue.js，用的是 Vue 3 提供的选项式 API，组合式 API 会在第 12 章详细介绍。

本章参考项目：hrsys_vue，本章至第 16 章均使用数据库 hrsys3。

9.1　Vue 介绍

Vue 是 Vue.js 的简称，是开发者的一个自造词，发音等同于英文单词 View。它以数据驱动和组件化的思想构建，相比其他框架，它提供了更加简洁、更易于理解的 API，这使得它和 AngularJS、React 并称为前端三大框架。尤其是，Vue 提供了较为丰富的中文文档，这也使得它在国内得到迅速推广。

目前，Vue 最新的版本是 Vue 3，与 Vue 2 相比它有了较大的改动，主要是在性能上有了极大的提升，如更好地支持 TypeScript、推出了组合式 API 等，但 Vue 3 完全兼容了 Vue 2 的写法，如果你有 Vue 2 的开发经验，会很快上手 Vue 3。

9.1.1 MVVM 思想

早在 2005 年，微软就有工程师提出 MVVM 思想，并将它应用于.NET 的 WPF 开发中。MVVM 思想在 2009 年被 AngularJS 带入 Web 前端页面开发中，它和谷歌的 V8 引擎（2008年发布）相辅相成，最终促成了 Web 前端架构和技术的颠覆，但是这个过程并不是一蹴而就的，Web 前端真正火起来是在 2015 年左右（React 诞生于 2013 年，Vue 诞生于 2015年）。

MVVM 是一种思想，在当前实现这一思想的框架中，一般都是使用数据和视图控件进行双向绑定的技术实现的，主要目的是让开发更方便。

MVVM 思想把每个页面都分成 M（Model）、V（View）和 VM（ViewModel），其中 VM 是核心，是 M 和 V 之间的调度者。通过 ViewModel、View 和 Model 可以实现数据的相互影响，如图 9-1 所示。

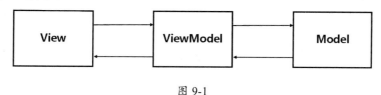

图 9-1

Model 保存的是每个页面中单独的数据，形式上可以是 JavaScript 的变量、对象和数组。

View 是指页面中的 HTML 标签控件，如 table、div、form 等标签元素。

ViewModel 充当调度者，协调 Model 和 View 之间的数据与渲染的关系，Model 和 View 不直接关联。

如果你想探究双向绑定的原理，首先要对 JavaScript DOM 编程有一定的了解。传统的 Web 前端开发方式是通过 JavaScript DOM 编程对属性赋值，并渲染得到新的页面。双向绑定技术的底层实现依然是用 JavaScript DOM 编程，一般是通过观察者模式对 Model 和 View 进行关联绑定。当 Model 的数据发生变化时，观察者模式会将 View 重新渲染。反之，当 View 通过用户的操作发生改变时，会对应修改 Model 中的数据，这样就能一直保持 Model 和 View 的一致，从而实现数据和显示控件的双向绑定。

9.1.2 前端三大框架介绍

AngularJS、React 和 Vue 都是构建用户界面的框架。它们只关注视图层，易上手，有配套的第三方类库，都能提高开发效率，减少不必要的 JavaScript DOM 操作。通过框架提供的指令，前端开发者可以只关注业务逻辑，不再需要关注页面结构的变化。

具体而言，它们有以下特点。

AngularJS：源于 Google，支持微软的 TypeScript，是一个全面、完善的工程化框架，但是学习成本很高。

React：源于 Facebook，轻量级框架，功能强大，学习起来有一定的难度，国内外使用人数都比较多。

Vue：轻量级框架，目前有较大的生态圈。相对于前两个框架，它有比较丰富的中文文档，在国内使用人数极多，在国外也有一定的市场。

9.2 DOM 编程与 MVVM 编程对比

DOM 编程和 MVVM 编程都是一种思想，对它们进行对比需要用到具体体现这两种思想的技术，其中 DOM 编程可以使用 JavaScript 和 jQuery 来实现，MVVM 编程可以使用 Vue 来实现。下面通过两个案例充分对比两者之间的差别。

9.2.1 改变元素内容案例

下面是一个通过点击按钮将 div 中的"你好"改成"Hello"的案例，如图 9-2 所示。本节会分别通过 JavaScript、jQuery 和 Vue 三种技术将其完成，让读者充分认识它们的不同之处。

你好
点击

图 9-2

使用 JavaScript 操作 DOM 元素，首先通过 document 对象提供的 getElementById()、getElementsByName()、getElementsByTagName()、getElementsByClassName() 等方法获得 HTML 元素，然后通过该元素对应的属性获得值，最后通过给该属性赋值来改变值。

JavaScript 实现：

```
<head>
  <script>
    function change(){
      let obj=document.getElementById("mes");
      obj.innerText="Hello";
    }
  </script>
```

```
</head>
<body>
<div id="mes">你好</div>
<button id="btn" onclick="change()">点击</button>
</body>
```

可以看出，JavaScript 提供的通过 document 对象查找元素的一系列方法比较烦琐，另外，直接操作对象的属性不符合面向对象封装的思想。这如果使用 jQuery 框架来完成，代码要简洁得多。需要注意的是，因为 jQuery 推荐使用事件注册的方式，所以在文档加载成功后，要在$().ready()方法的匿名函数中书写业务逻辑。

jQuery 模仿 CSS 的选择器，提供了 ID、类、标签、属性、筛选、组合的多种方式，使用起来十分方便。另外，当 jQuery 访问 HTML 元素的属性时，必须通过方法的形式，如本例的 text()方法，这遵循面向对象封装特性的设计方案。

jQuery 实现：

```
<head>
    <script src="js/jquery-3.1.0.js"></script>
    <script>
        $().ready(function(){
            $("#btn").click(function(){
                $("#mes").text("Hello");
            })
        })
    </script>
</head>
<body>
<div id="mes">你好</div>
<button id="btn" >点击</button>
</body>
```

由此可以看出，JavaScript 和 jQuery 本质上都是进行 DOM 操作，思路都是改变元素的值，即通过事件触发调用函数，在函数中找到对应的元素，并通过 API 提供的方式改变元素的属性值，只不过相对于 JavaScript，jQuery 提供了一套更加简便、强大的 API。

而如果使用 Vue 来完成相同的案例，其思想和以上两种方式则完全不同。

和 Vue 2 中的 new Vue({})对象不同，Vue 3 需要定义一个 testVue1 对象，里面有一个规定的 data()方法，为应用提供数据；定义一个 methods 对象，开发者可以在里面自定义方法。

将定义好的 testVue1 对象利用 Vue.createApp() 方法创建出一个 Vue3 应用，并通过 mount() 方法挂载到 HTML 元素上。

在 HTML 代码中，Vue 通过 v-text 指令将控件和定义在 Vue 对象中的属性变量绑定，通过 v-on:click 指令将事件和方法绑定。当方法被触发时，只需要在对应的方法中修改属性变量的值即可，因为 Vue 底层方法会自动观察到变量的变化，进而触发 DOM 操作，渲染页面。

Vue 实现：

```
<head>
    <script src="js/vue.js"></script>
</head>
<body>
<div id="container">
    <div v-text="mes"></div>
    <button v-on:click="change">点击</button>
</div>
</body>
<script>
    const testVue1={
        data() {
            return {
            mes:"Hello"
             }
        },
        methods:{
            change:function(){
                this.mes="你好";
            }
        }
    }
    Vue.createApp(testVue1).mount('#container')
</script>
```

9.2.2 表单与表格案例

jQuery 简化了 JavaScript DOM 操作，但二者的思想是一样的，所以本节不对案例进行 JavaScript 的实现。

下面通过表单和表格案例对 jQuery 和 Vue 进行对比。

案例如图 9-3 所示，首先在右侧表单区域的两个文本框中任意输入值，然后点击"增加"按钮，就能将数据动态添加到左侧表格并显示出来；当点击右侧的"删除"按钮时，则能将左侧表格的最后一条数据删除。

CODE	名称
TEST	测试
ADMIN	管理

图 9-3

使用 jQuery 来实现，首先通过它提供的选择器，如 $("#code")获取表单元素的值，然后构建由<tr><td>及两个值组成的字符串，并使用添加子元素的 append()方法将字符串追加到 Table 中。另外，直接使用 remove()方法即可实现从最后删除一条记录的效果，代码如下。

```
<head>
    <script src="js/jquery-3.1.0.js"></script>
    <script>
        $().ready(function () {
            $("#add").click(function () {
                let code = $("#code").val();
                let name = $("#name").val();
                let str = "<tr><td>" + code + "</td><td>" + name + "</td></tr>"
                $("table").append(str)
            })
            $("#delete").click(function () {
                $("tr").last().remove();
            })
        })
    </script>
</head>
<body>
<div id="container">
    <table id="left">
     <!--省略表头-->
    </table>
    <div id="right">
        <input type="text" id="code"><br/>
        <input type="text" id="name"><br/>
        <input type="button" value="增加" id="add"><input type="button" value="
删除" id="delete">
```

```
        </div>
    </div>
</body>
```

使用 Vue 来实现，首先通过 v-for 指令将 Table 和 Vue 对象中的 roles 绑定，由于 roles 是数组类型的对象，因此 v-for 指令可以将数据循环渲染到 Table 中。然后通过 v-model 指令将表单元素和属性变量进行双向绑定，作用是当用户向文本框中输入数据时，可以直接改变 Vue 对象的属性值。当"增加"按钮被触发时，将 name 和 code 的值组装成一个对象，并通过 JavaScript 数组的 push()函数将对象添加到 roles 数组中,实现新增数据在表格中的显示。删除则通过数组的 pop()函数移除数组中的最后一个数据即可，代码如下。

```html
<div id="main">
    <div style="float:left;margin-right: 20px">
        <table id="table">
        <!--省略表头-->
            <tr v-for="role in roles">
                <td>{{role.code}}</td>
                <td>{{role.name}}</td>
            </tr>
        </table>
    </div>
    <div style="float:left">
        <div>
            <form>
                <input type="text" v-model="code"/><br/>
                <input type="text" v-model="name"/>
            </form>
            <input type="button" value="增加" style="margin-left:30px" @click=
                "add"/>
            <input type="button"  value="删除" @click="deleteThis"/>
        </div>
    </div>
</div>
<script src="../js/vue.js"></script>
<script>
    const testVue2={
        data(){
            return {
                code: null,
                name: null,
                roles: []
            }
```

```
        },
    methods: {
        add: function () {
            let role = new Object();
            role.code = this.code;
            role.name = this.name;
            this.roles.push(role);
        },
        deleteRole: function () {
            this.roles.pop();
        }
    }
}
Vue.createApp(testVue2).mount('#container')
</script>
```

9.3　Vue 语法

就前后端架构而言，Thymeleaf 是在服务器后端填充数据的模板引擎，而 Vue 是在前端填充数据，但是在填充数据时，它们都需要使用自己提供的自定义指令，且指令在语法上非常相似。

9.3.1　Vue 对象和文本渲染

Vue 的指令以 "v-" 开头，其中 v-html 和 v-text 与 {{}} 语法一样，都是在闭合标签内部添加数据，但两者又有以下不同。

● v-html 指令可以在页面上显示文本及 HTML 标签。

● v-text 指令会对 HTML 标签进行转义操作，并将标签以文本的形式显示出来。

在闭合标签内部添加数据是项目开发中最常见的操作，Vue 还提供了一种简洁模板形式的语法。

```
<div>{{mes}}</div>
```

由于 {{}} 语法形似络腮胡须，因此也被称为 "胡子语法" 或 "胡子表达式"。{{}} 语法有一个好处是，当不想替换标签中所有内容时，可以使用它在特定的位置灵活书写。

```
<div>显示的信息是：{{mes}}</div>
```

以下代码的功能是在页面 div 中显示"Hello"。

```html
<div id="container">
    <div v-html="mes"></div>
</div>
<script>
const test={
    data(){
        return  {
        mes: '<h1>Hello</h1>'
        }
    }
}
Vue.createApp(test).mount('#container')
</script>
```

test 对象包含如下两个关键元素。

- data()方法：用来 return 的数据，这些数据就是和视图绑定的数据。
- methods 属性：用来定义方法，一般是在按钮等人机交互的控件上绑定事件，后续会使用到。

9.3.2 选择分支

v-if 指令可以控制内容的显示，当它绑定的值是 true 时，则显示对应的内容；当它绑定的内容是 false 时，则不显示。

```html
<div id="container">
    <div v-if="flag">
        Hello
    </div>
</div>
<script>
const test={
    data(){
        return  {
          flag: true
      }
    }
}
Vue.createApp(test).mount('#container')
</script>
```

使用 v-else 指令可以得到 else 的效果，如在上例中添加以下代码，当数据中的"flag"为"false"时，则显示"你好"。

```
<div v-if="flag">
    Hello
</div>
<div v-else>
    你好
</div>
```

v-else-if 指令提供多重选择分支的功能，如下。

```
<div id="container">
    <div v-if="type=='football'">
        足球
    </div>
    <div v-else-if="type=='basketball'">
        篮球
    </div>
    <div v-else-if="type=='volleyball'">
        排球
    </div>
    <div v-else>
        无
    </div>
</div>
<script>
const test={
    data(){
        return  {
            type: 'football'
        }
    }
}
Vue.createApp(test).mount('#container')
</script>
```

9.3.3　循环

v-for 是循环指令，格式为"自定义循环变量 in 数组"。如果要遍历的数组是 names，则定义的循环变量为 name，如下。

```
<div id="container">
    <ul v-for="name in names">
        <li>{{name}}</li>
    </ul>
</div>
<script>
const test={
    data(){
        return {
            names : ['王静','李楠','周建']
        }
    }
}
Vue.createApp(test).mount('#container')
</script>
```

也可以通过 v-for 指令遍历一个对象的属性，如下。

```
<div id="container">
    <ul v-for="prop in emp">
        <li>{{prop}}</li>
    </ul>
</div>
<script>
const test={
    data(){
        return {
         emp : {
            name:"王静",
            gender:"女",
            age:25
         }
        }
    }
}
Vue.createApp(test).mount('#container')
</script>
```

v-for 指令还提供让开发者获取属性名（key）和索引的方式。

```
<div id="container">
    <ul v-for="(prop,key,index) in emp">
        <li>{{prop}} {{key}} {{index}}</li>
    </ul>
```

```
</div>
<script>
const test={
    data(){
        return  {
         emp : {
             name:"王静",
             gender:"女",
             age:25
          }
       }
    }
}
Vue.createApp(test).mount('#container')
</script>
```

也可以通过 v-for 命令进行有限次循环的构建。

```
<div id="container'">
  <ul>
    <li v-for="n in 10">
     {{ n }}
    </li>
  </ul>
</div>
```

9.3.4　CSS 处理

v-bind 指令可以处理 class 和 style，对应的语法为 v-bind:class 和 v-bind:style，控制的分别是类选择器和 CSS 属性，值分别为 "{类选择器名称:布尔类型值}" 和 "{CSS 属性名:布尔类型值}" 的 JavaScript 对象。当布尔类型的值为 true 时，则为该元素的 class 属性添加类选择器名称，即对应名称的 CSS 类选择器可以修饰该元素，或定义的 CSS 属性可以以内联样式表的形式直接修饰该元素。

```
<style>
    .active {
        color: red
    }
</style>
<div id="container">
    <div v-bind:class="{'active':isActive}">
```

```
        Hello
    </div>
</div>
<script>
const test={
    data(){
        return  {
          isActive:true
        }
    }
}
Vue.createApp(test).mount('#container')
</script>
```

如果希望绑定多个 class 属性或 CSS 属性，则可以在 v-bind:class 或 v-bind:style 取值的 JavaScript 对象中添加多个属性和值。

```
<div v-bind:style="{'color':'blue','font-size':'24px'}">
    Hello
</div>
```

v-bind:可以简写成“:”，如 v-bind:class 可以简写成:class，v-bind:style 可以简写成:style。

9.3.5　事件

v-on:指令可以绑定事件，如 v-on:click。

```
<div id="container">
    <button v-on:click="show">点击</button>
</div>
<script>
const test={
    methods: {
        show:function(){
            console.log("hello")
        }
    }
}
Vue.createApp(test).mount('#container')
</script>
```

v-on: 可以简写成“@”，如 v-on:click 可以简写成@click。事件的修饰符有 stop、prevent、capture、self、once、passive，它们的作用分别如下。

```
<!-- 阻止点击事件冒泡 -->
<a v-on:click.stop="func"></a>
<!-- 提交事件不再重载页面 -->
<form v-on:submit.prevent="func"></form>
<!--当添加事件侦听器时，使用事件捕获模式 -->
<div v-on:click.capture="func">...</div>
<!-- 只当事件在该元素本身（而不是子元素）触发时才生效 -->
<div v-on:click.self="func">...</div>
<!-- click 事件只能点击一次 -->
<a v-on:click.once="func"></a>
<!--略-->
```

9.3.6 表单

表单和表单元素是用户通过网页和后端系统交互的重要方式，表单元素主要包含文本框、密码框、单选按钮、复选框、下拉框、按钮等控件。

v-model 指令可被用于双向表单元素与数据之间的双向绑定，之前使用的 v-text、v-for 等指令都是实现数据变化影响视图显示的效果，而表单元素不仅可以通过数据的变化影响视图显示，还可以通过用户在视图上的输入操作来改变数据，故表单元素的绑定也被称为双向绑定。

```
<div id="container">
    <input type="text" v-model="name"><br/>
    <input type="password" v-model="password"><br/>
    <input type="radio" name="gender " value="男" v-model="gender">男
    <input type="radio" name="gender " value="女" v-model="gender">女
    <input type="checkbox" value="足球" v-model="interests">足球
    <input type="checkbox" value="篮球" v-model="interests">篮球
    <input type="checkbox" value="排球" v-model="interests">排球
    <label>城市</label>
    <select v-model="city">
        <option v-for="c in citys">{{c}}</option>
    </select>
</div>
<script>
const test={
    data(){
        return  {
            name: "王静",//默认值为王静
            password: "123",//默认值为123
```

```
        gender: "女",//默认值为女
        interests:['足球','排球'],//默认选中足球、排球
        city:'深圳',//默认选中深圳
        citys:['北京','上海','广州','深圳']//下拉框中包含的所有城市
    }
  }
}
Vue.createApp(test).mount('#container')
</script>
```

9.4　Vue 项目实战

下面利用 Vue 的 MVVM 思想改造 Alan 人事管理系统，即用数据绑定技术替换原项目中 JQuery 的 DOM 操作，目的是让读者了解页面引入 Vue.js 的传统 JavaScript 开发方式，并为后续章节学习前后端分离开发的 Vue 高级打下基础。

9.4.1　Vue 环境搭建

因为 Redis 和 Spring Security 两项技术都会涉及启动 Redis 和认证授权等问题，这对学习 Vue 没有帮助，反而会产生一定的阻力，所以可以复制 hrsys_jpa 项目并重命名为 hrsys_vue。

首先，在 resources/static/js 文件夹下加入 vue.js 文件，并在 emp/show.html 页面中引入。

```
<script type="text/javascript" th:src="@{'/js/vue.js'}"></script>
```

然后，修改 emp/show.html 中的新增按钮，使用@click 绑定 showAdd()方法。

```
<button type="button" class="btn btn-primary" @click="showAdd">新增</button>
```

Vue 对象中对应的方法如下：

```
showAdd:function(){
  location.href = "showAdd";
}
```

修改和删除方法都要依赖选中表格，并取得表格中对应数据的 id，但是因为表格数据是 Thymeleaf 在后端填充好的，无法使用 Vue 在前端进行绑定，而 Vue 进行数据绑定之后可以实现 MVVM 思想，这是数据驱动渲染 UI 的前提条件，所以当前项目应该先使用 AJAX 获取后端数据，然后利用 Vue 进行绑定操作。

　　Vue 推荐使用 axios 进行 AJAX 通信，首先下载 axios.js 到 resources/static/js 文件夹下，并在 emp/show.html 页面中引入，或者使用前端常用的公共 CDN，即 unpkg 下的 axios.js。

```
<script src="https://unpkg.com/axios/dist/axios.min.js"></script>
```

　　axios 的具体使用规则会在第 12 章详细介绍，本章只是利用它和后端应用程序通信来获取数据，以进行 Vue 的数据绑定。

　　需要注意的是，此时项目的后端 Controller 接口不仅要提供 AJAX 的数据访问接口，还要提供转发页面的访问接口。如果是前后端分离的架构，则后端项目可以只提供返回 JSON 数据的 Web 接口，这种方式的接口可以进行 RESTful 风格的设计。本书会在第 10 章将后端项目的 Controller 接口改成 RESTful 风格的，为后续前后端分离架构项目做准备，但这里只是根据前端的需求灵活调整后端 Controller 层的方法。

9.4.2　员工展示

　　首先要改造后端应用程序，这样才能在项目中使用 Vue。修改 EmployeeController 类，新增一个转发 emp/show.html 视图的 show()方法。

```
@RequestMapping(value="show")
public String show() {
    return "emp/show";
}
```

　　在 EmployeeController 类中添加新的查询方法，将查询的员工列表转换成 JSON 格式的字符串，并给到浏览器。

```
@RequestMapping(value="search")
@ResponseBody
public List<Employee> search(Employee condition) {
    List<Employee> list = empService.search(condition);
    return list;
}
```

　　然后改造前端页面，在 emp/show 页面中新建 empShow 对象，并在 data()方法的返回值对象中定义数组类型的 list 属性，该属性保存 axios 从后端访问中获得的员工 JSON 对象，使用 v-for 指令将 list 和视图中的表格进行绑定。

　　在 empShow 对象的 methods 属性中定义 search()方法，该方法通过 axios 的 get()方法向后端发起一个 URL 为"emp/search"的 AJAX 请求，即最终会调用 EmployeeController 对象

的 search(Employee condition)方法，得到对应查询条件员工 JSON 格式的数据。axios 通过 then()方法设置成功的回调函数，该函数的实参对象中包含服务器的响应信息。以下面的代码为例，res 的 data 属性就是后端响应给前端的内容，即员工 JSON 格式的字符串。

mounted()函数属于 Vue 生命周期函数（也被称为钩子函数），在 Vue 应用挂载到 HTML 元素上（也可以理解成页面加载完毕）后会自动调用 mounted()函数。在本例中，通过 mounted() 函数调用了 search()方法。

```
const empShow={
    data(){
        return {
            list:[]
        }
    },
    methods: {
        search: function () {
            axios.get('search')
                .then(function (res) {
                    this.list = res.data;
                }.bind(this))
        }
    },
    mounted(){
        this.search();
    }
}
Vue.createApp(empShow).mount('#container')
```

Table 中的 tr 使用 v-for 指令进行绑定。

```
<tr class="data" v-for="emp in list">
    <td v-text="emp.number"></td>
    <!--省略其他列-->
    <td v-text="emp.dep!=null?emp.dep.name:''"></td>
</tr>
```

完成以上步骤后，访问 http://localhost:8090/emp/show 即可访问到员工的展示页面。如果想要通过 http://localhost:8090/index 访问系统，则需要将 index.html 中 iframe 的 src 值改成 emp/show。

9.4.3 条件查询

要想实现 Vue 的条件查询，就要解决查询表单中部门下拉框选值的问题。修改 DepartmentController 类的 search()方法，让其返回 JSON 格式的数据。

```
@RequestMapping("search")
@ResponseBody
public List<Department> search() {//省略方法代码逻辑
}
```

在 Vue 对象 data()方法的返回中定义 form 属性变量，用来双向绑定表单元素的值。在下拉框的构造中，选中元素的 id 由 v-model="form['dep.id']"绑定，要使用 JavaScript 的 "[]" 操作符来访问 'dep.id'属性。

```
form: {
    number: null,
    name: null,
    gender: null,
    age: null,
    'dep.id': ""
},
```

当在表单上绑定方法时，需要先使用修饰符 prevent，以防止提交表单时浏览器重新加载页面，然后使用 v-model 指令将表单元素和 form 属性进行绑定。

```
<form class="form-group" @submit.prevent="search()">
    <div class="col-sm-2">
      <input type="text" class="form-control"
          placeholder="编号" v-model="form.number">
    </div>
    <!--省略其他表单元素-->
    <div class="col-sm-2 ">
        <select class="form-control" v-model="form['dep.id']">
            <option value="">部门</option>
            <option v-for="dep in depList"
                    v-text="dep.name" v-bind:value="dep.id">
            </option>
        </select>
    </div>
</form>
```

下面改造前端的 search()方法，其中 axios 的 get()方法使用{params:{参数 1:值 1，参数

2:值 2}}的 JavaScript 对象形式向服务器传递参数，可以直接将定义的 form 对象传递过去。

```
search: function () {
  axios.get('search',{params:this.form})
    .then(function (res) {
      this.list = res.data;
    }.bind(this))
}
```

9.4.4　选中表格数据

在 Vue 对象的 data 属性对象值中新建 selectedId 属性，设置其值为-1。

```
selectedId: -1
```

在 methods 属性中新建 selectTr(id)方法，当点击表格中的某一行时，该行的员工 id 被传到该方法中。

```
selectTr:function(id) {
  this.selectedId = id;
}
```

在表格的 tr 中，加上@click="selectTr(emp.id)"，意为当点击表格中的某一行时，将 emp.id 传给 selectedTr()方法，并使用 v-bind:class 指令实现选中行的变色。当 emp.id 值等于保存的 selectedId 值时，则添加 selected 值，该值对应 CSS 的类选择器.selected，其 CSS 属性跟之前项目中的完全一致。

```
<tr class="data" v-for="emp in list"  v-bind:class="{selected:emp.id==
selectedId}" @click="selectTr(emp.id)">
   <td v-text="emp.number"></td>
   <!--省略其他列-->
   <td v-text="emp.dep!=null?emp.dep.name:''"></td>
</tr>
```

9.4.5　改造按钮与删除员工

在新增、修改、删除按钮时使用@click 指令，并绑定对应的方法。

```
<button type="button" class="btn btn-primary" @click="showAdd">新增</button>
<button type="button" class="btn btn-primary" @click="showUpdate">修改</button>
<button type="button" class="btn btn-danger" @click="deleteData">删除</button>
```

在 Vue 对象的 methods 属性中定义三个方法，其中 showAdd()方法很简单，只需要加入页面跳转的逻辑代码即可；showUpdate()方法需要加上一个是否选中行的判断，如果选中行则进行页面的跳转。

删除操作有两种实现方式：一种是传统的方式，删除之后重新定向到 emp/show 路径，即 delData()方法；另一种是先使用 axios 发起异步请求删除数据，然后重新发起查询方法，查询到的数据由 Vue 的 MVVM 进行数据渲染，即 deleteData()方法，本例使用后一种方式。

```
showAdd: function () {
  location.href = "showAdd"
},
showUpdate: function () {
  if (this.selectedId > -1) {
    location.href = "showUpdate?id=" + this.selectedId;
  } else {
    alert("请选中数据");
  }
},
delData: function () {
  if (this.selectedId > -1) {
    location.href = "delete?id=" + this.selectedId;
  } else {
    alert("请选中数据");
  }
}
deleteData: function () {
 if (this.selectedId > -1) {
   axios.get('delete', {params: {id: this.selectedId}})
     .then(function (res) {
       this.search();
     }.bind(this))
 } else {
   alert("请选中数据");
 }
}
```

9.4.6　新增员工

新增员工主要有两种方式：一种是获得部门的数据并放到下拉框中；另一种是利用 add()方法的保存功能。

修改 EmployeeController 类的 showAdd()方法并转发到 emp/add.html 页面；修改 add()
方法，使用@RequestBody 注解接收前端传来的保存数据的 JSON 对象。

```
@RequestMapping("showAdd")
    public String showAdd() {
        return "emp/add";
}
@RequestMapping("add")
@ResponseBody
public boolean add(@RequestBody Employee emp) {
}
```

需要注意的是，保存时用到的是 post 请求，因为 post 请求可以直接传递 JSON 对象，
故可以直接使用 JavaScript 对象形式，没有必要使用 dep.id 形式。

```
form: {
    number: null,
    name: null,
    gender: null,
    age: null,
    dep:{
        id:null
    }
}
```

由于 axios 的 post()方法向服务器传递的参数是 JavaScript 对象形式，故可以直接将定义
好的 form 对象传递过去。

```
axios.post('add',this.form)
    .then(function (res) {
        location.href="show"
    }.bind(this))
```

9.4.7　修改员工

修改员工也有两种方式：一种是获得部门的数据并放到下拉框中；另一种是利用update()
方法的保存功能。

修改 EmployeeController 类的 showUpdate()方法并转发到 emp/update.html；修改 update()
方法，使用@RequestBody 注解接收前端传来的保存数据的 JSON 对象。另外，再添加一个
根据 id 查询对应 Employee 对象的 searchById()方法。

```
//省略方法代码逻辑
@RequestMapping("showUpdate")
public String showUpdate(Integer id) {
}
@RequestMapping(value = "searchById")
@ResponseBody
public Employee search(Integer id) {
}
@RequestMapping(value = "update")
@ResponseBody
public boolean update(@RequestBody Employee emp) {
}
```

9.5　本章总结

本章介绍了 MVVM 思想及当前实现 MVVM 思想的前端三大框架，并通过案例对 Vue 的数据绑定和 JavaScript 的 DOM 操作做了对比。

本章详细介绍了 Vue 数据绑定的常用指令和 API，并在 hrsys_vue 项目中使用 Vue 替换原项目员工模块中的 jQuery，并利用 Vue 数据绑定机制实现简化的页面渲染开发。

至此，本书单体项目架构技术的内容介绍完了，从下一章开始进入前后端分离项目架构技术内容的介绍。

第 10 章 RESTful 与接口文档

在计算机发展历史上，最初软件只能在单机上执行。随着互联网的出现，软件面临在不同电脑上进行数据交互的情况，于是出现了经典的 C/S（Client/Server，客户端/服务器）架构软件。它们可以利用网络进行客户端与服务器之间的通信及数据交互。在 20 世纪 90 年代，万维网技术的诞生对于用户上网来说，操作方便，用户可以迅速获取自己想要的资源。这也导致了 B/S（Browser/Server，浏览器/服务器）架构系统的蓬勃发展，出现了如谷歌、淘宝网等超大型的 Web 应用系统。如果将浏览器当作一种软件，那么 B/S 架构就是一种特殊的 C/S 架构，为了解决越来越复杂的客户端调用服务器端，以及后端应用程序分布式部署、互相调用等问题，出现了 Web 服务的概念。

简单来说，Web 服务就是服务器向客户端提供服务，现有的实现方式有三类。

- SOA（Service-Oriented Architecture，面向服务架构）：它强调面向消息，如以前非常流行的 Web Service 技术就是 SOA 的一种实现。
- RPC（Remote Procedure Call，远程过程调用）：它强调面向方法，如 Java 中最常使用的 RMI（Remote Method Invocation，远程方法调用）技术。
- REST（Representational State Transfer，表征状态转移）：它强调面向资源。

当前，由于大型互联网系统大多数都是网站形式，因此网页客户端对服务器的访问是开发中需要频繁处理的工作。在最早的网站架构下，因为后端程序的 Controller 接口需要根据客户端发起的请求进行转发或重定向，而每次请求都是一个动作，所以 URL 会被定义成动词，如 Alan 人事管理系统中定义的 show、search、showAdd、add 等 URL。随着 AJAX 技术的兴起，后端网站开始既要转发页面和重定向，又要直接响应字符串的任务，此时的 URL 有时被定义成动词、有时被定义成动宾短语，甚至有时候被定义成名词，非常混乱。

因为这时候的网站架构还不是前后端分离架构，对网页的管理和服务器程序杂糅在一起，很难使用 RESTful 风格来定义 URL，所以在传统项目中使用 RESTful 风格的 URL 会显得不伦不类，而且很容易出现有歧义、需要商榷的 URL 定义。

在前后端分离架构中，前端页面由前端服务器统一维护，如 Vue 中的组件或路由；后端服务器只需要对外提供数据，即给前端网页提供 AJAX 访问的接口，并返回 JSON 格式的数据。此时，后端程序可以使用 RESTful 风格来定义 URL，一般会以功能模块的名词作为 URL，以 HTTP 的请求方法 GET、POST、PUT、DELETE 来表示行为。这样做可以很好地对项目中庞大的 URL 进行分类，访问者也会觉得简明扼要，清晰易懂。

本章参考项目：hrsys_restful 和 hrsys_swagger。

10.1　RESTful 介绍

REST 是由 Roy Fielding 博士于 2000 年在论文中提出的概念，它代表分布式服务访问的架构风格。

REST 的含义可以从以下三点来理解。

- 每一个 URL 代表一种资源。
- 在客户端和服务器之间，传递 URL 这种资源的某种表现层。
- 客户端通过 HTTP 提供请求方法，并对服务器的资源进行操作，以实现"表征状态转换"。

RESTful 就是对 REST 加上英语的形容词词尾，表示 REST 风格。在行业中，一般用 RESTful 表示在项目中实现 REST。

10.1.1　RESTful 原则

RESTful 风格的六大基本原则如下。

1. C/S 架构

数据存储在 Server 端，Client 端只供访问使用。两端彻底分离的好处是，Client 端代码的移植性和 Server 端的拓展性都变强了，且两端单独开发，互不干扰。B/S 架构是一种特殊的 C/S 架构，这里所谓的 C/S 架构不是强调客户端程序，而是强调客户端与服务器的架构模式。

2. 无状态

HTTP 请求本身就是无状态的，客户端的每一次请求都带有充分的信息，以便让服务器识别。请求所需的信息都包含在 URL 的查询参数和 header 中，服务器端能根据请求的各种参数,将响应正确地返回给客户端,无须保存客户端的状态。无状态的特征大大提高了服务端的健壮性和可拓展性。

当然,这种无状态的特征也是有缺点的,即客户端的每一次请求都必须带上相同的信息,以确定自己的身份和状态(如 Cookie),造成传输数据的冗余,但这种缺点对于性能来说,几乎是可以忽略不计的。

3. 统一的接口

统一的接口是 RESTful 风格的核心内容,这样客户端只需要关注实现接口就可以了,而且随着接口可读性的增强,开发者也更方便调用。

RESTful 接口约束包含的内容有资源识别、请求动作、响应信息,即通过 URL 表明要操作的资源,通过请求方法表明要执行的操作,通过返回的状态码表明这次请求的结果。

4. 一致的数据格式

服务器端返回的数据格式是 XML 或 JSON(当前一般都会使用 JSON),或直接返回状态码。

5. 可缓存

在万维网上,由于客户端可以缓存页面的响应内容,因此响应都应该以隐式或显式的形式被定义为可缓存,若不可缓存则要避免客户端在多次请求后用旧数据或脏数据来响应。管理得当的缓存会部分或完全除去客户端和服务器端之间的交互,进一步改善它们的性能和扩展性。

6. 按需编码

服务器端可以选择临时给客户端下发一些功能代码让其执行,从而定制和扩展客户端的某些功能。比如,服务器端可以返回 JavaScript 代码让客户端执行,以实现某些特定的功能。按需编码是 RESTful 风格的一个可选项。

10.1.2 RESTful 风格的 URL

一个典型的 RESTful 风格的接口需要通过 URL 和请求方法共同表示,如查询所有员工的接口可以定义为

```
URL: /emp    请求方法: GET
```

删除 id 为 1 的员工的 URL 可以定义为

```
URL: /emp/1    请求方法：DELETE  //id 以"/值"的形式拼接到 URL 的最后
```

新增员工的 URL 可以定义为

```
URL: /emp    请求方法：POST  //前端需要传递员工 JSON 格式的数据
```

修改 id 为 2 的员工的 URL 可以定义为

```
URL: /emp/1    请求方法：PUT  //前端需要传递员工 JSON 格式的数据
```

由此可见，要实现 REST 风格的 URL 就需要前后端协作，即前端构建 URL、指定 HTTP 请求方法、传递 JSON，后端根据 URL 和 HTTP 请求方法匹配 Controller 接口，即在 Controller 层中定义 RESTful 风格的 URL 映射方法，并且能够接收到 URL 以"/"划分的 id 参数和 JSON 格式的数据参数。

下面使用 Spring MVC 将后端应用程序的 Controller 接口改造成 RESTful 风格的接口。

10.2　Spring MVC RESTful 支持

在 MVC 架构的 Web 应用程序中，Controller 接口存在于后端应用程序中，负责接收前端传来的 URL 和调用 Model，而在三层架构下 controller 包存放 Controller 层的 Java 代码。在 SSM 和 Spring Boot 框架下，均使用 Spring MVC 对 Controller 层进行设计和开发。

Spring MVC 对 RESTful 有很好的支持，这主要通过提供一系列的注解实现。

- @Controller：声明一个处理请求的控制器。
- @RequestMapping(value="URL",method= RequestMethod.GET)：作用在类或方法上，通过 value 属性指定可以接收的 URL，通过 method 属性指定接收 HTTP 请求的方法类型。
- @ResponseBody：将响应内容转换为 JSON 格式。

使用@ResponseBody 注解可以将对象转换成 JSON 格式，如在第 4 章 hrsys_ajax 项目中使用以下方法。

```
@RequestMapping(value="searchByCondition")
@ResponseBody
public List<Employee> search(Employee condition) {
    List<Employee> list = empService.search(condition);
```

```
    return list;
}
```

方法执行完毕后，会将 List 类型的数据转换成 JSON 格式的字符串，并响应给浏览器。

```
[{
"name":"王静",
"gender": "女",
"age":25
},
{
"name":"李明",
"gender": "男",
"age":26
}]
```

通过以上三个注解可以完成 RESTful 风格接口的设计与开发工作，但 Spring MVC 为了顺应前后端分离架构的趋势，方便开发者进行 RESTful 接口的设计，又提供了以下几个注解。

- @RestController：和@Controller 注解一样声明一个处理请求的控制器，不同之处是使用@RestController 注解的类，其下的对外接口方法默认返回 JSON 格式的字符串，不需要在方法上再加@ResponseBody 注解。

其实@RestContrller 等同于@Controller 和@ResponseBody 的加强组合。

- @GetMapping：其作用等同于@RequestMapping(method= RequestMethod.GET)。
- @PostMpping：其作用等同于@RequestMapping(method= RequestMethod.POST)。
- @PutMapping：其作用等同于@RequestMapping(method= RequestMethod.PUT)。
- @DeleteMapping：其作用等同于@RequestMapping(method= RequestMethod. DELETE)。

以上四个注解可以被认为是@RequestMapping 注解的简化注解，使用它们时一般要先在类上定义 @RequestMapping(value="URL") 注解，两者搭配使用。比如，在 EmployeeController 类上定义@RequestMapping(value="emp")，则表示前端发送的请求方法是 GET 类型的，URL 为"/emp"的请求，这样 Spring MVC 便会自动匹配并调用 EmployeeController 类中由@GetMapping 注解标记的方法。

另外，为了方便接收数据，Spring MVC 还提供了以下两个注解。

- @PathVariable：其作用在方法参数上，接收在 URL 中以"/id"形式传递的 id 值。

```
@GetMapping("/{id}")
public Employee search(@PathVariable Integer id) {
    Employee emp = empService.searchById(id);
    return emp;
}
```

● @RequestBody：接收请求内容为 JSON 格式的数据，并将其转换成 Java 类型的对象。

当前端传来以下 JSON 格式的数据作为查询条件时，

```
{
"name":"王静",
"gender": "女",
"age":25
}
```

后端方法可以通过@RequestBody 注解接收到 JSON 格式的字符串，并由 Spring MVC 内部自动生成 Employee 类型的对象，且根据 JSON 格式字符串中的属性名对应给 Employee 对象的属性名赋值，做到将对象进行组装。

```
@RequestMapping(value="searchByCondition")
@ResponseBody
public List<Employee> search(@RequestBody Employee condition) {
    List<Employee> list = empService.search(condition);
    return list;
}
```

RESTful 风格的接口看起来比较复杂，会让人摸不着头脑，实际上它们使用起来非常简单，而且有很多好处。尤其是当项目较大、对外提供极多的 Web 接口时，使用 RESTful 风格的 URL 来组织管理，更能体现面向资源的好处。

10.3　RESTful 项目实战

首先，复制 hrsys_jpa 项目并重命名为 hrsys_restful，本项目在后续章节中的地位极重，因为在本项目开发完毕后，Spring Boot 应用程序就不再负责视图显示层，而是只提供 Web 访问的数据接口。在后续使用 Vue 进行前端工程化的学习中，页面会交由 Vue 管理，而对网页中的数据访问需要依赖本项目提供的接口，直到第 16 章使用 Spring Security 实现前后端分离架构下的安全设计，才会对 hrsys_restful 项目进行改造。

在前后端分离的项目下，因为后端只提供返回 JSON 格式的数据接口，不再有转发页面的作用，所以 Controller 类中方法的返回值要改成响应 JSON 格式，而不再返回 ModelAndView 类型的对象。另外，与 Thymeleaf 相关的依赖、配置和页面都要删除，static 目录下的 CSS、JavaScript 文件也要删除。

以 EmployeeController 类为例：

```
@RestController
@RequestMapping("emp")
public class EmployeeController {
    //省略代码
}
```

这样，在类上使用@RestController 注解后，方法上省略@ResponseBody 注解也能返回 JSON 格式的数据。

原 search()方法如下所示，该方法通过@RequestMapping 注解指定二级 URL，即 "emp/search"，查询数据后将数据交给 ModelAndView 对象，这个过程要查询员工数据、部门数据，还有前端传递的查询条件，并将要转发的视图路径和名称通过构造方法响应给 ModelAndView 对象。ModelAndView 对象再根据 Spring MVC 的视图管理器找到视图，并通过 Thymeleaf 模板引擎解析数据，响应给浏览器。

```
@RequestMapping(value="search")
public ModelAndView search(Employee condition) {
    ModelAndView mv = new ModelAndView("emp/show");
    List<Employee> list = empService.search(condition);
    List<Department> depList=depService.search();
    mv.addObject("list", list);
    mv.addObject("depList",depList);
    mv.addObject("c", condition);
    return mv;
}
```

RESTful 风格的 URL 对 EmployeeController 方法的调用都是通过 "/emp" 的请求，而不是通过 "emp/search"，所以要对不同的方法指定不同的请求类型，如查询操作对应的是 GET 类型的请求。另外，需要注意的是传递的参数为 JSON 类型，而不是传统的 Query Strings 类型。

通过这样的设计，可以让方法的职能变得单一，也不需要再进行视图的转发操作，故 ModelAndView 对象也没有存在的必要了。

```
@GetMapping
public List<Employee> search(@RequestBody(required=false)Employee condition){
    List<Employee> list = empService.search(condition);
    return list;
}
```

需要注意的是，在加上@RequestBody 注解后，如果前端没有响应对应的 JSON 参数，则会报 400 的参数错误。通过源码可以看到，@RequestBody 注解中 required 属性的默认值为 true。为了避免出现 400 错误，可以将其设置成 false，因为当需求中有用户不选中查询条件，即当前端传递空数据到后端时，后端应查询所有数据。

还需要注意的是，当 required = false 时，Employee 类型的 condition 对象为 null。这时，在 Service 层的 search()方法中，condition 对象会报空指针异常，故需要对其进行非空判断。

传统 HTTP GET 类型的请求不能发送 JSON 格式的数据，需要通过插件或自写程序的方式来实现。如果想要严格遵守 HTTP，则可以不给 search(Employee condition)方法中的 condition 参数加@RequestBody 注解，即前端还是继续传递正常的 Query Strings 类型的参数。

```
@GetMapping
public List<Employee> search(Employee condition) {
    List<Employee> list = empService.search(condition);
    return list;
}
```

add()方法和 update()方法如下所示，它们原本也需要指定自己对应的二级 URL 来接收 Query Strings 类型的参数，在调用 Service 层方法处理完业务逻辑后，通过重定向方式跳转到展示所有员工的页面。

```
@RequestMapping("add")
public String add(Employee emp) {
    boolean flag = empService.add(emp);
    return "redirect:search";
}
@RequestMapping(value="update")
public String update(Employee emp) {
    boolean flag = empService.update(emp);
    return "redirect:search";
}
```

将项目修改为 RESTful 风格的接口形式，统一去掉二级 URL，通过请求方法决定是进行新增操作还是进行修改操作。在设置 HTTP 请求的方法中，POST 对应新增，PUT 对应修改。规定前端传递 JSON 格式的数据，后端通过在方法参数前加@RequestBody 注解来接收 JSON 数据，该注解会自动使用 spring-boot-starter-web 依赖内置的 Jackson 工具将 JSON 格式的数据解析并生成 Java 对象。返回类型可以设为 Boolean 类型，其中 true 表示成功，false 表示失败。

```
@PostMapping
public boolean add(@RequestBody Employee emp) {
    boolean flag = empService.add(emp);
    return  flag;
}
@PutMapping
public boolean update(@RequestBody Employee emp) {
    boolean flag = empService.update(emp);
    return flag;
}
```

delete()方法和 add()方法、update()方法类似，但它只需要前端传来的 id 就可以删除数据库中的一条数据，故只接收 Integer 类型的 id。

```
@RequestMapping("delete")
public String delete(Integer id) {
    boolean flag = empService.delete(id);
    return "redirect:search";
}
```

RESTful 风格的 URL 使用拼接 id 的方式接收 id 参数，如"emp/1"，这种类型的参数需要在@DeleteMapping 注解中通过 value 属性指定，而且该值需要在方法参数中取得。Spring MVC 的规则是使用"{}"的方式表明 URL 中存在的数据，并在方法参数前使用@PathVariable 注解从 URL 中获取参数值。

```
@DeleteMapping("{id}")
public boolean delete(@PathVariable Integer id) {
    boolean flag = empService.delete(id);
    return flag;
}
```

至此，员工的新增、删除、修改、查询四个方法都修改完毕。

因为后端已经不负责管理转发页面，所以员工管理模块 Controller 类中的 showAdd()方法和 showUpdate()方法都需要删掉。而 showUpdate()方法中有一个根据 id 从 Service 层查询 Employee 数据的操作，由于该操作仍会出现在后续项目中，因此需要将其抽取并修改成一个根据 id 查询员工数据的方法。

```
@GetMapping("{id}")
public Employee search(@PathVariable Integer id) {
    Employee emp = empService.searchById(id);
    return emp;
}
```

另外，因为访问员工管理模块无可避免地会涉及所有部门，所以需要先使用 @RestController 注解对 DepartmentController 类进行修饰，然后对 search()方法进行如下改造。

```
@GetMapping
public List<Department> search() {
    List<Department> list = depService.search();
    return list;
}
```

其他类可以根据 EmployeeController 类进行改写，接下来对 EmployeeController 进行测试。

10.4　测试接口

目前，大型项目的前后端一般都有专门的工程师负责，即后端工程师在完成 Controller 接口后，一般要进行对外接口的测试，没有问题后才能交给前端使用。

IDEA 提供了 HTTP Client 测试工具，以进行集成化的测试工作。

在 IDEA 工具栏中先选择"Tools"，然后在出现的菜单中选择"HTTP Client"中的"Create Requests in HTTP Client"选项，这时会在编辑区打开一个文本化的测试编辑器，如图 10-1 所示。

图 10-1

每个测试请求都以"###"开始，编辑器右侧会自动出现绿色运行按钮，以方便对某个请求进行测试。以测试图 10-1 中的第一个请求为例，在编辑器下方会出现控制运行界面和结果展示界面，如图 10-2 所示。

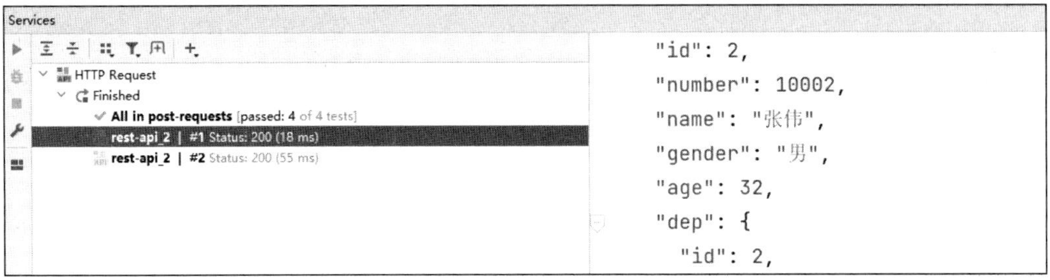

图 10-2

这种测试方法的好处是可以保存测试文件信息，不需要每次都打开程序。点击图 10-1 中左上角的"时钟"按钮，可以调出之前的测试代码。图 10-1 中的第二个测试请求是往系统中添加一个员工数据，测试代码如下所示，需要注意的是请求发送的 JSON 格式的数据需与请求头部属性之间空一行。

```
POST http://localhost:8090/emp
Content-Type: application/json

{"name":"李静","gender":"女","age":25}
```

10.5 Swagger

在实际开发过程中，后端工程师还需要给前端工程师提供与接口对应的介绍文档。如果手动去写 Word 文档，费时费力，而且传递文件也不如访问网页更便利，于是自动化的接口文档生成工具应运而生。

目前，Java 开发最常见的接口文档生成工具是 Swagger。虽然 Swagger 不是由 Spring 组织出品的，但 Spring 一直对 Swagger 有很好的支持，从 Swagger 2 的 Spring Fox 到 Swagger 3 的 Spring Doc。

Swagger 通过注解接口生成网页的在线文档，文档包括接口名、请求方法、参数、返回信息等。它的主要优势如下：

● 可以生成一个具有互动性的 API 控制台，开发者可以用来快速掌握和测试 API。

- 可以生成客户端 SDK 代码，用于在各种平台上的实现。
- 在许多不同的平台上，可以从代码注释中自动生成文件。
- 有一个强大的社区，里面有许多活跃的贡献者。

一直以来，Swagger 和 Spring 结合得非常好，尤其是在 Spring Boot 3 和 Swagger 3 时代，免去了之前必需的配置类，几乎做到了无缝衔接。

Swagger 的使用非常简单，通过在类和方法上使用其提供的注解就可以自动生成网页形式的文档。

Swagger 常见的注解如下。

@Tag：修饰整个类，标记在 Controller 层的类上。

@Operation：描述一个接口，标记在 Controller 层的方法上。

@Parameter：对单个参数的描述。

@Parameters：对多个参数的描述。

@Schema：使用 JavaBean 对象接收参数。

@ApiResponse：对 HTTP 响应的描述。

@Hidden：表示忽略这个 API。

下面进行 Swagger 项目实战，复制 hrsys_restful 项目并重命名为 hrsys_swagger。

首先，在 pom.xml 文件中加入依赖，其中 springdoc-openapi-starter-webmvc-ui 依赖可生成可视化的网页文档。

```
<dependency>
    <groupId>org.springdoc</groupId>
    <artifactId>springdoc-openapi-starter-webmvc-api</artifactId>
    <version>2.1.0</version>
</dependency>
<dependency>
    <groupId>org.springdoc</groupId>
    <artifactId>springdoc-openapi-starter-webmvc-ui</artifactId>
    <version>2.1.0</version>
</dependency>
```

在 Spring Boot 3 中，Swagger 的 Java Config 类不是必需项，在引入依赖之后，可以直接使用。

以 EmployeeController 类为例，利用@Api 注解描述类的作用、@ApiOperation 注解描述方法的作用、@ApiImplicitParam 注解和@ApiParam 注解描述参数的类型及作用，就可以完成对文档的开发。

```
//本类中的方法均省略逻辑代码展示
@RestController
@RequestMapping("emp")
@Tag(name="Employee Controller",description = "员工接口" )
public class EmployeeController {

    @Operation(summary="search all employee",description = "查询所有员工")
    @GetMapping
    publicList<Employee> search(@Parameter(required=false)
     @RequestBody(required = false) Employee condition) {
        List<Employee> list = empService.search(condition);
        return list;
    }

    @Operation(summary="search employee by id",description =
                "根据id查询单个员工")
    @GetMapping("{id}")
    public Employee search(@Parameter(description="员工id",name="id",
                        required=true) @PathVariable Integer id) {
        Employee emp = empService.searchById(id);
        return emp;
    }

    @Operation(summary="add employee",description = "添加员工")
    @PostMapping
    public boolean add(@RequestBody Employee emp) {
        boolean flag = empService.add(emp);
        return flag;
    }

    @Operation(summary="update employee",description = "修改员工")
    @PutMapping
    public boolean update(@RequestBody Employee emp) {
        boolean flag = empService.update(emp);
        return flag;
    }

    @Operation(summary="delete employee",description = "删除员工")
    @DeleteMapping("{id}")
```

```
public boolean delete(@Parameter(description="员工id",name="id"
                    ,required=true) @PathVariable Integer id) {
    boolean flag = empService.delete(id);
    return flag;
    }
}
}
```

Swagger 提供的网页版在线文档的访问网址是 http://项目的主机名:端口号/swagger-ui.html。

在如图 10-3 所示的网页界面中罗列了 Employee Controller 类所有方法对应的 Web 接口，并用不同颜色进行了区分显示，简洁易懂。

Swagger 的优势是，不仅可以提供在线网页形式的文档，而且可以基于该文档直接进行接口的测试工作，即点击某个 Web 接口，直接在网页文本框中输入数据并点击按钮即可进行测试。因为都是基于 HTTP 的测试，所以 Swagger 与 IDEA 的 HTTP Client 一样都只需要注意 URL、请求方法类型、HTTP Header 及参数的正确性。

图 10-3

10.6　本章总结

本章主要介绍 RESTful 的概念，通过项目实战将 Alan 人事管理系统改造成新项目 hrsys_restful，并对项目中对外提供的 Web 接口进行测试，生成接口文档。

其中，Web 接口实际上就是后端项目 Controller 层中由 Spring MVC 管理的 URL 映射的方法，对 Controller 层方法的测试要通过 URL 发起 HTTP 请求的方式驱动方法执行并验证运行结果。本章使用 IDEA 自带的 HTTP Client 工具进行 Web 接口测试。

当前，行业中接口文档生成工具主要是指 Swagger，即基于对 Controller 层的类和方法添加注解生成文档。Swagger 可以在线浏览接口文档，非常适合团队内部进行交流与合作，从而广受欢迎。

第11章 Vue 3+Vite+TypeScript 前端工程化

在第 9 章中，使用 Vue 向 HTML 中引入 Vue.js 仅仅是牛刀小试，离 Vue 提供的强大功能相差甚远。要想了解 Vue 的真正实力，需要通过前端工程化技术。

随着 JavaScript 生态圈技术的发展，前后端项目架构发生了重大变化，出现了可以单独开发和运维的前端项目，即前端工程化。

本章将介绍前端工程化涉及的环境及技术，以便为实现完整的前后端分离架构做准备。

本章参考项目：test_vue。

11.1 前端工程化简介

20 世纪 90 年代中后期，网景和微软的浏览器"大战"加速了 HTML、CSS、JavaScript 等前端编程语言的飞速发展，并诞生了 AJAX 通信技术。随着 Web 2.0 时代的到来，HTML、CSS 和 JavaScript 也衍生出很多优秀的框架。

11.1.1 前端工程化的必要性

在万维网流行的初期，还没有从网站开发中分离出前端开发工程师的岗位。软件开发工程师在掌握一门后端编程语言（如 Java、PHP、C#、Python）的前提下，一般还需要会使用 ExtJS、jQuery、EasyUI 等前端框架，利用模板引擎搭配 AJAX 技术完成构建页面的工作。如果页面要求特别漂亮，还需要 UI 设计师给出网站设计图，并提供设计稿中的各项素材。

最初，在移动设备的 App 开发中，不同操作系统的 App 只能通过系统支持的语言访问它提供的 API 进行开发，这样就出现了 Android 开发工程师、iOS 开发工程师等不同操作系统的 App 界面开发工程师。

如果互联网公司想推出一款产品，就界面而言，手机 App 至少需要 Android 和 iOS 两个开发团队。如果还想提供网站形式的服务，则还需要 Web 开发团队。在 Android 和 iOS 的原生开发中都提供了浏览器组件，即在 App 中内置没有地址栏的浏览器，这样可以做到将浏览器和 App 结合。只要不是界面很复杂的产品，如大型游戏等，一套产品的界面都可以使用 Web 技术进行开发。对公司而言，只需要 Web 开发工程师团队即可，节省了大量的人力成本。

11.1.2　前端工程化的现状

工程是指通过最少的人力、财力和时间完成复杂的、有实际应用价值的项目。在完成这个项目的过程中，所用到的科学和数学的方式方法，就是工程学不断积累、研究和更新的内容。在软件行业中，早在 20 世纪 60 年代就已经引入工程的概念，即软件工程。

前端工程化是指前端项目可以独立执行软件工程中所定义的整个生命周期的所有环节，包括可行性分析、需求分析、设计、开发、测试、运维。前端工程化必然面临着前后端分离的问题，即前后端独立部署，如果前端过于依赖后端，就无法实现真正的工程化。

在前端工程化下，当浏览器访问页面时，访问的是前端服务器，即由前端服务器管理页面。在页面上，如点击按钮获取 JSON 数据的操作，就是发起异步请求访问后端服务器，如图 11-1 所示架构的这种特点让后续项目的设计、开发发生了很大变化。

图 11-1

对于大部分前端开发工程师来说，主要参与软件工程的设计和开发工作，涉及对 UI 设计师的效果图进行静态网页的设计开发（如 HTML、CSS）、兼容不同浏览器产品、通过响应式和自适应让网页适应不同的设备、模块化管理（组件、路由）、异步通信、局部刷新页面等。

因为本书通过 Vue 框架进行前端工程化的开发和管理工作，所以下面通过 Vue 涉及的技术对前端工程化进行介绍。

11.2　前端工程化技术概览

多项技术的出现让前端工程化成为可能，而这些技术也是目前从事前端开发必须要掌握的核心技术。也就是说，对于 Web 前端工程师来说，它们都是必备技能。

11.2.1　ECMAScript

网景公司将 JavaScript 提供给 ECMA（European Computer Manufacturers Association，欧洲计算机制造商协会）来管理和维护。ECMA 对其制定标准，并推出了 ECMAScript（简称 ES）。ECMAScript 只是一种标准，JavaScript 是具体的实现，但 JavaScript 又包含 ECMAScript 标准之外的一些特性。在 TypeScript 出现之前，因为所用的 ECMAScript 标准实质上就是 JavaScript，所以这两个词有时候会混用。

2015 年发布的 ECMAScript 6（简称 ES6）版本是 ECMAScript 的里程碑之作，该版本弥补了之前版本的不足，并且定义了一些新的特性。因为这个时候正是前端技术发展得如火如荼的时期，所以 ECMAScript 迅速被 Web 前端开发者奉为圭臬。

11.2.2　TypeScript

在 20 世纪 90 年代的浏览器大战中，IE 浏览器战胜网景浏览器，但 JavaScript 却击败了 VBScript，导致后者基本上成为历史。VBScript 被一门由一个人在两三周时间创造出的"粗糙"语言击败，这成了微软的一个心结。

微软公司一直想要在前端语言上"卷土重来"，在沉积十多年后，于 2012 年发布了 TypeScript，简称 TS。

TS 号称是 JavaScript 的一个超集，支持 ES6 标准，设计的目的是开发大型应用。其实对于有 JavaScript 经验的开发者来说，TS 最大的优势就是解决了 JavaScript 被"广为诟病"的解释型和弱类型问题，改为编译型和强类型（因为 TS 兼容 JavaScript，所以也可以使用弱类型，但 TS 推出的目的就是改变 JavaScript 的弱类型）。

TS 的常见类型有 any（声明为 any 的变量可以被赋予任意类型的值）、number、string、boolean、数组、元组、枚举。

TS 的声明方式如下：

```
var [变量名] : [类型] = 值;
```

例如：

```
var name:string = "Alan";
```

TS 有类的概念，例如：

```
class Student{
    //属性
    name:string;

    // 方法
    show():void {
        console.log("我是学生：  "+this.name)
    }
}
```

基于类创建对象：

```
var stu=new Student();
```

你是不是感觉有点像把 JavaScript 改造成 Java 了？

这两年 TS 势头很猛，很多 JavaScript 产品的开发者都以拥抱 TS 为荣，Vue 3 就是基于 TS 开发的。

但最近情况又发生了变化，很多之前拥抱 TS 的开发者开始放弃它。因为他们反思后发现，JavaScript 之所以能够流行起来，恰恰是因为它的灵活性（也可以说是不严谨性），号称严谨性的 TS，实际上是以丧失灵活性为代价的，这本身有悖于 JavaScript 能流行起来的原因。

目前，从人数上看，国内 Vue 3 的使用者中使用 TypeScript 和 JavaScript 的平分秋色。综合考量，本书尽量使用遵循 ECMAScript 的 TypeScript 进行 Vue 3 的开发。

11.2.3 NodeJS

NodeJS 也被称为 node.js，是一个基于谷歌 V8 引擎的 JavaScript 运行环境，可以使 JavaScript 脱离浏览器环境在服务器环境中运行，但是其志向显然并不满足于此。NodeJS 宣称，它的目标是"旨在提供一种简单的构建可伸缩网络程序的方法"，从而优化当下服务器高并发连接的性能制约问题。

Java Web 开发工程师可能都知道，Java Web 的标准技术是通过 Servlet 实现的，但由于 Servlet 的实现是单例多线程的，即每接收一个请求都会开启一个线程来处理请求所需要的资源，并在处理完毕后将结果响应给浏览器。当请求增多时，线程同步增多，这样会给服务器造成压力。当然，目前 Java 也可以使用非阻塞技术避免这一问题，如 Netty。

NodeJS 解决这一问题的思路和 Netty 的一样，即提供异步的、基于事件驱动的 I/O（Input/Output，输入/输出）非阻塞式编程。NodeJS 适用于 I/O 密集型操作，不适用于 CPU 密集型操作（即内存计算）。利用 NodeJS 可以开发应用型网站，也可以将前端页面部署到 NodeJS 上，作为前端页面的服务器。

11.2.4　npm

npm 相当于 Java 中的 Maven，是 NodeJS 官方提供的包管理工具。它宣称是世界上最大的软件注册表，提供了数十万个 JavaScript 包。

npm 的中央仓库是基于 CouchDB 的一个数据库，详细记录了每个包的信息，包括作者、版本、依赖、授权等。它很重要的一个作用就是将开发者从烦琐的包管理工作（版本、依赖等）中解放出来，以便更加专注于功能的开发。

安装 NodeJS 时会一并安装 npm，在 JavaScript 开发中使用 npm 可以做到。

- 从 npm 服务器下载他人编写的第三方包到本地使用。
- 从 npm 服务器下载并安装他人编写的命令行程序到本地使用。
- 将自己编写的包或命令行程序上传到 npm 服务器供别人使用。

11.2.5　Webpack 与 Rollup

Webpack 和 Rollup 都是模块打包器，Webpack 认为 HTML、CSS、JavaScript，图片等文件都是资源，每个资源文件都是一个模块（module）。Webpack 就是根据模块之间的依赖关系，通过加载器（loader）和插件（plugins）对资源进行处理，并打包成符合生产环境部署的前端资源。

Rollup 是一个 JavaScript 模块打包器，可以将小块代码编译成复杂的大块代码。Rollup 对代码模块使用新的标准化格式，这些标准都包含在 ES6 版本中。相比 Webpack，它具有更少的功能和更简单的 API。

Vue 3 当前支持的两个构建工具：Vue CLI 基于 Webpack，Vite 基于 Rollup。

11.2.6　Babel

Babel 官网上写着"Babel is a JavaScript compiler"，翻译过来就是"Babel 是一个 JavaScript

编译器"。因为 JavaScript 在不断地推出新的版本、增加新的特性，但是浏览器并不能及时加入对 JavaScript 新特性的解析，尽管在 ES6 中增加了箭头函数、块级作用域等新的语法和 Symbol、Promise 等新的数据类型，但是它们不能马上被浏览器支持，所以为了能在现有的浏览器上使用 JavaScript 的新语法和新数据类型，需要使用 Babel 将 JavaScript 中新增的特性转换为现有浏览器能理解的形式。

11.2.7　Vue CLI

Vue CLI 是 Vue 官方提供的项目构建工具，也被称为 Vue 项目脚手架工具，利用它可以快速创建 Vue 项目，目前它提供命令行和网页形式的两种终端操作。在 Vue 3 之前的版本中，开发 Vue 前端工程化项目必然要使用到 Vue CLI，虽然 Vue 3 依然支持 Vue CLI，但从 Vue 官方的态度上看，Vite 将会取代 Vue CLI 的地位。

11.2.8　Vite

Vite 是 Vue 作者在发布 Vue 3 版本时，一并推出的 Vue 构建工具，被称为"新型前端构建工具"。它不再依赖于 Webpack，而是依赖于原生 ES，能显著提升前端开发体验。

Vite 主要由两部分组成。

开发服务器：基于原生 ES 模块，并提供了丰富的内建功能。

构建指令：使用 Rollup 打包项目代码，并且它是预配置的，可输出用于生产环境的高度优化过的静态资源。

11.3　ECMAScript 语法

下面对在 Vue 学习和使用中常见的，但在 JavaScript 语言操作中不常见的一些语法进行介绍。

11.3.1　let 和 const

ES6 新增了 let 关键字，用来声明变量。它的用法类似于 var，但是作用域不同，它声明的变量只在 let 所在的代码块内有效。

```
{
  var a = 1;
  let b = 2;
```

```
}
console.log(a);
console.log(b);
```

运行会报错误：b is not defined（b 没有被定义）。

const 声明一个只读变量，即常量。一旦声明，常量的值就不能改变。

```
const NUM = 1;
NUM = 3;
```

运行会报错误：Assignment to constant variable（给一个常量分配值）。

11.3.2　定义对象

对于绝大多数开发工程师来说，一提到面向对象就会想到类和对象，因为当前大部分编程语言的面向对象的语言级别都是通过类生成对象实现的，如 Java、C++、C#、Python。而 JavaScript 也是一门面向对象的语言，但它的语言级别是通过原型生成对象实现的。

因为基于类生成对象的方式过于普及，所以 ES6 中也加入了这种方式，即使用 class 定义类，但实质上 JavaScript 底层并没有发生变化。因此，JavaScript 基于类生成对象的方式更像是一种语法糖，最终还是会在底层基于原型生成对象。

因为 JavaScript 的灵活性和它面向对象思想设计的独特性，所以 JavaScript 生成对象的几种方法经常在行业开发中被用到。

通过 Object()方法生成对象：

```
let emp=new Object();
emp.name="王静";
emp.gender="女";
emp.age=23;
emp.show=function(){
    return this.name+" "+this.gender+" "+this.age
}
```

通过自定义构造方法生成对象：

```
function Employee(name,gender,age){
    this.name=name;
    this.gender=gender;
    this.age=age;
    this.show=function(){
```

```
      return this.name+" "+this.gender+" "+this.age
   }
}
let emp=new Employee("王静","女",23)
```

通过字面量生成对象：

```
let emp = {
   name: "王静",
   gender:"女",
   age: 23,
   show: function () {
      return this.name + " " + this.gender + " " + this.age
   }
}
```

这种方法操作方便，在行业中应用最为广泛。在以下代码中，当传给 Vue 构造方法时就传入了"{}"形式的对象，且在对象中又定义了 data 对象和 methods 对象。其中，对象的特征是由一对大括号组成的。

```
let vue = new Vue({
   el: "#container",
   data: {
      selectedId: -1,
      form: {
         number: null,
         name: null,
         gender: null,
         age: null,
         'dep.id': ""
      },
      list: [],
      depList: []
   },
   methods: {
      search: function () {
      }
   }
})
```

通过 class 定义类并生成对象：

```
//定义类
class Employee {
   //ES6 中的构造方法（类的属性，定义在构造方法中），只能有一个
```

```
  constructor(name,gender,age) {
      this.name = name;
      this.gender=gender;
      this.age = age;
  }
  show(){
      return this.name+" "+this.gender+" "+this.age;
  }
}
//生成对象
let emp = new Employee("王静","女",23);
```

11.3.3　import 和 export

import 用来导入一个模块。

import 涉及的语法要点如下。

- name：从将要导入的模块中收到的导出值的名称。
- member, memberN：从导出模块中导入指定名称的多个成员。
- defaultMember：从导出模块中导入默认导出的成员。
- alias, aliasN：别名，对指定导入成员进行的重命名。
- module-name：要导入的模块，是一个文件名。
- as：对导入成员重命名。
- from：从已经存在的模块、脚本文件等中导入。

export 用于导出函数、对象、指定文件（或模块）的原始值。

export 涉及的语法要点如下。

- name1… nameN：导出的"标识符"。导出后，可以通过这个"标识符"在另一个模块中使用 import 引用。
- default：设置模块的默认导出。设置后，import 可以不通过"标识符"直接引用默认导入。
- as：对导出成员重命名。
- from：从已经存在的模块、脚本文件等中导出。

11.3.4　箭头函数

箭头函数（Arrow Function）是 ES6 标准新增的一种函数。它和 Java 的 Lambda 表达式类似，提供简化的回调函数调用书写。

该函数之所以被称为"箭头函数"，是因为它的定义是一个由"="和">"组成的箭头样式。

```
x => x * x
```

箭头函数有两种格式：一种是只包含一个表达式，像上面的方式一样，省略{ ... }和 return；另一种是包含多条语句，不能省略{ ... }和 return。

```
x => {
    if (x > 0) {
        return x * x;
    }
    else {
        return - x * x;
    }
}
```

如果参数不是一个，而是多个，则需要用括号"()"括起来。

```
// 两个参数
(x, y) => x * x + y * y

// 无参数
() => 3.14

// 可变参数
(x, y, ...rest) => {
    var i, sum = x + y;
    for (i=0; i<rest.length; i++) {
        sum += rest[i];
    }
    return sum;
}
```

如果要返回一个对象，则下面的写法就会报错。

```
// 错误
x => { foo: x }
```

因为其和函数体的{ ... }有语法冲突，所以需要改为

```
//正确
x => ({ foo: x })
```

看上去，箭头函数是匿名函数的一种简写，但实际上，箭头函数和匿名函数相比有一个明显的区别：箭头函数内部 this 的词法作用域是由上下文确定的。

例如，在 getAge()方法中，this 还是指 obj 对象，故可以使用 this 访问 obj 的 age 属性值。但是当 this 在回调函数 success()中时，因为 this 不是由 obj 对象驱动执行的，所以无法获取 age 属性值。

```
var obj = {
    age: 25,
    getAge: function () {
        let temp= this.age; // 25
        let success= function () {
            return this.age; //无法访问 age 属性的值
        };
        return success();
    }
};
```

在箭头函数出现之前，如果有上述应用场景，一般是先定义一个变量，并将 this 的值提前赋予变量，然后通过该变量进行访问。

```
var obj = {
    age: 25,
    getAge: function () {
        let temp = this.age; // 25
        let obj=this;//将 this 赋值给 obj
        var success= function () {
            return obj.age; //可以访问 age 属性的值
        };
        return success();
    }
};
```

因为箭头函数修复了 this 的指向，即总是指向词法作用域，也就是外层调用者 obj，所以在箭头函数中使用 this 还是指向 obj。

```
var obj = {
```

```
    age: 25,
    getAge: function () {
        let temp = this.age; // 25
        var success= () =>this.age; //正常
        return success();
    }
};
```

11.4　Vue 前端工程化环境搭建

下面对 Vue 前端工程化所用的软件进行安装和环境配置。

11.4.1　安装 NodeJS

进入 NodeJS 官网，下载 Windows 版本的 NodeJS，Vite 要求 NodeJS 版本为 16+，本书使用的版本为 v16.6.2。

安装时，要注意安装目录不要放在系统盘中，也不要有中文等特殊字符，单击"Next"按钮，直到出现"Finish"按钮，即可完成安装。

安装完毕后，可以通过在 NodeJS 提供的命令窗口中输入 node -v 命令查看，如果显示版本号，则表示安装成功。

11.4.2　安装 npm

安装 NodeJS 时会默认自带 npm，可以通过 npm -v 命令查看版本号。因为 npm 的服务器在国外，通过它下载项目依赖技术的速度比较慢，所以可以通过 cnpm 设置国内镜像，如淘宝镜像。

本书使用的 npm 版本为 8.19.2。

11.4.3　WebStorm

和 IDEA 一样，WebStorm 也是 JetBrains 公司旗下的产品，是专门用来进行 Web 前端开发的集成化工具。它拥有"最强大的 Web 前端编辑器""最智能的 JavaScript 集成化开发工具"等称号。

WebStorm 在 Web 前端开发中越来越流行，虽然它是收费软件，但还是有很多人选择付费使用。

WebStorm 的界面结构与 IDEA 的非常相似，左侧是项目目录结构，右侧是编辑器，通过工具栏右上角的"运行配置"按钮可以对网页进行预览、测试。

本书使用的 WebStorm 版本为 2023.1。

11.5　使用 Vite 创建 Vue 项目

在前端工程化的项目开发目录结构下有大量的模块文件，它们由官方定义的目录结构进行管理。本书通过 Vite 来创建工程化的 Vue 项目。

11.5.1　Vite 创建项目

在某一盘符下新建存放项目的文件夹（文件夹名称不要有中文等特殊符号），以本书为例：F:\alan_projects\vue_ts_projects。首先通过命令行的方式进入该文件夹，然后使用如下命令创建 test_vue 项目。

```
npm create vite@latest
```

这时会根据情况询问是否要安装 Vite，选"y"。输入项目名：test_vue，按"回车键"。

在接下来的选项中，framework 项选择"Vue"，variant 项选择"TypeScript"，按"回车键"，完成项目的创建，如图 11-2 所示。

```
F:\alan_projects\vue_ts_projects>npm create vite@latest
Need to install the following packages:
  create-vite@4.3.2
Ok to proceed? (y) y
√ Project name: ... test_vue
√ Select a framework: » Vue
√ Select a variant: » TypeScript

Scaffolding project in F:\alan_projects\vue_ts_projects\test_vue...

Done. Now run:

  cd test_vue
  npm install
  npm run dev

F:\alan_projects\vue_ts_projects>cd test_vue

F:\alan_projects\vue_ts_projects\test_vue>npm install
```

图 11-2

根据提示，使用 cd 命令进入 test_vue 项目，并输入"npm install"命令完成项目安装，使用"npm run dev"命令启动项目，如图 11-3 所示。

通过命令行提示的 http://localhost:5173 访问 test_vue 项目，这时会出现 Vue 的欢迎页面，如图 11-4 所示。

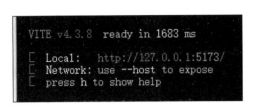

图 11-3　　　　　　　　　　　　　　　　　图 11-4

打开 WebStorm，点击菜单栏"file"选项中的"open"选项，并在弹出的文件选择器窗口中选中创建项目的上级目录"vue_ts_projects"，进行项目的导入。项目的目录结构如图 11-5 所示。

图 11-5

Vue 项目的主要文件夹和文件如下。

- node_modules：第三方依赖。
- public：公共资源。
- src：源码。
- assets：静态资源，如 CSS、img、Font 等。
- components：组件，存放自定义组件。
- App.vue：首页组件（默认组件）。
- main.ts：项目配置文件。
- package.json：项目描述，依赖配置。
- package-lock.json：版本管理使用的文件。
- README.md：项目描述。

在 WebStorm 中运行项目，需要先找到项目根目录下的 "package.json" 并右击，在出现的菜单中选择 "show npm scripts"，然后在 WebStorm 左下角的 npm 窗口中双击该项目下的 dev 命令，即可运行项目。

在 main.ts 等文件中，引入 ".vue" 后缀名的文件会报错，需要在 src/vite-env.d.ts 文件中加入如下代码。

```
declare module "*.vue" {
    import type { DefineComponent } from "vue";

    const vueComponent: DefineComponent<{}, {}, any>;

    export default vueComponent;
}
```

11.5.2　Vue 项目欢迎页面代码解析

打开 App.vue 组件，可以看到 Script、HTML 和 CSS 三部分，代码如下。

```
<script setup lang = "ts">
import HelloWorld from './components/HelloWorld.vue'
</script>

<template>
  <div>
    <! --省略-->
```

```
    </div>
    <HelloWorld msg="Vite + Vue" />
</template>


<style scoped>
//省略
</style>
```

其中，第一条语句中的 lang = "ts"是指在<script>标签内书写 TypeScript 代码，它的 setup 属性是简化 Vue 3 中组合 API 的 setup()函数的语法糖；第二条语句是指导入./components/ HelloWorld.vue 下的组件，并命名为 HelloWorld。

<template>标签表示模板，可以简单理解为 Vue 的核心功能就是将 JavaScript 定义的数据填充到模板中渲染显示。在<template>标签内可以书写 HTML 和 Vue 指令、引用 Vue 组件等。在 Vue 3 之前，<template>标签内的 HTML 标签只能有一个作为根节点，而 Vue 3 取消了这一限制。

<HelloWorld msg="Vite + Vue" />标签就是引入一个 Vue 组件，此时 App 组件和 HelloWorld 组件形成父子关系。msg 属性表示父组件为子组件传值。

打开 HelloWorld.vue，其核心代码如下。

```
<script setup lang = "ts">
import { ref } from 'vue'

defineProps<{ msg: string }>()

const count = ref(0)
</script>
<template>
  <h1>{{ msg }}</h1>

  <div class="card">
    <button type="button" @click="count++">count is {{ count }}</button>
    <p>
      Edit
      <code>components/HelloWorld.vue</code> to test HMR
    </p>
  </div>
  <!--省略-->
</template>
```

导入的{ref}是一个定义响应式基本数据类型的方法。

defineProps()方法用来定义从父组件接收的数据 msg，msg: string 表示 TypeScript 声明 msg 是字符串的语法。本例中的参数数据为"Vite + Vue"，可以在<template>标签中使用以下代码将它们显示在页面上。

```
<h1>{{ msg }}</h1>
```

ref(0)方法提供了一个响应式的数据 count，因为 stepup 语法糖的缘故，它可以直接在 <template>标签中使用。

@click 是一个点击事件，在第 9 章 Vue 基础的指令中已经介绍过。一旦触发该事件，就对 count 执行加 1 操作，并通过{{count}}在页面上实时渲染出来。

如果不使用 setup 语法糖，而使用组合式 API 方式书写，则 HelloWorld 组件中的 TypeScript 代码需要做如下定义。

```
<script>
import {ref} from 'vue'

export default {
  props: {
    msg: String,
  },
  setup() {
    const count = ref(0)
    return {count};
  }
}
</script>
```

在以上代码中，props 属性的作用是接收父组件传递的值。

setup()方法是 Vue 3 中新增的设计，被称为组合式 API（如果在<script>标签中加上 setup 属性，则是对它简化代码书写的语法糖）。

组合式 API 的设计是为了解决选项式 API 在组件内容过多后理解和维护组件变得困难的问题。即 Vue 中的 data、computed、methods、watch 等内容非常多以后，Vue 文件中针对同一业务逻辑 data 中的数据和 methods 方法"相隔甚远"，看代码时，经常需要根据 data 中的数据进行搜索并找到对应的 methods 方法，上下跳跃查看代码，非常不方便。而在 setup()

方法中，搭配响应式函数可以把 data 中的数据和 methods 方法写在相邻的位置，以方便查看和维护。

组合式 API 是 Vue 3 的一项重大新特性。

当然，Vue 3 也支持 Vue 2 的写法，即选项式 API 写法，也就是在第 9 章的页面中引入静态 Vue.js 所写的语法。HelloWorld 组件中的代码也可以这样写。

```ts
<script lang="ts">
export default {
  props: {
    msg: String,
  },
  data() {
    return {
      count: 0
    }
  }
}
</script>
```

通过对 Vue 项目默认生成的欢迎页面的组件和代码的观察，可以对 Vue 项目有初步的认识，更详细的内容将在下一章介绍。

11.6   本章总结

本章主要介绍了实现工程化的技术，并对 ECMAScript 常用的新语法进行了示例介绍，以帮助 Java 开发者快速掌握 ECMAScript 的常用语法，顺利进入后续内容的学习。在 Windows 下搭建以 Vue 为代表的前端工程化开发环境，使用 Vite 工具生成 Vue 项目并导入 WebStorm 项目中，以方便后续的开发工作。

第 12 章　Vue 高级

本章重点介绍 Vue 前端工程化开发的核心技术组件和路由，以及第三方异步通信技术 axios，将这些技术与数据绑定即可实现前端工程化，并可以实现与后端项目 hrsys_restful 进行数据交互，使其成为前后端分离的项目。

目前，Vue 3 支持三种 API 开发形式：新推出的组合式 API、setup 语法糖形式和 Vue 2 的选项式 API。组合式 API 的代码过于简洁，不利于初学者学习，但由于 Vue 2 广受欢迎，选项式 API 目前在行业中仍有广泛的应用，因此本章会先通过选项式 API 进行介绍，然后将其改造成组合式 API 和 setup 语法糖形式。

本章参考项目：test_vue_comp 和 test_vue_router。

12.1　组件

组件是 Vue 的核心构成之一，它们可以扩展 HTML 元素、封装可重用的代码，并能让开发者用独立的、可复用的小组件来构建大型应用。一个组件可以定义很多选项，最核心的如下。

- 模板：反映数据和最终展现给用户的 DOM 之间的映射关系。
- 初始数据：组件数据的初始化状态。对于可重复的组件来说，通常是私有状态。
- 接收的外部参数：组件之间通过参数进行数据的传递和共享，参数默认是单项绑定，但也可以声明为双向绑定。
- 方法：对数据的改动操作一般都在组件内进行，可以通过 v-on 指令将用户输入事件和组件方法进行绑定。
- 生命周期函数：一个组件会触发多个生命周期函数，在这些函数中可以封装一些自定义的逻辑。

下面通过具体的代码实践来更好地理解组件。

12.1.1　定义组件

WebStorm 复制 Vue 项目非常方便。复制 test_vue 项目并重命名为 test_vue_comp，且将 package.json 和 package-lock.json 两个文件中的原项目名改为新项目名。

在 test_vue_comp 项目的 src/components 目录下，新建 A.vue，该组件页面中包含一个 <div>标签，用来显示"你好，我是 A 组件"，还包含一个显示"点击"的按钮控件。当点击该按钮时，<div>标签中显示的内容就会转换为英文："Hello,this is A component"。

代码如下：

```ts
<script lang="ts">
export default {
  name: "A",
  data() {
    return {
      message: "你好，我是A组件",
    }
  },
  methods: {
    change: function () {
      this.message = "Hello,this is A component"
    }
  }
}
</script>

<template>
  <div id="container">
    <div>
      {{message}}
    </div>
    <button @click="change">点击</button>
  </div>
</template>

<style scoped>

</style>
```

可以看到，组件由 JavaScript、HTML、CSS 三部分组成，其中 HTML 被写在<template>标签下，在这个标签中同样需要定义一个根节点标签。

与第 9 章静态引入 Vue.js 不同的是，在 Script 中使用了 export default 方式导出定义的对象，export default 的作用是将组件加入组件树中，以便在项目中复用组件。

A 组件创建完毕后，有两种方式可以对此组件进行访问：一是通过配置路由的方式直接访问；二是通过在已经配置好路由的组件中引入该组件进行访问，即复用组件。

Vue 的路由将会在第 12.3 节进行介绍，下面先通过组件复用的方式对 A 组件进行访问。

12.1.2　复用组件

复用组件就像是在 Vue 项目的 App 组件中引入 HelloWorld 组件。因为 App 组件有默认的路由 "/"，所以可以通过路由地址在浏览器中访问。那么，通过在 App 组件中引入 A 组件就实现了组件的复用，即可以通过 "/" 访问到 App 组件，从而观察到 A 组件。

下面将 App 组件略加改造，让它不再引入 HelloWorld 组件，而是引入 A 组件。

```ts
<script lang="ts">
import A from './components/A.vue'
export default {
  //注册子组件
  components: {
    A
  }
};
</script>

<template>
  <A />
</template>
```

这时，访问 http://http://127.0.0.1:5173/，即可访问 App 组件，如图 12-1 所示。

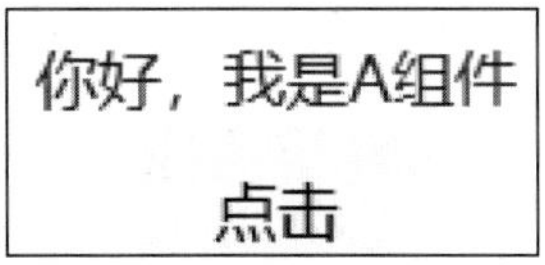

图 12-1

在 App 组件中引入 A 组件就是在使用 Vue 的复用组件技术，此时，App 组件被称为父组件，A 组件被称为子组件。

App 组件 Vue 对象中的 components 属性是注册的一个子组件，它的完整写法是通过键值对的形式构建的，如下。

```
components: {
    "comp1":A
}
```

这样，当在 HTML 中使用 components 组件时，就要用到<comp1></comp1>标签，代码如下。

```
<template>
  <comp1 />
</template>
```

如果不指定 key 值，则默认会以组件名作为 key 值，即可以使用<A></A>标签在<template>标签中插入 A 组件，上例中的代码如下。

```
components: {
    A
}
```

除了将组件名作为标签，Vue 还提供用<component>标签指定一个组件，用:is 属性指定从 data 中返回的变量，并根据变量值调用子组件的功能，代码如下。

```
<script lang="ts">
    import A from "@/components/A.vue"

    export default {
        components: {
            A
        },
        data() {
            return {
                comp: "A"
            }
        }
    };
</script>

<template>
    <component v-bind:is="comp"></component>
</template>
```

这种方式的好处是，当在父组件中不是固定使用一个子组件，而是根据情况动态地调用子组件时，v-bind:is 属性名的方式比标签名的方式更加灵活。例如，再创建一个 B 组件，并在 App.vue 完成初始化后引入 B 组件（利用 Vue 3 提供的生命周期函数 mounted()），代码如下。

```ts
<script lang="ts">
import A from "./components/A.vue"
import B from "./components/B.vue"

export default {
  components: {
    A,B
  },
  data() {
    return {
      comp:""
    }
  },
  mounted() {
    this.comp="B"
  }
};
</script>

<template>
  <div class="home">
    <component v-bind:is="comp"></component>
  </div>
</template>
```

通过代码可以看到，只需要控制 comp 变量的值，即可实现对组件的切换。

如果不使用<component>标签，仍然使用组件标签名的方式，则需要使用 v-if 指令，代码如下。

```
<template>
  <template v-if="comp=='A'">
    <A/>
  </template>
  <template v-else-if="comp=='B'">
    <B/>
  </template>
```

```
</template>
```

不难看出，这种方式比<component>标签的方式复杂。

12.1.3 组件传参

在大多数情况下，组件传参都是指父组件向子组件传参，但在某些场景中，子组件的功能处理完毕后会影响父组件，这时子组件需要向父组件传参。

在父组件向子组件传参的过程中，子组件通过 props 属性接收父组件的传参，props 属性值是一个 TypeScript 对象，在该对象中指定接收的参数名和类型。如果不限制传参的类型，则可以使用 props: [name,gender,…]的方式，这时参数类型默认是字符串。

创建一个 C 组件，接收父组件 App.vue 的传参。

```
<script lang="ts">
export default {
  name: "C",
  props: {
    name: String
  },
  data() {
    return {
      message: "你好,"+this.name+"，我是 C 组件",
    }
  },
  methods: {
    change: function () {
      this.message = "Hello,"+this.name+", this is C Component"
    }
  }
}
</script>

<template>
  <div id="container">
    <div>
      {{message}}
    </div>
    <button @click="change">点击</button>
  </div>
</template>
```

在父组件引用子组件的标签中，先通过子组件定义的参数名传递参数，其中组件名称标签和<component>标签传参都通过"参数名=值"的形式。在插入的两个组件中都使用了 name 属性，但值不同，一个是 Jim，另一个是 Tom，代码如下。

```ts
<script lang="ts">
import C from "./components/C.vue"
export default {
  components: {
    C
  }
}
</script>
<template>
  <C name="Jim"/>
  <C name="Tom"/>
</template>
```

然后通过路由地址在浏览器中访问 App 组件，页面如图 12-2 所示。

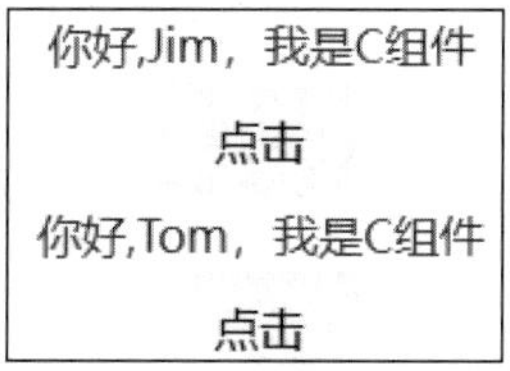

你好,Jim，我是C组件
点击
你好,Tom，我是C组件
点击

图 12-2

在子组件向父组件传参的过程中，父组件 App.vue 中使用"@"符号指定一个子组件调用父组件的 receiveMes()方法，并赋值为父组件中已定义的 changeMes()方法，即当子组件使用$emit()函数调用 receiveMes()方法时，会调用父组件中的 changeMes()方法，代码如下。

```ts
<script  lang="ts">
import D from "./components/D.vue"
export default {
  components: {
    D
  },
  data() {
    return {
      message: null,
    }
  },
```

```
  methods: {
    changeMes: function (mes) {
      this.message = mes;
    }
  },
};
</script>

<template>
    <div>{{message}}</div>
    <D  @receiveMes="changeMes"/>
</template>
```

在 D 组件中定义一个"发送消息到父组件"的按钮，当点击该按钮时，会触发 sendMes()
函数。在该函数中，$emit()函数会调用 receiveMes()函数，即在父组件引用子组件时定义的
函数，并且可以对其进行传参操作。

$emit()函数可以触发父组件中的参数，第一个参数是父组件的方法名，其后是一个变长
参数，用来对调用的父组件方法传参，子组件的代码如下。

```
<script>
export default {
  name: "D",
  data() {
    return {
      message: "你好，我是 D 组件",
    }
  },
  methods: {
    sendMes: function () {
      this.$emit("receiveMes","这是 D 组件发送到父组件的信息")
    }
  }
}
</script>
<template>
  <div id="container">
    <div>
      {{message}}
    </div>
    <button @click="sendMes">发送消息到父组件</button>
  </div>
</template>
```

效果如图 12-3 所示。

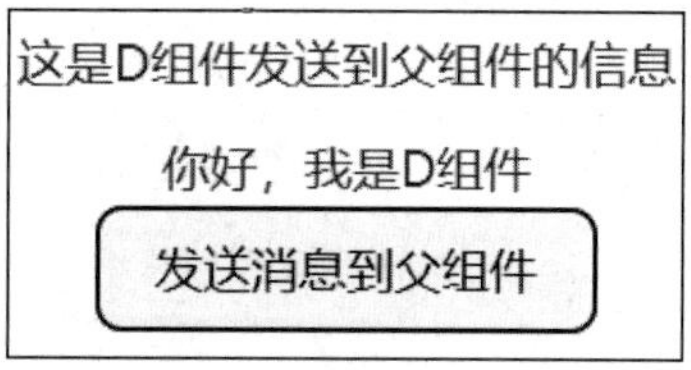

图 12-3

12.2　组合式 API 与 setup 语法糖

如果使用 ES 开发，TypeScript 和 JavaScript 的语言级别差别不大，Vue 3 对于 ES 开发者而言，最大的变化是引入组合式 API。

12.2.1　组合式 API

使用选项式 API，组件内通常由 data、computed、methods 等元素来组织逻辑，但当组件变得越来越大时，逻辑关注点的列表也会越来越长，这会导致组件难以阅读。

因此，Vue 3 引入 setup()方法用于实现组合式 API，而选项式 API 能让职能更加明确，但需要在 return 中明确模板使用的属性和方法。两者各有利弊，在行业中均有广泛应用。

从组件生命周期上看，setup()方法在组件被创建之前、props 被解析之后执行，是组合式 API 的入口。因为 setup()方法是在组件被创建之前执行的，所以它无法使用 this 获得当前对象。

以第 12.1.1 节的 A 组件为例，用组合式 API 方式定义 A1 组件。

```ts
<script lang="ts">
import {ref} from "vue";

export default {
  setup() {
    const message = ref("你好，我是 A1 组件");
    const change=function(){
        message.value = "Hello,this is A1 component";
    }
    return {message,change};
  }
}
</script>
```

```
<template>
  <div id="container">
    <div>
      {{ message }}
    </div>
    <button @click="change">点击</button>
  </div>
</template>

<style scoped>

</style>
```

其中，用 ref()函数声明响应式对象，即底层的观察者模式可以发现值的变化进而实时渲染页面。因为 Vue 3 响应式系统是通过属性访问进行追踪的，所以推荐使用 const 定义响应式变量，方法建议写成"=>"的形式。

```
const change=()=> {
  message.value = "Hello,this is A component";
}
```

在方法中，对 ref()函数响应式变量的访问需要通过"变量名.value"的形式，如果想要在<template>模板中使用这些响应式变量和方法，则需要通过 return 返回它们。

在 App 父组件中使用组合式 API 定义组件，代码基本没有变化。

```
<script lang="ts">
import A1 from './components/A1.vue'

export default {
  components: {
    A1
  }
}
</script>

<template>
  <A1/>
</template>
```

使用组合式 API 对第 12.1.3 节的组件传参进行改造，创建子组件 C1。

```
<script lang="ts">
import {ref} from "vue";

export default {
  name: "C1",
  props: {
    name: String
  },
  setup(props) {
    const message = ref("你好," + props.name + "，我是 C1 组件");
    const change = () => {
      message.value = "Hello," + props.name + ", this is Component"
    }
    return {message, change}
  }
}
</script>

<template>
  <div id="container">
    <div>
      {{ message }}
    </div>
    <button @click="change">点击</button>
  </div>
</template>
```

因为 setup()方法在组件被创建之前、props 被解析之后执行，所以仍需先定义 props，然后在 setup()方法的形式参数中传入 props。

在 App 父组件中，对 C1 组件进行传参。

```
<script lang="ts">
import C1 from "./components/C1.vue"
export default {
  components: {
    C1
  }
}
</script>
<template>
  <C1 name="Jim"/>
  <C1 name="Tom"/>
```

```
</template>
```

由以上两个案例的代码可知，虽然组合式 API 简化了选项式 API 的代码量，但随之失去的是代码的可读性。笔者作为 Java 开发工程师，习惯了 Java 代码风格的严谨性，对这种过分追求灵活的方式并不推崇。而且组合式 API 定义的属性需要通过 ref()函数和 reactive()函数才能变成响应式，而使用 ref()函数作用的属性值还需要调用 value 属性，属性和方法均需最后 return 才能在<template>标签模板中使用，并没有真正简化前端代码开发。

12.2.2　setup 语法糖

Vue 3 提供的 setup 语法糖形式的好处是，减少了组合式 API 中 setup()函数的使用和 return 语句，只需要用 ref()等响应式函数来表明<template>标签中要使用的属性即可，确实简化了代码。

使用 setup 语法糖将第 12.2.1 节中的 A1 组件进一步简化为 A2 组件。

```
<script setup>
import {ref} from "vue";

const message = ref("你好，我是 A2 组件");
const change = () => {
  message.value = "Hello,this is A2 component";
}
</script>
```

App.vue 使用 setup 语法糖方式可以省略注册子组件这一步。

```
<script setup>
import A2 from './components/A2.vue'
</script>

<template>
  <A2 />
</template>
```

使用 setup 语法糖将第 12.2.1 节中的 C1 组件进一步简化为 C2 组件，需要利用 defineProps()函数接收父组件的传参。

```
<script lang="ts" setup>
import {ref} from "vue";

const props = defineProps({name:String})
```

```
const message = ref("你好," + props.name + ",我是C2组件");
const change = () => {
  message.value = "Hello," + props.name + ", this is C2 Component"
}
</script>

<template>
  <div id="container">
    <div>
      {{ message }}
    </div>
    <button @click="change">点击</button>
  </div>
</template>
```

App.vue 使用 setup 语法糖方式：

```
<script lang="ts" setup>
import C2 from "./components/C2.vue";
</script>
<template>
  <C2 name="Jim"/>
  <C2 name="Tom"/>
</template>
```

和 setup 语法糖相比，组合式 API 更像是一种过渡。在实际开发中，组合式 API 开发实际上都是使用 setup 语法糖方式。

12.2.3　响应式函数 ref()和 reactive()

在选项式 API 中，<template>标签中使用到的属性（实现 MVVM 效果的数据绑定）都被定义在 data 中，Vue 可以识别它们。而在组合式 API 中，因为无法区分定义的普通变量和需要在<template>标签中使用的变量，所以引入了响应式变量的概念，并由 ref()和 reactive()两个函数进行创建。

如第 12.2.1 节中使用 ref()函数将 message 变量创建成响应式变量：

```
const message = ref("你好，我是A1组件");
```

在 Script 中，需要通过 "message.value" 形式使用 message，而在<template>标签中不需要调用 value。这是因为响应式变量的底层原理是基于代理模式实现的，直接为变量赋值，MVVM 系统无法获知，所以这也是为什么 Vue 3 建议将响应式变量定义为 const 常量的原因。

ref()函数针对基本数据类型，reactive()函数针对引用类型，对它们的巧妙运用会在后续的 Alan 人事管理系统开发中介绍。

12.3　路由

路由是一个比较广义和抽象的概念，其本质就是对应关系，如在 Spring MVC 中使用 @RequestMapping 注解将 URL 和方法进行映射。但是在 Java 语言中一般不使用 "路由" 这个术语，而在 JavaScript 和 PHP 等语言中，路由特指 URL 和代码文件之间的映射关系。

路由分为前端路由和后端路由。前端路由由前端服务器进行管理，如果是 SPA 单页面应用，则需要通过 Hash 值或浏览器的 History 来实现。后端路由由服务器端实现，并能完成对页面的转发。

显而易见，Vue 的路由属于前端路由。因选项式 API 更清晰易懂，本节对路由的理论介绍使用选项式 API，但在本章之后的 Alan 人事管理系统项目开发实战中，均使用 setup 语法糖方式。

12.3.1　定义路由

复制 test_vue_comp 项目并重命名为 test_vue_router，用来测试路由。

Vue-Router 组件为 Vue 提供路由服务，但 Vue 3 默认没有安装它。

在 package.json 的 "dependencies"中添加：

```
"vue-router": "^4.2.1"
```

当在 WebStorm 中触发保存时，开发工具的右下角会出现类似于 IDEA 中 Maven 的询问，即是否安装新引入的依赖，选择 "Run 'npm install'"。这时，便会触发安装依赖技术，控制台会显示下载、安装的进度。在 main.ts 中导入和注册路由。

```
import router from './router'
createApp(App).use(router).mount('#app')
```

在 Vue 项目的 src 中，先新建 router 文件夹并在 router 目录下新建 index.ts，然后在其中设计路由。

```
import {
    createRouter,
    createWebHistory
} from 'vue-router'

import A from '../components/A.vue'

const routes = [
    {
        path:'/',
        redirect:"/a"
    },
    {
        path: '/a',
        component: A
    },
]

// 创建路由对象
const router = createRouter({
        history: createWebHistory(),
    routes
})
export default router;
```

在以上代码中，导入的 createRouter() 方法用来创建 Vue 项目的路由，而 createWebHistory() 方法的作用是确定路由的形式。

Vue 支持两种形式的路由，即在浏览器地址栏显示"#"的 Hash 模式和没有"#"的 History 模式。在 Vue 2 中，History 模式的配置较为复杂，Vue 3 对 History 模式做了简化，在路由的定义中使用 createWebHistory 组件创建即可。

如果要将 History 模式切换成 Hash 模式，则需要导入 createWebHashHistory 组件。Hash 模式和 History 模式的原理在下一节介绍。

接下来是导入 A 组件，如下代码所示的导入方式也被称为及时导入。

```
{
    path: "/a",
    name: "A",
    component: () =>
        import("../components/A.vue")
```

```
        }
```

routes 定义了一个设计路由的数组。

```
const routes = []
```

在数组中，可以以添加 JavaScript 对象的形式添加路由。本例中定义了两个路由：一个是 "/" 路由，访问 URL "/"，定向到 "/a"；另一个是 "/a" 路由，访问 URL "/a"，对应的是 A 组件。

App.vue 是程序的默认入口，在它的<template>标签下加上路由视图展示标签<router-view>，即可以通过路由方式访问 A 组件。

```
<template>
  <router-view></router-view>
</template>
```

此时，从浏览器中访问 http://localhost:5173/或 http://localhost:5173/a，均会访问到 A 组件。

12.3.2　路由跳转

通过路由跳转可以实现对组件的切换，从用户的角度来说，就是页面跳转。

在 components 目录下定义 ViewA 视图组件的代码非常简单，只要在<div>中直接插入"这是 ViewA 视图组件"即可。

```
<template>
    <div id="container">
        这是 ViewA 视图组件
    </div>
</template>

<script>
    export default {
        name: "ViewA",
    }
</script>
```

同理，定义 ViewB 视图组件。

定义 ViewP 视图组件，在 ViewP 组件中定义<router-view/>标签，并通过超链接来切换

ViewA 和 ViewB 在该标签内的显示。

ViewP 的代码如下：

```
<template>
        这是 ViewP 视图组件
    <router-link to="/viewa">ViewA</router-link>
    <router-link to="/viewb">ViewB</router-link>
    <router-view/>
</template>
<script>
  export default {
      name: "ViewP",
  }
</script>
```

对这三个组件的路由进行设置：

```
const routes = [
  {
      path: "/viewp",
      name: "ViewP",
      component: () =>
          import( "../components/ViewP.vue"),
  },
  {
      path: "/viewa",
      name: "ViewA",
      component: () =>
          import( "../components/ViewA.vue")
  },
  {
      path: "/viewb",
      name: "ViewB",
      component: () =>
          import( "../components/ViewB.vue")
  }
]
```

从浏览器中访问 http://localhost:5173/viewp 会显示 ViewP 组件，并且可以通过页面的超链接，即<router-link>标签以路由的方式访问 ViewA 组件和 ViewB 组件。

Vue 提供了<router-link>标签来实现路由的跳转，而该标签又提供了 to 属性进行路由跳转路径的设置。

to 的属性值使用字符串常量的路径名，:to 的属性值使用 TypeScript 对象类型的变量。

```
<router-link :to="{name:'ViewA'}">
//或
<router-link :to="{path:'/viewA'}">
```

这种方式的好处是，可以在对象中指定是通过路由名的方式进行跳转，还是通过路径的方式进行跳转。

View 也提供了通过$this.router.push()方法实现路由跳转的功能。

```
this.$router.push('/路径')
this.$router.push({ path: '/路径' })
this.$router.push({ name: '路由名称'})
```

其中，push()方法是将路径放到浏览器的 History 记录中，所以会保留历史路径。而 Router 提供的 replace()方法也可以实现跳转功能，但其与 push()方法不同的是，浏览器不会留下历史记录。

```
<template>
    <div id="container">
        <div>这是 ViewP 视图组件</div>
        <Button @click="routerLink('ViewA')">ViewA</Button>
        <Button @click="routerLink('ViewB')">ViewB</Button>
        <router-view/>
    </div>
</template>

<script>
    export default {
        name: "ViewP",
        methods: {
            routerLink: function (viewName) {
                this.$router.push({name:viewName});
            }
        }
    }
</script>
```

以上实现路由跳转的三种方式的界面效果只有超链接和按钮的区别，但需要注意的是，切换路由是对整个组件的切换，地址栏上的 URL 也会变成相应的 ViewA 或 ViewB，如图 12-4 和图 12-5 所示。

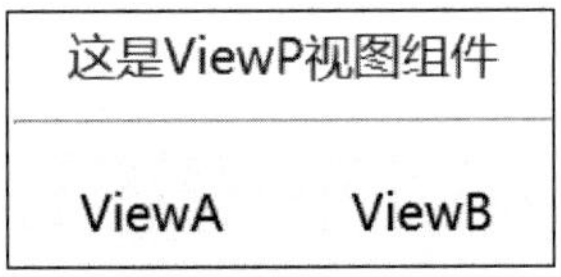

这是ViewP视图组件

ViewA　　ViewB

你好，我是ViewA组件

图 12-4

图 12-5

12.3.3　嵌套路由

假如你想通过点击某个页面的按钮来实现对浏览器网页的部分切换，并且 URL 不进行跳转，类似于 iframe 版 Alan 人事管理系统主界面的形式，则需要使用 Vue 提供的嵌套路由。

下面在 router/index.ts 中重新整理路由，首先将 name 为 ViewA 和 ViewB 的路由放到 ViewP 路由的 children 属性中，即将前两个路由作为后一个路由的子路由。

```
{
    path: "/viewp",
    name: "ViewP",
    component: () =>
        import( "../components/ViewP.vue"),
    children:[
        {
            path: "/viewa",
            name: "ViewA",
            component: () =>
                import( "../components/ViewA.vue")
        },
        {
            path: "/viewb",
            name: "ViewB",
            component: () =>
                import( "../components/ViewB.vue")
        }
    ]
}
```

然后访问/viewp，再通过超链接<router-link>点击访问 ViewA 路由，可以发现 ViewA 组件嵌套显示在 ViewP 组件中。在切换到 ViewB 路由后，会发现 ViewB 路由对应的 B 组件替换了 A 组件，但它们始终都嵌入在 ViewP 组件中进行显示，如图 12-6 所示。

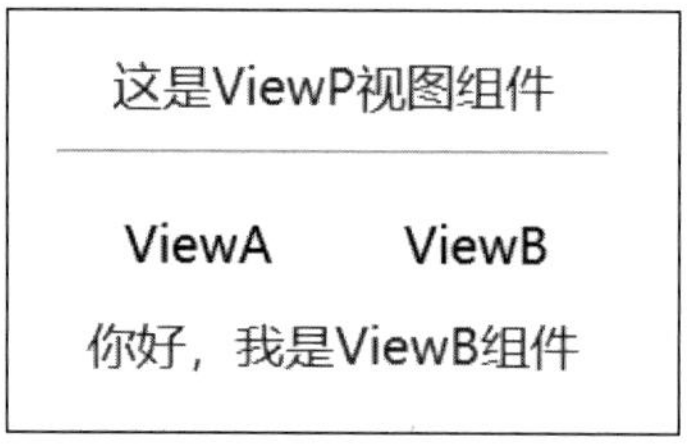

图 12-6

12.3.4 路由传参

路由的跳转实际上是对应的视图组件发生了变化，在这个过程中也是可以传参的。Vue 给调用者提供了 this.$router.push({ name: '路由名称', query: { 参数: '参数值'}})的方式进行传参。

在被路由访问调用的组件中，由$route.query 获得参数值，这在父组件中的操作如下。

```
routerLink: function (viewName) {
    this.$router.push({name:viewName,query:{id:1}});
}
```

在子组件中的操作如下。

```
export default {
  name: "ViewB",
  data() {
    return {
      id:"",
      message: "你好，我是 ViewB 组件",
    }
  },
  mounted(){
    this.id=this.$route.query.id
  }
}
```

因为路由定义的是 URL，所以也可以使用将参数名拼接在 URL 后面的方式传递参数，如 http://localhost:5173/viewb?id=1，获取参数值的方式同上。

12.4　Hash 和 History 的原理

Vue Router 提供了 Hash 和 History 两种 URL 模式，下面介绍它们的实现原理和两者之间的区别。

Hash 实现的原理是在 HTML 页面中，通过锚点定位做到无刷新跳转，因为 HTML 超链接中的锚链接可以定位到当前文档中某个元素的位置，当然只有在出现滚动条的网页上才会有效果。

例如，在 test.html 页面中有一个 id 值为 hello 的 div，那么通过设计一个锚点链接。

```
<a href="#hello">锚链接</a>
```

即可实现点击"锚链接"就定位到 id 为 hello 的 div 中。在触发锚点定位后，在原本的 URL 地址中会多出"#hello"部分，这部分在 HTML 中被称为 Hash，完整的 URL 如下。

```
http://localhost:8080/test.html#hello
```

当 URL 拼接 Hash 时会触发 hashChange 事件，其实 Hash 模式的路由就是在利用这一规则。当 Hash 变为某个预设值时，即可通过触发的事件调用函数将页面的 DOM 进行相应的改变。Hash 路由的实现原理比较简单，即对浏览器刷新时不受 Hash 值的影响，不会出现类似于 History 考虑不周全时出现的 404 错误，是前端路由插件中最常用的实现方式。

History 是通过 JavaScript BOM 编程的 window.history 对象提供的 API 进行 URL 管理的模式。

HTML 4 已经支持用 History 对象来控制页面进行历史记录的跳转，而 HTML 5 又提供了增强的方法，当前常用的方法如下。

- history.forward()：在历史记录中前进一步。
- history.back()：在历史记录中后退一步。
- history.go(n)：在历史记录中跳转 n 个步骤，其中 n=0 为刷新本页，n=-1 为后退一页。

在 HTML 5 中，window.history 对象得到了扩展，新增的 API 包括如下内容。

- history.pushState(data[,title][,url])：向历史记录中追加一条记录。
- history.replaceState(data[,title][,url])：替换当前页在历史记录中的信息。
- history.state：得到当前页的状态信息。
- window.onpopstate：是一个事件，当点击浏览器中的后退按钮或 JavaScript 调用 forward()、back()、go()方法时被触发。在监听函数中可传入 event 对象，其中 event.state 就是通过 pushState()方法或 replaceState()方法传入的 data 参数。

相对于 Hash 模式，History 模式的 URL 更加美观，更符合用户及第三方接口所理解的正确方式。

在 Vue 3 之前的版本中，History 模式不能像 Hash 模式那样直接使用，需要对服务器进行特定的配置。而 Vue 3 版本的 History 模式和 Hash 模式都可以在配置路由的 createRouter() 方法中通过使用 createWebHistory()方法和 createWebHashHistory()方法方便地使用，故本书后续均使用 History 模式。

12.5　axios

axios 是一个基于 Promise 管理的 AJAX 库，支持浏览器和 NodeJS 的 HTTP 操作，常用于发起 AJAX 请求。

axios 有以下特点：

- 在浏览器中创建 XMLHttpRequest。
- 在 NodeJS 中创建 HTTP 请求。
- 支持 Promise API。
- 支持拦截请求和响应。
- 支持转换请求数据和响应数据。
- 支持取消请求。
- 可以自动转换 JSON 数据。
- 客户端支持防御 XSRF。

实际上，axios 就是提供对应 HTTP 请求方法的一些函数，如 get()、post()、put()、delete() 等函数，通过这些函数可以先发起对应的请求，然后对处理完毕后的响应结果进行处理。

下面介绍 get()函数和 post()函数的使用方法，put()函数、delete()函数与 post()函数的使用方法一样，在此不再列举。

```
//1. get()函数
this.axios.get('url')
  .then(function (res) {
    //成功
    this.stus = res.data;//此为后端响应的数据
  }.bind(this))
  .catch(function (err) {
    if (err.response) {
```

```
            //失败
            console.log(err.response)
        }
    }.bind(this))

//2. get()函数，带参数
this.axios.get('url', {
    params: {
        参数名1: 参数值1,
        参数名2: 参数值2,
    }
})
    .then(function (res) {
        //成功
    }.bind(this))
    .catch(function (err) {
        if (err.response) {
            console.log(err.response)
        }
    }.bind(this))

//3. post()函数
this.axios.post("url", js对象)
    .then(function (res) {
        //成功
    }.bind(this))
    .catch(function (err) {
        if (err.response) {
            console.log(err.response)
        }
    }.bind(this))
```

axios 在下一章的项目实战中会被大量使用。

12.6　本章总结

本章介绍了 Vue 开发的核心，即组件、路由和第三方提供的前后端交互必不可少的 axios，这三项技术与数据绑定构成了 Vue 前端工程化开发的必备技术。

选项式 API、组合式 API、setup 语法糖是 Vue 3 推出的三种开发形式，本章对它们进行了介绍与对比，在下一章中会进行三个版本的项目实战，以便让读者更好地掌握它们。

第 13 章 Spring Boot+Vue 前后端 分离项目实战

本章将使用 Spring Boot 3+ Vue 3 实现 Alan 人事管理系统的前后端分离项目。

如果直接使用 Element Plus 等第三方的 JavaScript UI 框架，则会屏蔽掉很多 Vue 的知识点，不利于初学者学习。因此，本章会使用标准的 Vue 开发技术，即原生的 Vue 代码+HTML+CSS 进行前端项目开发，在页面修饰上会借助于 Bootstrap。

在之前的章节中，我们已经了解了选项式 API 最为规范，setup 语法糖最为简洁，而组合式 API 可以被看作两者的过渡，本章会分别使用选项式 API、组合式 API、setup 语法糖开发三版功能相同的 Alan 人事管理系统，通过项目实战让读者更好地对比三种方式的区别，以便更好地掌握 Vue 3。

本章参考项目：前端为 hrsys_options、hrsys_composition 和 hsys_setup，后端为 hrsys_restful。

13.1 选项式 API 项目实战

本项目使用原生的 Vue 开发，复制项目 test_vue_router 并重命名为 hrsys_options。虽然利用 Bootstrap 修饰，实际上还是使用 Vue 原生代码与 HTML、CSS 结合的方式进行设计和开发工作。

13.1.1 引入技术依赖

在本项目中需要引入 axios 依赖和 Bootstrap 依赖，首先引入 axios 依赖，打开 package.json 找到 dependencies 属性，在其对应的对象中加入"axios": "^0.19.0"，代码如下。

```
"dependencies": {
    //略
  "axios": "^1.4.0"
}
```

在 src 下新建 util 目录，在该目录中新建 axiosInstance.ts，并在其中配置后端服务器路径。

```
import axiosAPI from 'axios'

//使用 create({config})方法创建 axios 实例
const axios = axiosAPI.create({
    baseURL:'http://localhost:8090', //请求后端数据的地址
    timeout: 2000                    //请求超时设置，单位为 ms
})

export default axios
```

在项目中引入 Bootstrap 依赖，这与引入 axios 依赖的方式一样。在 package.json 的 dependencies 中先加入 jQuery 依赖，因为 Bootstrap 依赖于 jQuery，所以要引入 jQuery 依赖，代码如下。

```
"bootstrap": "^3.4.0",
"jquery": "^3.3.1",
"@rollup/plugin-inject": "^5.0.3",
```

@rollup/plugin-inject 的作用是扫描系统的全局变量，并进行 jQuery 的$关键字替换。

在项目根目录下的 vite.config.ts 中先配置 jQuery，添加以下代码。

```
const webpack = require("webpack");
module.exports = {
    configureWebpack: {
        plugins: [
            new webpack.ProvidePlugin({
                $: "jquery",
                jQuery: "jquery",
                "window.jQuery": "jquery",
                Popper: ["popper.js", "default"]
            })
        ]
    }
};
```

然后在 src/main.ts 中引入 Bootstrap 依赖。

```
import "bootstrap"
import "bootstrap/dist/css/bootstrap.css"
```

在 Vue 的项目中，当 Bootstrap 依赖建立<Table>标签时不能自动生成高级表格，故需要使用高级表格的形式，代码如下。

```
<table>
<thead><thead>
<tbody></tbody>
</table>
```

13.1.2   员工管理模块

因为后端程序已经开发完毕，在 IDEA 中启动第 10 章的 hrsys_restful 项目，记住它的端口号，以本书为例是 8090，页面通过 axios 获取数据就是从该后端项目中获取。

在 components 下新建 employee 文件夹，并在其中新建 Show.vue 文件，将第 9 章使用 Vue 开发的员工管理页面的 show.html 代码，按照 Vue 选项式 API 的方式重新整理并迁移进来。

其关键代码如下。

```ts
<script lang="ts">
import axios from "../../util/axiosInstance"

export default {
  name: "Show",
  data() {
    return {
      selectedId: -1,
      form: {
        number: null,
        name: null,
        gender: "",
        age: null,
        'dep.id': ""
      },
      list: [],
      depList: []
    }
  },
  methods: {
    search: function () {
      axios.get('/emp', {params: this.form})
```

```
        .then(function (res) {
          this.list = res.data;
        }.bind(this))
    },
    //略
  mounted() {
    this.search();
    this.searchDep();
  }
}
</script>

<template>
    <div id="container">
        <div class="form-horizontal">
            <form class="form-group" @submit.prevent="search()">
                <div class="col-sm-2">
                    <input type="text" class="form-control"
                            placeholder="编号" v-model="form.number">
                </div>
                <! --略-->
                <div class="col-sm-2 ">
                    <select class="form-control" v-model="form['dep.id']">
                        <option value="">部门</option>
                        <option v-for="dep in depList"
                                v-text="dep.name" v-bind:key="dep.id"
                                v-bind:value="dep.id">
                        </option>
                    </select>
                </div>
                <div class="col-sm-2">
                    <button class="btn btn-primary">搜索</button>
                </div>
            </form>
        </div>
        <table class="table table-striped table-bordered table-hover">
            <thead><! --略--></thead>
            <tbody>
            <tr class="data" v-for="emp in list" v-bind:key="emp.id"
                v-bind:class="{selected:emp.id==selectedId}"
                @click="selectTr(emp.id)">
                <td v-text="emp.number"></td>
                <! --略-->
```

```
            <td v-text="emp.dep!=null?emp.dep.name:''"></td>
        </tr>
        </tbody>
    </table>
    <div id="buttons">
        <button type="button" class="btn btn-primary" @click="showAdd">新
            增</button>
        <!--略-->
    </div>
</div>
</template>
```

根据上一步，分别创建 Add.vue 和 Update.vue 组件，因代码过多，此处不再详细介绍，可参考本书提供的源代码 hrsys_options 项目。

在 router/index.ts 中创建三个组件对应的路由：

```
const routes = [
    {
        path: "/emp/show",
        name: "EmpShow",
        component: () =>
            import( "../components/employee/Show.vue")
    },
    {
        path: "/emp/add",
        name: "EmpAdd",
        component: () =>
            import( "../components/employee/Add.vue")
    },
    {
        path: "/emp/update",
        name: "EmpUpdate",
        component: () =>
            import( "../components/employee/Update.vue")
    }
];
```

这里定义的是/emp/update 路径，是为了避免和 Department、SysUser 等模块产生命名冲突。

需要注意的是，在 Vue 项目下，对于由 v-for 指令生成的下拉框、表格行等必须加上 v-bind:key，其值一般由对应数据的 id 来填充。

前后端分离项目与第 9 章的 hrsys_vue 项目最大的不同是，路由控制页面跳转和 axios 控制从后端服务器接口获取数据。

项目的其他模块可参考员工模块完成，这里不再详细介绍。

13.1.3　解决跨域问题

此时，从浏览器访问项目会发现界面可以正常显示，但数据无法显示，通过浏览器控制台可以看到报 "No 'Access-Control-Allow-Origin' header" 的错误。引发这个错误的原因是浏览器从前端服务器，即端口号为 5173 的 URL 中得到页面，根据浏览器的同域原则，只有协议名、主机名、端口号三者一致才被认为浏览器属于同一个域，而页面中 axios 访问的是 8090 端口对应的 hrsys_restful 项目，故基于同域的安全原则，浏览器不允许程序通过 AJAX 方式访问。

本书会在第 16 章详细介绍跨域原理及解决跨域访问的多种方案，本章会使用 CROS 方式解决跨域问题，只需要在 hrsys_restful 项目所要访问的 Controller 层的类上加上 @CrossOrigin 注解即可。

```
@CrossOrigin
@RestController
@RequestMapping("emp")
public class EmployeeController {
//略
}
```

此时，项目数据可以正常显示。

13.1.4　Index 组件

在 components 下新建 index 组件，并使用<router-view>标签替代原来的 iframe，使用<router-link>标签替换原来的超链接。

```ts
<script lang="ts">
export default {
  name: "Index",
  mounted() {
    this.$router.push("/emp/show");
  }
}
</script>
```

```
<template>
    <div id="container">
        <--! 略-->
        <div id="main">
            <div id="left">
                <div class="yi">员工管理</div>
                <ul class="er">
                    <li>
                        <router-link to="/emp/show">员工管理</router-link>
                    </li>
                    <li>
                        <router-link to="/emp/add">员工添加</router-link>
                    </li>
                </ul>
                <--! 略-->
                <div class="yi">权限管理</div>
                 <--! 略-->
            </div>
            <div id="right">
              <router-view/>
            </div>
        </div>
        <div id="bottom"></div>
    </div>
</template>
```

下面将路由重新规划，所有模块的路由都应该是 Index 组件对应路由的子路由。

```
const routes = [
    {
        path: "/",
        name: "Index",
        component: () =>
            import( "../components/Index.vue"),
        children:[
            {
                path: "/emp/show",
                name: "EmpShow",
                component: () =>
                    import( "../components/employee/Show.vue")
            },
            //省略其他方法
        ]
    }
];
```

在完成以上操作后，如果运行测试成功，则表明 Vue 3 "组合式 API+Bootstrap+axios"的前端工程化项目顺利完成。

13.2　组合式 API 项目实战

组合式 API 是 setup 语法糖的一个过渡，单纯使用组合式 API 并没有减少太多代码的开发，但因为 setup 语法糖过于简略，并不合适初学者，所以本节使用组合式 API 对 Alan 人事管理系统进行改造，以便让读者通过该"过渡"更好地在下一节使用 setup 语法糖进行实战。

复制项目 hrsys_options 并重命名为 hrsys_composition。

因为使用组合式 API 无须额外进行环境配置，所以无须改变 axios、Bootstrap、路由的配置。

无论是组合式 API 还是 setup 语法糖，都是对 Vue 组件的 TypeScript 代码进行改造，并不涉及<template>和<style>标签里的内容。

对 Index 组件的改造如下：

```ts
<script lang="ts">
import {onMounted} from "vue";
import {useRouter} from "vue-router";

export default {
setup(){
  const router = useRouter();
  onMounted(()=>{
   router.push("/emp/show");
  })
},
}
</script>
```

观察以上代码，由于在 setup()方法中无法使用 this，所以不能像选项式 API 那样通过 this.$router 的方式获取路由对象，Vue 3 提供了通过 useRouter()方法获取路由对象的功能。

对 Employee 组件的改造如下：

```
<script>
```

```javascript
import axios from "../../util/axiosInstance"
import {onMounted, ref,reactive} from "vue";
import {useRouter} from "vue-router";

export default {

  setup() {
    const router = useRouter();
    const selectedId = ref(-1);
    const datas=reactive({
     form :{
       number: null,
       name: null,
       gender: "",
       age: null,
       'dep.id': ""
     },
     list:[],
     depList:[]
   })

    const search=()=> {
      axios.get('/emp', {params: datas.form})
         .then((res)=> {
           datas.list=res.data ;

         })
    }

   //省略其他方法

    onMounted(() => {
      search();
      searchDep();
    })
    return {
      selectedId, datas, search, searchDep, selectTr, showAdd, showUpdate,
      deleteData
    }
  }
}
</script>
```

　　巧妙地使用 reactive()函数是简化响应式对象操作的关键，如在以上代码中，定义响应式常量 datas，但 datas 对象内部定义的 form 属性、list 属性才是<template>标签中真正被使用的数据，所以不需要依赖 Vue 3 提供的复杂 API 操作来改变响应式常量的值，直接通过 datas.form 形式赋值即可。

　　当然，这样的设计需要在模板中分别以 datas.form 和 datas.list 的方式使用 form 和 list。

```
<select name="gender" class="form-control" v-model="datas.form.gender">
    <option value="">性别</option>
    <option value="男">男</option>
    <option value="女">女</option>
</select>
```

13.3　setup 语法糖项目实战

　　与组合式 API 方式相比，setup 语法糖带来的简便是省略了定义导出对象、setup()方法书写、return 响应式常量。虽然省略的代码不多，但这可以让开发者不用去关注需要 return 哪些响应式常量给模板使用，给实际项目开发带来了巨大的方便。

```ts
<script lang="ts" setup>
import axios from "../../util/axiosInstance"
import {ref, reactive} from "vue";
import {useRouter} from "vue-router";

const router = useRouter();
const selectedId = ref(-1);
const datas = reactive({
  form: {
    number: null,
    name: null,
    gender: "",
    age: null,
    'dep.id': ""
  },
  list: [],
  depList: []
})

const search = () => {
  axios.get('/emp', {params: datas.form})
```

```
    .then((res) => {
      datas.list = res.data;

    })
}

//省略其他方法

search();
searchDep();
</script>
```

因为<script>标签中的代码是从上往下解释执行的，所以不需要在生命周期 onMounted()
方法中调用 search()方法和 searchDep()方法，直接调用它们即可。

13.4 本章总结

本章使用 Vue 3 提供的选项式 API、组合式 API 和 setup 语法糖三种方式分别开发了 Alan
人事管理系统项目，旨在让读者掌握这三种方式。因为选项式 API 最为严谨规范，建议初
学者从选项式 API 学起。

本章后续 Vue 项目均使用 setup 语法糖方式进行开发。

第 14 章　Element Plus

　　同样都是网站形式的系统，京东、淘宝网的页面一般都绚丽多彩，而公司、组织内部使用的系统，如医院的 HIS 系统、企业的 ERP 系统、学校的教务管理系统的界面一般都很简洁、大方。这是因为后者注重的是网站本身所提供的功能，而这些功能可以帮助组织内部人员更高效地完成工作，而且该网站的用户群体一般是固定的，并不需要靠网页的美观来吸引无关人员使用。

　　以上所说的公司、组织内部使用的网站可以被统称为管理系统网站，因为针对这些不同的系统可以使用相似甚至相同的 UI，所以有些技术公司和组织专门推出了 UI 框架供开发者使用，如 Alan 人事管理系统使用的 Bootstrap，就是 Twitter 公司推出的开源 CSS UI 框架。

　　前面已经介绍过 CSS UI 框架和 JavaScript UI 框架的不同，JavaScript UI 框架不仅可以做到快速搭建 UI 界面，还可以利用它提供的 API 快速在控件中显示数据。以 Vue 为例，有很多优秀的 JavaScript UI 框架为其提供了 UI 设计的便利，如 Element Plus、Vuetify、Vant、iView 等。

　　本章使用 Vue 开发中最为流行的 JavaScript UI 框架——Element Plus 进行 UI 设计。

　　本章参考项目：前端为 hrsys_ep，后端为 hrsys_restful。

14.1　Element Plus 介绍

　　Element Plus 是国内饿了么公司推出的一套开源的、基于 Vue 的 UI 框架。它之前的版本名称就是大名鼎鼎的 Element UI，为了配合 Vue 3 的出品，它的新版本更名为 Element Plus。因为现在市面上 Vue 2 仍有很广泛的使用，所以 Element UI 仍在为 Vue 2 提供服务。

　　Element Plus 不仅提供了静态 UI 控件，而且提供了一套更加方便的绑定数据的 API。它的定位和 Bootstrap 的不一样，除了提供 CSS 的修饰，还提供更加便利的控件操作方法。

除了少数变动，Element Plus 在提供的组件所使用的 API 上几乎和 Element UI 完全一致。旧有的 Element UI 项目通过稍加改造就可以成为 Element Plus 项目。

14.1.1 Element Plus 特点

1. 一致性

与现实生活一致：与现实生活的流程、逻辑保持一致，遵循用户习惯的语言和概念。界面中所有的元素和结构需要保持一致。

2. 反馈

控制反馈：通过界面样式和交互动效让用户可以清晰地感知自己的操作。

页面反馈：操作后，通过页面元素的变化清晰地展现页面的当前状态。

3. 效率

简化流程：操作流程简单、直观。

清晰明确：语言表达清晰且表意明确，让用户能快速理解进而做出决策。

帮助用户识别：界面简单直白，能让用户快速识别而非回忆，减少用户的记忆负担。

4. 可控

用户决策：根据场景可给予用户操作建议或安全提示，但不代替用户进行决策。

结果可控：用户可以自由地进行操作，包括撤销、终止当前操作等。

14.1.2 Element Plus 案例

通过 Element Plus 官网的"组件"导航，可以看到 Element Plus 提供了布局、容器、图标、按钮、表格、树形、导航、菜单等一系列网页常见的 UI 控件，以树形控件为例，可以做出图 14-1 所示的树形结构。点击图中右下角的"<>"，即可看到树形结构对应的源代码。

通过代码及网页最下面对 API 的介绍可以看出，Element Plus 通过提供<el-tree >标签来定义一棵树，树中的:data 属性用于绑定数据来源，:props 属性用于指定节点的显示信息和控制是否有子节点，而 node-click 是一个事件，用于绑定点击树形控件中的叶子节点时调用的函数。

图 14-1

在以上<el-tree>标签中，属性名前都加了冒号，用来表示属性的值是一个变量，即在 Vue 对象中定义的属性或方法。如果不加冒号，则表示常量，即该属性的值是某个字符串类型的常量。

14.1.3　搭建环境

复制 hrsys_setup 项目并重命名为 hrsys_ep，首先去掉与 Bootstrap、jQuery 相关的依赖和配置，并在 package.json 的 dependencies 中加入 element-plus 依赖和它的图标依赖。

```
"element-plus": "^2.3.5",
"@element-plus/icons-vue": "^2.1.0",
```

然后根据提示通过 npm 安装 Element Plus，并在 src/main.ts 中导入 Element Plus。

```
import ElementPlus from 'element-plus';
import 'element-plus/dist/index.css'
import * as ElementPlusIconsVue from '@element-plus/icons-vue'
const app=createApp(App)
app.use(ElementPlus)
for (const [key, component] of Object.entries(ElementPlusIconsVue)) {
    app.component(key, component)
}
app.use(router).mount('#app')
```

因为 Element Plus 默认为移动端尺寸，所以需要将 src/style.css 下<body>标签选择器中的 display: flex 去掉。

14.2 Element Plus 项目实战

本章使用 Element Plus 完成的 Alan 人事管理系统界面的设计风格和使用 Bootstrap 完成的是一致的，只是使用 Element Plus 替换了 Bootstrap。通过这种对比，让读者感受一下使用 Element Plus 进行 Vue 开发的优势。

14.2.1 首页布局

在 src/components 下新建 Index.vue 组件并对其设置路由，让这个组件对应的 URL 为"/"。Index.vue 组件的整体布局设计为上、中、下结构，中间区域分为左侧的菜单和右侧的内容区域，通过官网上"Container 布局容器"指南的提示及案例代码，对它稍加改造可以设计出图 14-2 所示的首页。

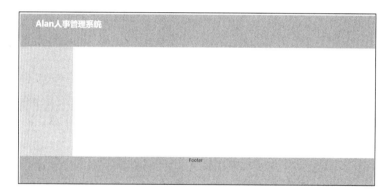

图 14-2

对应的代码如下：

```
<template>
  <el-container>
    <el-header style="height:120px">
      <div id="top">
        <div id="logo">Alan 人事管理系统</div>
      </div>
    </el-header>
    <el-container>
      <el-aside width="200px">
      </el-aside>
      <el-main>
      </el-main>
```

```
    </el-container>
    <el-footer style="height:120px"></el-footer>
  </el-container>
</template>


<style scoped>
.el-header, .el-footer {
  background-color: #B3C0D1;
  color: #333;
  text-align: center;
}

.el_aside {
  height: 460px;
}

.el-main {
  background-color: #fff;
  color: #333;
  text-align: center;
}

#top {
  clear: both;
  height: 80px;
  text-align: left;
}

#top #logo {
  color: #fff;
  font-size: 30px;
  font-weight: bold;
  padding: 15px 0 0 40px;
}
</style>
```

14.2.2 导航栏

在页面的左边设计一个竖形菜单，使用的是 Element Plus 的"Menu 菜单"提供的导航控件。

在 Index.vue 左侧边栏布局的<el-aside>标签中添加如下代码，完成左侧边栏竖形菜单的开发，并利用 Element Plus 提供的"Icon 图标"修饰，如图 14-3 所示。

```html
<el-menu>
  <el-menu-item>
    <el-icon><Ship/></el-icon>
    <span>欢迎页面</span></el-menu-item>
  <el-menu-item index="employee">
    <el-icon><Star/></el-icon>
    <span><router-link to="/emp/show">员工管理</router-link></span>
  </el-menu-item>
  <el-menu-item index="department">
    <el-icon><OfficeBuilding/></el-icon>
    <span>部门管理</span></el-menu-item>
  <el-sub-menu index="permission_management">
    <template #title>
      <el-icon><Setting/></el-icon>
      <span>权限管理</span>
    </template>
    <el-menu-item-group>
      <el-menu-item index="user">
        <el-icon><User/></el-icon>
        <span>用户管理</span></el-menu-item>
      <el-menu-item index="role">
        <el-icon><EditPen/></el-icon>
        <span>角色管理</span></el-menu-item>
      <el-menu-item index="permission">
        <el-icon><Bell/></el-icon>
        <span>权限管理</span></el-menu-item>
    </el-menu-item-group>
  </el-sub-menu>
</el-menu>
```

图 14-3

14.2.3　表格

在 src/components 下新建 employee 文件夹并在其中新建 Show.vue 组件。在项目的路由中，设置该组件的路由为 Index 路由的子路由，访问该组件的 URL 为"/emp/show"。其实，当前项目的路由和 hrsys_setup 项目的是完全一致的，路由的配置也可以直接进行复制。

官网上提供了"Table 表格"控件用来快速构建表格，并提供了多种样式的表格显示。在本项目中构建了一个带边框的表格，对员工数据进行展示，如图 14-4 所示。

编号	姓名	性别	年龄	部门
10001	王悦	女	23	产品部
10002	张婕	女	12	测试部
10003	王聪	男	23	测试部
10004	刘海	男	25	开发部
10005	李越	男	26	产品部
10006	杨静	女	25	开发部

图 14-4

以上表格所对应的代码如下：

```ts
<script setup lang="ts">
import axios from "../../util/axiosInstance"
import {onMounted, ref, reactive} from "vue";
import {useRouter} from "vue-router";

const router = useRouter();
const selectedId = ref(-1);
const datas = reactive({
  form: {
    number: null,
    name: null,
    gender: "",
    age: null,
    'dep.id': ""
  },
  list: [],
})
```

```
const search = () => {
  axios.get('/emp', {params: datas.form})
      .then((res) => {
        datas.list = res.data;
      })
}
const selectTr = (obj) => {
  if (obj != null) {
    selectedId.value = obj.id;
  }
}

search();
</script>

<template>
  <div id="container">
    <el-row>
      <el-table:data="datas.list" border style="width:100%"
        highlight-current-row @current-change="selectTr">
        <el-table-column prop="number"  label="编号" width="200">
        </el-table-column>
        <el-table-column prop="name" label="姓名" width="200">
        </el-table-column>
        <el-table-column prop="gender" label="性别" width="200">
        </el-table-column>
        <el-table-column prop="age" label="年龄" width="200">
        </el-table-column>
        <el-table-column prop="dep.name" label="部门" width="200">
        </el-table-column>
      </el-table>
    </el-row>
    <el-row style="margin-top:10px;text-align: left">
      <el-button type="primary" v-on:click="showAdd">新增</el-button>
      <el-button type="primary" v-on:click="showUpdate">修改</el-button>
      <el-button type="primary" v-on:click="deleteData">删除</el-button>
    </el-row>
  </div>
</template>
```

<el-table>是 Element Plus 提供的表格控件标签，其中:data 属性是该表格绑定的数据，在本项目中绑定的是 datas.list；border 的作用是让表格有横纵边框；highlight-current-row 的作用是使点击选中的行呈高亮显示。

这时，你会发现 Element Plus 表格数据的填充不再像 Vue 标准语法中需要通过 v-for 指令去构建，而是使用:data 属性做了一层封装，从而简化了表格的开发工作。对于表格中每一列的数据显示，是通过<el-table-column>标签的 prop 属性和 label 属性指定列显示的，其中 prop 属性指定遍历 List 对象中在该列应显示的属性值，label 属性指定表格的列名。

相对于原生HTML中通过点击 Table 表格控件的行来直接绑定@click事件，Element Plus 提供了@current-change 事件来表示对当前选中的改变，即给它绑定 selectTr()函数就可以实现选中某行并得到该行的数据，从而获取 id 值。但是需要注意的是，因为 Element Plus 的 Table 控件不需要使用 v-for 指令遍历数据来生成 Table，所以在<el-table>标签中不能像在 hrsys_setup 项目中那样传递对应行数据的 id 值。而@current-change 事件会调用函数传递当前行数据的参数，并在 selectTr()函数中定义接收的数据，间接获取 id 值。

```
const selectTr = (obj) => {
  if (obj != null) {
    selectedId.value = obj.id;
  }
}
```

14.2.4　查询表单

在本章项目的开发中，不将查询功能单独列为一个组件，而是将它放在 Show.vue 中。在下一章 RIA 富客户端项目的开发中，会将查询功能做成一个独立的组件。

将<div id="container">作为根节点，并做如下定义。

```
<template>
    <div id="container">
        <el-row>
            <!--搜索表单-->
        </el-row>
        <el-row>
            <!--表格-->
        </el-row>
        <el-row>
            <!--增删改按钮-->
        </el-row>
    </div>
</template>
```

其中,<el-row>是 Element Plus 提供的设置横向和纵向布局的标签,作用等同于 Bootstrap 的栅格化,具体请参考官网上的"Layout 布局"。在第一个<el-row>标签中放置表单,在第二个<el-row>标签中放置表格。

通过 Element Plus 提供的"Form 表单"控件中的"行内表单"样式来搭建基本的布局,参考它的表单元素控件,并选择"Select 选择器"控件对查询表单中的性别和部门做下拉框的设计。

搜索表单对应的代码如下:

```html
<el-form :inline="true" :model="datas.form" class="demo-form-inline">
  <el-form-item>
    <el-input v-model="datas.form.number" placeholder="编号"></el-input>
  </el-form-item>
  <el-form-item>
    <el-input v-model="datas.form.name" placeholder="姓名"></el-input>
  </el-form-item>
<!--省略相似代码-->
    <el-select v-model="datas.form['dep.id']" placeholder="部门">
      <el-option label="部门" value=""></el-option>
      <el-option v-for="dep in datas.depList" :key="dep.id"
        :label="dep.name" :value="dep.id"></el-option>
    </el-select>
  </el-form-item>
  <el-form-item>
    <el-button type="primary" @click="search">查询</el-button>
  </el-form-item>
</el-form>
```

在 form 表单中,通过设置":inline="true""可以使表单元素横向排列。

搜索表单和员工数据表格的最终效果,如图 14-5 所示。

图 14-5

由此可见，在使用上大部分的表单元素和原生的 HTML 是一样的，只有下拉框是通过:label 属性设置显示的选项值。

14.2.5　按钮

参考"Button 按钮"控件，在第三个<el-row>标签中添加三个按钮，实现新增、删除、修改的方法。为了让按钮居左排列，可以使用 CSS 加上间距，效果如图 14-6 所示。

图 14-6

实现代码如下：

```
<el-row style="margin-top:10px;text-align: left">
   <el-button type="primary" v-on:click="showAdd">新增</el-button>
   <el-button type="primary" v-on:click="showUpdate">修改</el-button>
   <el-button type="primary" v-on:click="deleteItem">删除</el-button>
</el-row>
```

14.2.6　弹出框提示

当进行员工的修改和删除操作时，如果判断用户没有选中数据，则需要使用弹出框给出警告提示，在之前的项目中，这都是使用 alert()函数弹出浏览器自带的警告框实现的。这时，警告框的样式依赖于不同浏览器的默认样式，一般是不太美观的。而 Element Plus 提供了多种多样的模拟弹出框，下面使用"MessageBox 弹出框"控件提供的 ElMessageBox 组件实现弹出窗的提示效果。

当没有选中表格行就点击修改时，会出现图 14-7 所示的弹出窗效果，其相对于 alert() 函数弹出浏览器自带的警告框，美观了不少。

图 14-7

弹出框的代码以 showUpdate()方法为例，具体如下：

```
const showUpdate = () => {
  if (selectedId.value > -1) {
    router.push({name: "EmpUpdate", query: {id: selectedId.value}})
  } else {
    ElMessageBox.alert('请选中数据', '警告', {
      confirmButtonText: '确定'
    })
  }
}
```

showAdd()方法和 deleteData ()方法的用法与之前的一致，在此不再详细叙述。

14.2.7　新增员工表单

新增员工的组件和之前项目中的相比，只是由原生的 HTML 和 Bootstrap 修饰的组合变成了 Element Plus 风格，其变化相对较小，效果如图 14-8 所示。

图 14-8

完成 form 表单的代码如下：

```
<div id="container">
    <el-form ref="form" :model="datas.form" label-width="80px"
    style="text-align: left">
        <el-form-item label="编号">
            <el-input v-model="datas.form.number"></el-input>
        </el-form-item>
        <!--省略类似代码-->
```

```
    <el-form-item label="性别">
        <el-radio-group v-model="datas.form.gender">
            <el-radio label="男"></el-radio>
            <el-radio label="女"></el-radio>
        </el-radio-group>
    </el-form-item>
    <!--省略类似代码-->
    <el-form-item label="部门">
    <el-select v-model="datas.form.dep.id"
        placeholder="请选择部门" style="width:100%">
            <el-option v-for="dep in datas.depList"
                    :key="dep.id"
                    :label="dep.name"
                    :value="dep.id">
            </el-option>
        </el-select>
    </el-form-item>
    <el-form-item>
        <el-button type="primary" @click="add">保存</el-button>
    </el-form-item>
</div>
```

需要注意的是，Element Plus 设置的宽度都是 100%，跟控件所处的父级容器一样。因此，可以使用它提供的"Layout 布局"控件的栅格化<el-col>标签来控制宽度的大小，更简单的方式是直接使用原生的 CSS 进行设置。

在本项目中，会经常用原生的 CSS 进行修饰，甚至会用到内联样式表的方式，目的是快速搭建项目、快速掌握技术主线，而不是去追逐细节。这在实际的商用项目中并不被推崇，需要读者知悉，并在自己的项目中适时把握。

<el-form-item>标签用于控制表单元素的布局，其 label 属性可以为表单元素提供文字描述。如果要设置 Label 的宽度，则需要使用 label-width 属性在<el-form>标签中指定。

14.2.8　自消失弹出框

在系统中，有一些提示是系统内部发出的，不依赖于用户的后续操作，如添加员工数据后，成功或失败的提示就是系统内部返回的状态，其不需要弹出警告框让用户点击"确定"按钮再进入下一步操作。这种场景可以使用 Element Plus 提供的自消失弹出框控件，即提示完信息后两三秒就自行消失，图 14-9 所示为顶部"保存成功"弹出框。

图 14-9

具体代码如下：

```
const add = () => {
  axios.post('/emp', datas.form)
    .then((res) => {
      if (res.data == true) {
        ElMessage({
          message: '保存成功',
          type: 'success',
        })
        router.push({name: "EmpShow"})
      } else {
        ElMessage({
          message: '保存失败',
          type: 'error',
        })
      }
    })
}
```

在 Element Plus 中，自消失弹出框控件是 ElMessage 组件提供的。我们可以向它的构造函数中传递一个自定义的 JavaScript 对象，通过对象的 message 属性指定要提示的数据，并通过 type 属性指定提示的类型。

type 属性有四个值对应提示框所显示的颜色。

● success：绿色。
● info：灰色。
● warning：橙色。
● error：红色。

利用 Element Plus 重新设计的 Alan 人事管理系统的完整效果图，如图 14-10 所示。由此可见，Element Plus 不仅可以快速搭建 UI 控件，而且可以更加方便地进行数据绑定，实现视图和模型之间的数据转换，使用 Element Plus 开发管理系统网站的界面可以大大提升开发效率。

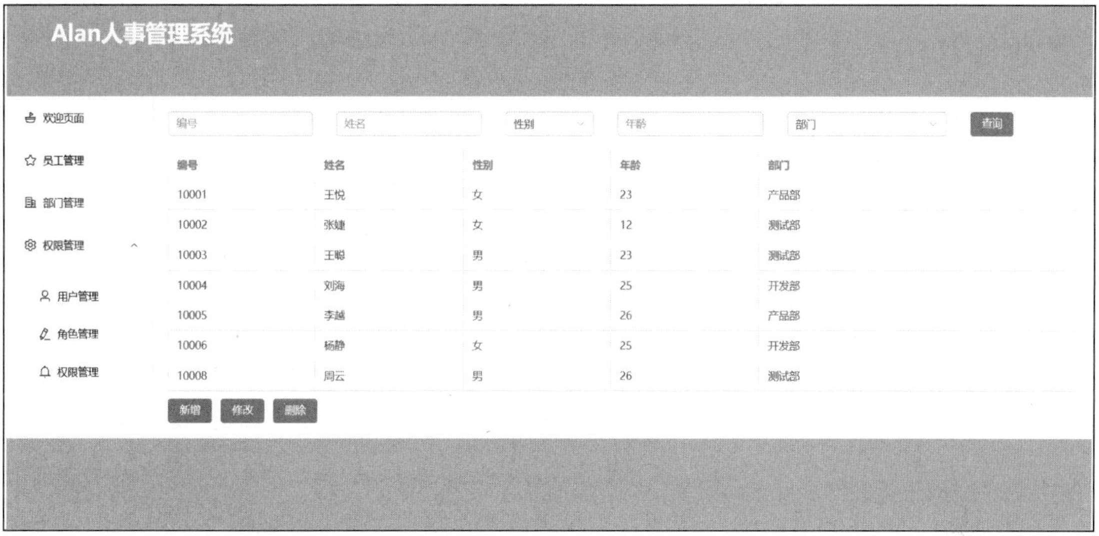

图 14-10

14.3　本章总结

本章通过 hrsys_ep 项目，使用 Element Plus 替换 Bootstrap，帮助读者充分了解在 Vue 开发中推崇使用 JavaScript UI 框架的原因。

需要清楚的是，UI 框架在项目中的使用是有局限性的，即项目一般为内部使用的管理型系统。如果要开发绚丽多彩的网页界面，仍需要使用原生的 HTML 加 CSS 进行设计和修饰。

第 15 章 SPA 富客户端

SPA（Single Page Web Application，单页 Web 应用）是近两年比较热门的话题。如果你想通过由后端返回页面的传统方式实现 SPA，则是异常困难的，因为要使用 JavaScript 局部刷新组织 HTML 文档。就算是使用 Lay UI 和 jQuery EasyUI 等传统 JavaScript 框架，因为页面是被放在后端应用程序中管理的，这就要为页面提供后端访问的 URL，所以实际上也很难实现纯粹的 SPA 系统。但是使用前端工程化技术实现的项目则可以很方便地实现 SPA，因为前端有专门的服务器进行部署。例如，我们之前使用 Vue 开发的项目实际上已经是 SPA 应用了。注意，不要被它包含多个组件文件的表象所迷惑，项目最终会被打包成一个 index.html 页面。

RIA（Rich Internet Applications，富因特网应用程序），又被称为富客户端技术。它让 Web 前端网页模仿 C/S 架构程序把原来需要页面跳转切换的实现改由弹出窗实现，从而产生更好的用户体验。如果使用原生的 HTML 和 CSS 设计，则需要开发者自己开发标签页和弹出窗，这项工作也是非常麻烦的，故一般会利用第三方提供的插件或现成的 JavaScript UI 框架来实现。而 Element Plus 作为 JavaScript UI 框架也提供了标签页和弹出窗控件，利用它们可以方便地开发出单页面富客户端应用。

本章参考项目：前端为 hrsys_ria，后端为 hrsys_restful

15.1 SPA 介绍

SPA，是指只有一个 HTML 页面的网站系统，但是它呈现给网站访问者的效果却是多页面的。例如，针对 Alan 人事管理系统项目的首页、员工管理模块、部门管理模块，在访问者眼里是多个页面，但是从代码级别来看它们其实都在一个 index.html 页面中。

它的实现原理是 Vue 和 Webpack 将项目中的组件、JavaScript 等文件整理成一个 HTML

页面，当访问者访问该 HTML 页面时，JavaScript 会根据访问者与网页的交互动态更新该页面的控件和样式，并在浏览器上显示不同的页面效果。

15.1.1　SPA 优缺点

SPA 风格项目的优点如下。

用户操作体验好：不用刷新页面，整个交互过程都是通过异步请求操作的。

适合前后端分离开发：服务端提供 RESTful 风格的 Web 接口，前端请求该接口获取数据并使用 JavaScript 进行局部刷新渲染。

其缺点如下。

首页加载慢：SPA 会将 JavaScript 和 CSS 打包成一个文件，并在加载页面显示时加载打包文件，那么如果打包文件较大或者网速较慢，则用户体验不好。由于首次访问网站时需要请求一次 HTML 页面，同时还要发送多次 JavaScript 异步请求，即多次请求和响应后才能加载出完整的页面，因此如果设计不合理，则很容易对性能产生影响。

搜索引擎优化（Search Engine Optimization，SEO）不友好、效果差：这其实并不是 SPA 项目本身的问题，而是因为数据都是来源于异步请求，而搜索引擎的爬虫程序并不会发起异步请求，只会分析同步请求 HTML 中的内容。SPA 的内容都是在异步请求得到响应后，通过 JavaScript 局部刷新渲染出来的，因为所有的数据请求都来源于异步请求，所以使用 SPA 将会大大减少搜索引擎对网站的收录。但是 Google 的爬虫程序已经可以爬取异步请求的数据，未来其他搜索引擎应该也会跟随实现，也就是说 SEO 在将来也许不再是一个问题。

15.1.2　富客户端设计

富客户端的设计方案是，网站提供一个主页，主页上有一个菜单栏，其可以是纵向的也可以是横向的。点击菜单栏上的选项可以在主区域打开对应的标签页面，它是系统功能模块的展示，还提供查询、新增、修改、删除按钮。其中，当点击新增和删除按钮时，不再进行页面的跳转或组件的切换，而是以弹出窗的形式打开新增或修改的表单，提交表单后弹出窗消失，如图 15-1 所示。

图 15-1

15.2　富客户端项目实战

复制 hrsys_ep 项目并重命名为 hrsys_ria。下面在 Index 组件中设置上、中、下布局的结构，中间部分仍然是左右结构，左侧的竖形菜单与之前的一致，不同的是要将右侧的 <router-view>标签替换成标签页控件。

由于 hrsys_ria 项目只需要 Index 组件的路由，因此将 router/index.ts 中 index 路由定义的嵌套路由 children 删除。

15.2.1　Index 视图组件开发

选择 Element Plus 官网手册中的"Tabs 标签页"组件，在网页开发中标签页是一个复杂控件，如图 15-2 所示。

图 15-2

查阅其对应代码，可以看出标签页是由<el-tabs>标签和其嵌套的<el-tab-pane>标签搭配构建的。<el-tab-pane>标签通过 v-for 指令循环遍历 editableTabs 数组可以构建多个标签页。

editableTabs 数组中的数组元素如下：

```
{
  title: 'Tab 1',
  name: '1',
  content: 'Tab 1 content'
}
```

它们在构建标签页中会被用到。其中，titile 属性是标签页显示的名称，name 属性是标签页的唯一标识，content 属性是标签页包含的内容及标签页主体显示的部分。

当通过 v-for 指令构建标签页时，因为是循环构建的多个元素，所以需要通过:key 属性指定一个标识，可以使用 name 属性或 index 属性指定，实例中使用了 name 属性。:label 属性的作用是在标签页中显示名称，:name 属性是标签页的唯一标识，在<el-tab-pane>标签内使用 {{item.content}}显示内容，即"Tab 1 content"。需要注意的是，既然内容是放在标签内显示的，那么除了显示文本信息，还可以显示组件。在 Alan 人事管理系统项目前端设计中，就是在这里显示一个组件。

v-model 属性用来绑定 editableTabsValue 数据，其中 editableTabsValue 值为 2，表示当前标签页的焦点处于 name 为 2 的标签页上。

type="card"表示卡片式风格；closable 标记属性表示标签页上自带关闭按钮，可以通过手动点击关闭按钮对关闭标签页进行操作；@tab-remove 事件表示当标签页关闭时触发 removeTab()函数。

阅读 removeTab()函数，可以发现当点击关闭某个标签时，会传递目标标签页的 name，函数中的操作是根据 name 从 editableTabs 数组中移除数组元素，并且指定新的 editableTabsValue 值，因为当用户点击删除按钮时，目标标签页肯定处于焦点中，故要指定最新的焦点标签页。

官网的示例还提供了添加标签页的操作，通过阅读 addTab(editableTabsValue)方法可以看出添加新的标签页其实就是给 editableTabs 数组添加对象。

这样，通过参考官网的示例代码便可以构建标签页控件。

15.2.2　标签页设计

首先，将构建好的员工、部门、用户、角色、权限五个模块放到 components 文件夹下，并新建 Index.vue 组件，项目结构如图 15-3 所示。

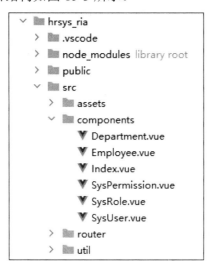

```
∨ 📁 hrsys_ria
  › 📁 .vscode
  › 📁 node_modules  library root
  › 📁 public
  ∨ 📁 src
    › 📁 assets
    ∨ 📁 components
        ▼ Department.vue
        ▼ Employee.vue
        ▼ Index.vue
        ▼ SysPermission.vue
        ▼ SysRole.vue
        ▼ SysUser.vue
    › 📁 router
    › 📁 util
```

图 15-3

然后，在 Index.vue 中构建可展示标签页的数组 tabs，再构建以 modules（模块）命名的对象，因为 JavaScript 可以以在"[]"内书写属性名的方式访问对象的属性，即"对象名[属性名]"，这和 Java 中的 Map 有些相似，所以可以通过点击左侧菜单将 modules 的属性名添加到 tabs[]数组中，而具体的数据是通过引用从 modules 中获取的。当点击关闭按钮时，可以将对应的数据从 tabs 数组中移除，从而控制标签页的显示。

在响应式变量 datas 的值中定义 tabs 属性和 modules 属性。

```
const datas = reactive({
  tabs: [],
  modules: {
    employee: {
      title: '员工管理',
      name: 'employee',
      component: Employee
    },
    department: {
      title: '部门管理',
      name: 'department',
```

```
        component: Department
    }
    //省略其他模块代码
  }
})
```

当构建标签页的 HTML 时，需要循环 tabs 数组，即 tabs 数组中有多少数据，则对应显示多少标签页。但是具体的 name、title 和显示的数据要通过 modules[key]获取，其中 key 是遍历 tabs 数组的当前元素值。

另外，需要注意的是，在<el-tab-pane>标签中显示的是利用<component>标签动态显示的组件内容。

```
<el-tabs v-model="datas.selectedTab" type="border-card" closable
@tab-remove="removeTab">
  <el-tab-pane
     :key="datas.modules[key].name"
     v-for="key in datas.tabs"
     :label="datas.modules[key].title"
     :name="datas.modules[key].name" >
   <component :is="datas.modules[key].component"></component>
  </el-tab-pane>
</el-tabs>
```

<el-tabs>标签中的 v-model 属性值为"datas.selectedTab"，其是在 datas 变量中创建的表示当前被选中的属性，需要给其赋值 null。

15.2.3　标签页优化

在<el-menu>标签中添加@select 事件，该事件是当点击竖形菜单栏时触发的事件，并为其绑定 selectMenu()函数。

@select 事件会自动传递竖形菜单<el-menu-item>标签中的 index 属性值，但因为当前的菜单栏不是从数据库中读取循环构建而是通过固定硬编码的方式完成的，所以要在 HTML 代码中添加 index 属性。

```
<el-menu @select="selectMenu">
   <el-menu-item><i class="el-icon-s-home"></i>欢迎页面</el-menu-item>
   <el-menu-item index="employee"><i class="el-icon-s-custom"></i>
      员工管理
   </el-menu-item>
```

```
    <el-menu-item index="department"><i class="el-icon-s-management"></i>部
        门管理</el-menu-item>
    <el-submenu index="permission_management">
        <template slot="title"><i class="el-icon-setting"></i>权限管理</template>
        <el-menu-item-group>
            <el-menu-item index="sysUser">用户管理</el-menu-item>
            <el-menu-item index="sysRole">角色管理</el-menu-item>
            <el-menu-item index="sysPermission">权限管理</el-menu-item>
        </el-menu-item-group>
    </el-submenu>
</el-menu>
```

注意，这里为<el-menu-item>标签设置的 index 属性值是 modules 对象中的属性名称，这样当用户点击菜单时会给 selectMenu()函数传递索引值，把这个索引值添加到 tabs 数组即可显示。

```
const selectMenu=(index)=>
    {
        datas.tabs.push(index);
    }
```

但目前标签页功能还有一个弊端，就是点击菜单可以无限添加标签页，而正确的情况应该是已出现的标签页不能被再次添加，而是要让它获得焦点，即显示在所有标签页的最前方。要想实现这样的效果，只需要在每次添加标签页时，判断一下数组中是否包含该元素即可。如果数据中没有这个标签页的索引，则进行添加并将该元素的索引设置成当前标签页的 name；如果有，则设置 seletedTab 值等于此标签页的索引，即让该标签页获得焦点。

```
const selectMenu=(index)=>
    {
        if (datas.tabs.indexOf(index) < 0) {
            datas.tabs.push(index);
        }
        datas.selectedTab = index;
    }
```

接下来，实现关闭按钮的功能。在<el-tabs>标签中添加@tab-remove 事件并指定 removeTab()函数，在该函数中设置根据传进来的标签页的 name 值查询它在 tabs 数组中的索引。利用 splice()函数可以对数组内容进行修改，即删除对应索引的一条数据，并且让当前选中标签页的 selectedTabs 值等于 0，即显示所有标签页中的第一个。

```
const removeTab=(name)=>
```

```
{
  let index = datas.tabs.indexOf(name);
  datas.tabs.splice(index, 1)
  datas.selectedTab = datas.tabs[0];
}
```

15.2.4　弹出框

弹出框的结构如图 15-4 所示，在弹出框中可以通过 HTML 构建非常复杂的界面效果，读者可以通过查看 Element Plus 提供的"Dialog 对话框"控件中的"基本用法"对其进行了解。

图 15-4

实现一个简单的弹出框的代码如下：

```
<template>
  <el-button text @click="dialogVisible = true">
    click to open the Dialog
  </el-button>

  <el-dialog v-model="dialogVisible" title="Tips" width="30%"
    :before-close="handleClose">
    <span>This is a message</span>
    <template #footer>
      <span class="dialog-footer">
        <el-button @click="dialogVisible = false">Cancel</el-button>
        <el-button type="primary" @click="dialogVisible = false">
          Confirm
        </el-button>
      </span>
    </template>
  </el-dialog>
</template>

<script lang="ts" setup>
```

```
import { ref } from 'vue'
import { ElMessageBox } from 'element-plus'

const dialogVisible = ref(false)

const handleClose = (done: () => void) => {
  ElMessageBox.confirm('Are you sure to close this dialog?')
    .then(() => {
      done()
    })
    .catch(() => {
      // catch error
    })
}
</script>
<style scoped>
.dialog-footer button:first-child {
  margin-right: 10px;
}
</style>
```

由此可以看出，在<el-dialog>标签中构建了一个弹出框，v-model 指令决定弹出框是显示还是隐藏。读者也可以自行设置按钮并给它添加点击事件以进行业务逻辑的处理，只要设置控制显示与否的变量值为 false，就可以让弹出框隐藏。

15.2.5 员工组件重新设计

在 Employee.vue 的新增、修改、删除按钮组的下方添加创建弹出框的代码，复制 hrsys_ep 项目 Add.vue 中的新增 form 表单的 HTML 标签并粘贴到<el-dialog>标签内。

因为新增和修改使用相同的 HTML 结构，所以可以共用一个弹出框。

```
<el-dialog :title="type?'新增':'修改'" v-model="dialogVisible" width="50%">
    <el-form ref="form" :model="datas.form" label-width="80px"
    style="text-align: left">
        <el-form-item label="编号">
            <el-input v-model="datas.form.number"></el-input>
        </el-form-item>
        <!--省略类似代码-->
        <el-form-item label="部门">
            <el-select v-model="datas.form.dep.id" placeholder="请选择部门"
            style="width:100%">
```

```
                <el-option v-for="dep in datas.depList":key="dep.id"
                    :label="dep.name":value="dep.id"></el-option>
            </el-select>
        </el-form-item>
        <el-form-item>
            <el-button type="primary" @click="add">保存</el-button>
        </el-form-item>
    </el-form>
</el-dialog>
```

需要注意的是，因为搜索框绑定的是 datas.form，而进行新增操作的表单名称也是 form，所以可以将搜索框的表单改名为 searchForm。

定义 type 和 dialogVisible 两个响应式常量，分别用于显示弹出框标题和控制弹出框的显示与否。

```
const type = ref(true)//true 为新增，false 为修改
const dialogVisible = ref(false)
```

在弹出框的:title 属性上使用一个三目运算符，并根据 type 的取值显示是"新增"还是"修改"。

```
:title="type?'新增':'修改'"
```

修改 showAdd()方法，实现不再进行路由跳转，而是打开弹出框。

```
const showAdd = () => {
  searchDep();
  type.value = true;
  dialogVisible.value = true;
}
```

修改 add()方法，实现不再进行路由跳转，而是关闭弹出框并重新查询数据。

```
const add = () => {
  axios.post('/emp', datas.form)
    .then((res) => {
      if (res.data == true) {
        ElMessage({
          message: '保存成功',
          type: 'success',
        })
        search();
      } else {
```

```
      ElMessage({
        message: '保存失败',
        type: 'error',
      })
    }
  })
}
```

修改 showUpdate()方法，实现不再进行路由跳转，而是进行弹出框操作。

```
const update = () => {
 axios.post('/emp', datas.form)
    .then((res) => {
      if (res.data == true) {
        ElMessage({
          message: '保存成功',
          type: 'success',
        })
        search();
      } else {
        ElMessage({
          message: '保存失败',
          type: 'error',
        })
      }
    })
}
```

新定义 save()方法，当点击弹出框表单中的 save()方法时，根据 type 的取值来调用 add()
方法或者 update()方法。

```
<el-button type="primary" @click="save">保存</el-button>
```

对应 save()方法的代码：

```
const save = () => {
  if (type.value) {
    add();
  } else {
    update();
  }
  clearData();
}
```

在执行完 add()方法或 update()方法后，均需要调用 clearData()方法，该方法的作用是将 form、selectedId、dialogVisible 设置为默认值，否则页面会出现数据紊乱。

```
const clearData = () => {
  dialogVisible.value = false;
  selectedId.value = -1;
  datas.form = {
    id: null,
    number: null,
    name: null,
    gender: null,
    age: null,
    dep: {
      id: null
    }
  }
}
```

以上代码可以完成预期的富客户端项目，但是从每个模块的功能来看，其耦合度太高，因为本项目将搜索、展示、新增、修改功能都放在了 Employee.vue 组件中，这其实并不符合高内聚、低耦合的模块设计思想。

15.2.6　组件解耦重构

下面我们重构以上项目代码，首先将"员工展示"作为父组件，将搜索、新增/修改设计为两个子组件，然后以在父组件中引入子组件的方式使用它们，项目结构如图 15-5 所示。

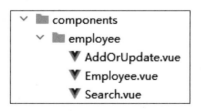

图 15-5

在父组件调用子组件的属性或方法中，可以在引入子组件时使用 ref 属性给子组件起别名。

```
<AddOrUpdate  ref="AddOrUpdate" ></AddOrUpdate>
```

　　使用 ref()函数对 AddOrUpdate 做响应化处理。

```
const AddOrUpdateRef = ref();
```

　　在子组件中定义的属性和方法如下。

```
const type = ref(true)//true 为新增, false 为修改
const dialogVisible = ref(false)

const init = (d, t, s) => {
  type.value=t;
  dialogVisible.value=d;
  selectedId.value=s
  console.log(type.value+" "+dialogVisible.value+" "+selectedId.value);
  if (!type.value) {
    searchById();
  }
  searchDep();
}
```

　　需要使用 defineExpose()方法暴露出去，才能在父祖件中调用。

```
defineExpose({
  type,
  dialogVisible,
 init
})
```

　　这时，在父组件中就可以通过"子组件别名.value."的形式调用子组件的属性或方法了。

```
const showAdd = () => {
  //操作子组件属性
  // AddOrUpdateRef.value.dialogVisible = true;
  // AddOrUpdateRef.value.type = true;
  //操作子组件方法
  AddOrUpdateRef.value.init(true,true,-1);
}
```

　　当子组件的弹出框退出时，要调用父组件的 search()方法，这和选项式 API 中子组件调用父组件时使用$emit 的方式大同小异。在引入子组件时，需要设置@dataSearch="search"。

```
<AddOrUpdate  ref="AddOrUpdate" @dataSearch="search"></AddOrUpdate>
```

在子组件中，通过 defineEmits()函数注册 emit 对象。

```
const emit = defineEmits(['dataSearch'])
```

当子组件调用父组件的方法时，通过 emit 对象进行调用。

```
emit("dataSearch");
```

Employee.vue 的部分关键代码：

```
<script setup lang="ts">
//省略 import
const AddOrUpdateRef = ref();
const selectedId = ref(-1)
const datas = reactive({
  list: [],
})

const search = (searchForm) => {
  axios.get('/emp', {params: searchForm})
      .then((res) => {
        datas.list = res.data;
      })
}
const showAdd = () => {
  //操作子组件方法
 AddOrUpdateRef.value.init(true,true,-1);
}
const showUpdate = () => {
  if (selectedId.value > -1) {
    AddOrUpdateRef.value.init(true,false,selectedId.value);
  } else {
    ElMessageBox.alert('请选中数据', '警告', {
      confirmButtonText: '确定'
    })
  }
}
search(null);
</script>

<template>
    <div id="container">
        <el-row>
            <Search @dataSearch="search"/>
```

```
      </el-row>
      <el-row>
        <!---省略 Table-->
      </el-row>
      <el-row style="margin-top:10px;text-align: left">
        <!---省略增删改按钮-->
      </el-row>
      <AddOrUpdate  ref="AddOrUpdate" @dataSearch="search"></AddOrUpdate>
    </div>
</template>
```

Search.vue 的部分关键代码:

```
<script setup lang="ts">
//省略 import
const emit = defineEmits(['dataSearch'])
const datas = reactive({
  searchForm: {
    number: null,
    name: null,
    gender: "",
    age: null,
    'dep.id': ""
  },
  depList: []
})

const searchDep = () => {
  axios.get('/dep')
    .then((res) => {
      datas.depList = res.data;
    })
}
const search = () => {
  emit("dataSearch", datas.searchForm)
}
searchDep();
</script>
```

AddOrUpdate.vue 的部分关键代码:

```
<script setup lang="ts">
//省略 import
const emit = defineEmits(['dataSearch'])
```

```
const type = ref(true)//true 为新增, false 为修改
const dialogVisible = ref(false)
const selectedId = ref(-1)
const datas = reactive({
  form: {
    id: null,
    number: null,
    name: null,
    gender: null,
    age: null,
    dep: {
      id: null
    }
  },
  depList: []
})

const init = (d, t, s) => {
  type.value=t;
  dialogVisible.value=d;
  selectedId.value=s
  if (!type.value) {
    searchById();
  }
  searchDep();
}
const save = () => {
  if (type.value) {
    add();
  } else {
    update();
  }
  clearData();
}
const add = () => {
  axios.post('/emp', datas.form)
      .then((res) => {
        if (res.data == true) {
          ElMessage({
            message: '保存成功',
            type: 'success',
          })
          emit("dataSearch");
```

```
      } else {
        //略
      }
    })
}
const update = () => {
//略
}
const clearData = () => {
  dialogVisible.value = false;
  selectedId.value = -1;
  datas.form = {
    id: null,
    number: null,
    name: null,
    gender: null,
    age: null,
    dep: {
      id: null
    }
  }
}

defineExpose({
  init
})
</script>
```

15.2.7 组件再次解耦重构

如果不想让新增和修改共用一个组件，可以对 AddOrUpdate 组件再次解耦，分解成 Add.vue 和 Update.vue。

在 src/components 下新建 employee2 目录，如图 15-6 所示。

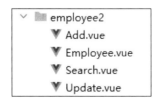

图 15-6

Employee.vue 的部分关键代码：

```ts
<script setup lang="ts">
//省略其他代码
const showAdd = () => {
  AddRef.value.init();
}
const showUpdate = () => {
  if (selectedId.value > -1) {
    UpdateRef.value.init(selectedId.value);
  } else {
    ElMessageBox.alert('请选中数据', '警告', {
      confirmButtonText: '确定'
    })
  }
}
</script>

<template>
<!--省略其他代码-->
 <Add @search="search" ref="AddRef"></Add>
<Update @search="search" ref="UpdateRef"></Update>
</template>
```

Add.vue 和 Update.vue 各自维护一个 Element Plus 弹出框组件，在方法上分解了原来的 AddOrUpdate.vue，详见本书项目。

在工作中，对组件的颗粒度划分要根据实际情况进行。

15.3　本章总结

本章对 SPA 项目进行总结，并且利用 Element Plus 提供的控件实现更加复杂的富客户端界面，以提升用户体验。

在完成复杂的富客户端界面之后，重构了项目代码，并根据功能划分组件模块，实现了高内聚和低耦合的模块设计。如果你已顺利完成以上项目，则说明你可以灵活地使用 Vue 进行组件与组件的复杂调用，并能结合 Spring Boot 的后端程序实现界面复杂、功能完备的前后端分离架构应用系统了。

前后端分离架构的主线功能虽然已经开发完毕，但是跨域又引发了资源访问、认证、授权等问题，下一章我们将针对这些问题提供解决方案。

第 16 章　前后端分离下的跨域、认证与授权

在前后端分离架构中，因为前端服务器和后端服务器不在同一个域，所以会导致跨域问题。而且在非同域环境下，如果不做额外配置，浏览器无法共享 Cookie，则基于 Cookie 技术实现的 Session 在前后端分离架构中无法被使用。

而传统 Web 项目认证和授权的解决方案将用户已登录信息和权限放在 Session 中，这种解决方案在前后端分离项目中已经不再适用。

本章是对跨域问题及跨域导致的认证、授权进行全面阐述，并分析问题的成因且提供多种对应的解决方案。

目前，针对跨域、认证、授权的问题，在行业中均有多种解决方案，为了避免出现由命名导致的复杂度，有的项目虽然改动极小但仍新建项目，使前后端项目使用相同的命名。

本章参考项目：

跨域：

前端：hrsys_orgin_cors，后端：hrsys_orgin_cors。

前端：hrsys_orgin_proxy，后端：hrsys_orgin_proxy。

认证与后端授权：

前端：hrsys_authcntication_cors，后端：hrsys_authentication_cors。

前端：hrsys_authentication_proxy，后端：hrsys_authentication_proxy。

前端：hrsys_authentication_jwt，后端：hrsys_authentication_jwt。

前端权限控制：

前端：hrsys_permission_cors，后端：hrsys_permission_cors。

前端：hrsys_pinia，后端：hrsys_permission_cors。

16.1　浏览器同源策略

在第 13 章已经介绍了跨域引发的问题。

```
Access to XMLHttpRequest at 'http://localhost:8090/dep' from origin
'http://127.0.0.1:5173' has been blocked by CORS policy: No
'Access-Control-Allow-Origin' header is present on the requested resource.
```

当时的解决方案是在后端项目的 Controller 类上添加@CrossOrigin 注解，本节我们来分析造成这一现象的底层逻辑——浏览器同源策略。

浏览器同源策略是一种约定，是浏览器最核心，也是最基本的安全功能。它由网景公司率先提出，该策略要求浏览器认为具有相同协议名、域名（在局域网内是主机名或 IP 地址）、端口号的 URL 是同源网站，反之则是非同源网站。只有同源的网站才可以进行 AJAX 和 Cookie 操作，而对超链接、JavaScript 和 CSS 的引用则不需要受同源的限制。

前后端分离项目的架构图，如图 16-1 所示，在我们的学习环境中，因为浏览器、前端服务器和后端服务器都部署在同一台电脑上，所以主机名都为 localhost，协议名都为 HTTP。假如前端服务器的端口号是 8080、后端服务器的端口号是 8090，则浏览器首先会访问端口号为 8080 的前端服务器得到页面，再从页面中访问 8090 端口，这时浏览器会认为 8090 端口的 URL 是不同源的，就会限制访问。

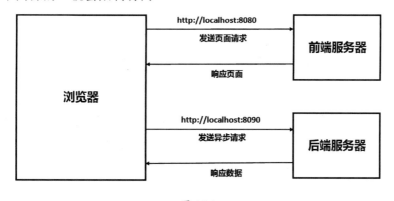

图 16-1

16.2　跨域解决方案

要解决这一问题，可以通过 JSONP、反向代理、CORS 等多种解决方案。但因为 JSONP

只能使用 GET 请求，无法解决不同页面之间的 JavaScript 调用、失败时无法返回 HTTP 响应状态码等问题，所以在需要频繁进行跨域访问的前后端分离项目中不适合使用，故下面重点介绍后两种解决方案。

16.2.1　CORS

CORS 是由 W3C 推出的解决非同源网站进行交互的方案，它定义了在跨域访问资源时浏览器和服务器之间如何通信。CORS 允许浏览器和服务器交互 HTTP 头部信息，从而决定跨域请求或响应是否有权限。

要想实现 CORS，需要浏览器和服务器的同时支持。当前，所有主流浏览器都支持 CORS，即浏览器端的 CORS 通信过程都是内部自动完成的，不需要额外的代码参与。浏览器一旦发现 AJAX 有跨源的请求，就会自动添加头部信息，有时还会附加一次请求。对此，普通使用者是无法感知的，但通过浏览器开发工具的网络信息可以看到。CORS 需要服务器接收浏览器所发送请求的头部信息，并根据这些信息对是否允许浏览器跨域请求做出应答。Spring MVC 已经提供了支持 CORS 实现的功能。

1. CORS 原理

要想探究 CORS 的原理，首先要了解跨域请求的分类。浏览器将跨域请求分为两类：简单请求和非简单请求。

同时满足以下条件的请求都为简单请求。

请求方式为其中之一：GET、POST、HEAD。

头部信息不超出以下字段：Accept、Accept-Language、Content-Language、Content-Type。

请求数据的编码格式只能是 application/x-www-form-urlencoded、multipart/form-data、text/plain 三个值中的一个。

反之，则为非简单请求。

跨域请求处理的流程是，对于简单请求，浏览器直接发出 CORS 请求，即浏览器自动在请求头部信息中加上 Origin 字段，并告诉服务器这个请求来自哪个源（请求协议+域名+端口）。

服务器收到请求后，会对比 Origin 字段，如果字段值不在服务器的许可范围内，则会返回正常的 HTTP 响应，但是其响应的头部信息中不包含 Access-Control- Allow-Origin 字段，浏览器发现后就会抛出一个异常，提示响应的头部信息中没有这个字段。

如果字段值在服务器的许可范围内，则会在服务器的响应头部信息中加上以下字段。

- Access-Control-Allow-Origin:http://ip:port：必需项，其值为请求头部信息中 Origin 的值。如果允许所有的源进行跨域访问，则值为*。
- Access-Control-Allow-Credentials:true：可选项，值为 boolean，表示是否允许浏览器发送 Cookie，此项需要在应用程序中进行配置。
- Access-Control-Expose-Headers：浏览器可以从跨域请求响应头部信息中获取的属性值，由服务器配置，默认可以获取 Cache-Control、Content-Language、Content-Type、Expires、Last-Modified、Pragma 六个属性值。

对于非简单请求，浏览器的 CORS 请求处理分为两步：首先进行预检请求，即询问服务器是否允许当前源的访问，如果允许，则会执行实际请求。预检请求可以在后端服务器定义缓存时间，当在缓存有效期内再次执行 CORS 请求时无须进行预检请求。

预检请求的请求方式为 OPTIONS，表示这个请求是用来询问的。请求头部信息包含以下字段。

- Origin：请求源。
- Access-Control-Request-Method：CORS 请求用到的请求方式。
- Access-Control-Request-Headers：CORS 请求额外发送的请求头部信息字段。

服务器收到预检请求后，会检查上面的三个字段值，以确定是否允许跨域请求。只要其中任意一项不满足，都不允许进行跨域请求。

预检请求的响应中会包含如下字段：

- Access-Control-Allow-Origin：必需项，其值为请求头部信息中 Origin 的值。
- Access-Control-Allow-Credentials：可选项，值为布尔类型，表示是否允许浏览器发送 Cookie，需要在服务器中配置。
- Access-Control-Allow-Headers：可选项，允许跨域请求额外发送头部信息字段，需要在服务器中配置。
- Access-Control-Allow-Methods：必需项，允许跨域请求的请求方式。
- Access-Control-Max-Age：必需项，预检请求的缓存时间。

如果预检请求正常返回，则接下来执行实际请求。

2. CORS 跨域项目实战

复制前端项目 hrsys_ria 并重命名为 hrsys_orgin_cors，除修改项目名外，无须改动任何代码。

复制后端项目 hrsys_restful 并重命名为 hrsys_orgin_cors，通过去掉 Controller 类上的 @CorssOrgin 注解，观察浏览器控制台会报 Access-Control-Allow-Origin 类型的错误。

如果不想在每个 Controller 类上都加@CorssOrgin 注解，可以利用 Java Config 方式在 config 包下新建 WebMVCConfig 类，代码如下。

```java
@Configuration
public class WebMVCConfig extends WebMvcConfigurationSupport {
    //进行允许的跨域共享资源配置
    private CorsConfiguration buildConfig() {
        CorsConfiguration corsConfiguration = new CorsConfiguration();
        corsConfiguration.addAllowedOriginPattern("*");
        corsConfiguration.addAllowedHeader("*");
        corsConfiguration.addAllowedMethod("*");
        corsConfiguration.addExposedHeader("Authorization");
        return corsConfiguration;
    }
    //基于以上配置生成 CorsFilter Bean
    @Bean
    public CorsFilter corsFilter() {
        UrlBasedCorsConfigurationSource source = new
        UrlBasedCorsConfigurationSource();
        source.registerCorsConfiguration("/**", buildConfig());
        return new CorsFilter(source);
    }
}
```

16.2.2　反向代理

反向代理之所以被称为"反向"的代理，主要是和传统的代理（正向代理）做区分。正向代理指的是当客户端无法直接访问目标服务器的资源，需要在客户端配置代理服务器时，客户端可以通过代理服务器提供的服务访问目标服务器所提供的资源。

而反向代理是指代理服务器配置在目标服务器端，当用户发来请求时，先由服务器端的代理服务器接收，然后将请求发送到目标服务器。

1. 反向代理原理

以前后端分离架构项目为例，如图 16-2 所示，当浏览器发起 http://localhost:8080 请求时，是请求前端服务器响应页面。而当发起 http://localhost:8080/api 请求时，是由前端服务器的代理服务来处理，并由它发起 http://localhost:8090 请求到后端服务器的。

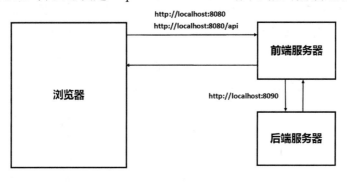

图 16-2

要想使用反向代理可以在前端服务器上进行配置，本章使用 Vue 3 提供的 Proxy 进行反向代理的配置。

2. Proxy 跨域项目实战

Proxy 是 Vue 提供的解决方案，底层基于 NodeJS 实现的 HTTP 代理中间件，当浏览器发送已经定义好的 URL 时，中间件会接收到，并由中间件发送到真正的后端服务器；后端服务器的响应也由中间件交给前端服务器进行处理。

复制前端项目 hrsys_ria 并重命名为 hrsys_orgin_proxy，除修改项目名外，无须改动任何代码。

复制后端项目 hrsys_restful 并重命名为 hrsys_orgin_proxy，通过去掉 Controller 类上的 @CorssOrgin 注解，观察浏览器控制台会报 Access-Control-Allow-Origin 类型的错误。

在前端项目根目录下的 vite.config.ts 文件中添加配置反向代理的代码，配置一个别名路径 "/api"，它对应的是 http://localhost:8090 域。这样，当浏览器通过 axios 发起请求且 URL 以 "/api" 开头时，不会直接往后端服务器发送，而是先发送到前端服务器，然后前端服务器再向后端服务器发起请求。因此，对于浏览器而言，它只知道前端服务器，故不会出现跨域问题。

vite.config.ts 修改后的代码如下:

```
import { defineConfig } from 'vite'
import vue from '@vitejs/plugin-vue'

export default defineConfig({
  plugins: [vue()],
  server: {
   proxy: {
    //定义别名API，当前端项目访问/api时，NodeJS服务器会代理发送到http://127.0.0.1:8090/*/
    '/api': {
      target: 'http://127.0.0.1:8090/',      //后端服务器地址
      changeOrigin: true,
      rewrite: (path) => path.replace(/^\/api/, '')
    },
   }
  }
}))
```

当在 util/axiosInstance.ts 文件中创建 axios 实例时，添加 baseURL 的值 "api/"，这样凡是向后端服务器发送的请求均由反向代理处理并发送到真正的后端服务器。

```
import axiosAPI from 'axios'

const axios = axiosAPI.create({
    //设置为Proxy代理中设置的URL别名，在访问/api地址后，
    //代理服务器会向http://localhost:8090/发送对应请求
    baseURL:'/api',
    timeout: 2000
})
export default axios
```

这时，前端服务器的代理服务器会处理 HTTP 请求，并向后端服务器发送，因为该方式使用的是前端服务器反向代理，所以后端服务器不需要做任何改变。

以上解决跨域问题的两种方案非常有意思，CORS 方案只需要修改后端项目，反向代理只需要修改前端项目。

单纯解决跨域问题并不难，但是认证和授权在传统上依赖于 Session，即 Cookie 的传递，前后端分离的 Cookie 传递会让跨域下的权限处理变得更加复杂。

16.3　前后端分离项目认证

传统单体项目下的认证与授权，都是将用户信息、用户对应的权限信息放在 Session 中，Session 实现的原理是依赖前后端传递 Cookie 来保持会话，如 Java Web 项目下的 Cookie 叫作 JSessionID。

在前后端分离项目中，因为前端服务器和后端服务器不在同一个域，浏览器默认是不发送 Cookie 的，就是这个原因导致认证复杂度的增加。

反向代理和 CORS 解决认证问题，实际上都是通过配置允许前后端系统可以发送 Cookie 实现的，而 JWT 的实现颠覆了这种模式。

前后端分离架构下的权限管理主要有两大功能：一是认证功能；二是授权功能，授权功能分为后端管理（在第 8 章已经实现）和前端管理（本章实现）。

16.3.1　反向代理实现认证

本章涉及的认证和授权依然借助于 Spring Security 框架，早在第 8 章已经实现了单体项目的认证，并通过 Java Config、注解、过滤器三种方式实现了授权。

复制前端项目 hrsys_origin_proxy 并重命名为 hrsys_authentication_proxy，且新增 Login.vue 组件。

```ts
<script setup lang="ts">

import {reactive} from "vue";
import axios from "../util/axiosInstance"
import {useRouter} from "vue-router";
import qs from 'qs'
import {ElMessage} from "element-plus";
const router = useRouter();

const datas = reactive({
  form: {
    username: "",
    password: ""
  }
})

const doLogin = () => {
```

```
axios.post('/doLogin', qs.stringify(datas.form))
    .then((res) => {
      let mes = "";
      if (res.data.code == 1) {
        mes = "登录成功";
        router.replace({name: 'Index'});
      } else if (res.data.code == 2) {
        mes = "登录失败";
      }
      ElMessage({
        message: mes,
        type: 'success',
        duration: 1000
      })
    })
    .catch(function (err) {
      if (err.response) {
        console.log(err.response)
      }
    })
}
</script>

<template>
  <div style="width:600px;margin:150px auto">
    <el-form ref="form" :model="datas.form" label-width="80px">
      <el-form-item label="账号">
        <el-input v-model="datas.form.username"></el-input>
      </el-form-item>
      <el-form-item label="密码">
        <el-input v-model="datas.form.password" show-password></el-input>
      </el-form-item>
      <el-form-item>
        <el-button type="primary" @click="doLogin">登录</el-button>
        <el-button>重置</el-button>
      </el-form-item>
    </el-form>
  </div>
</template>
```

当点击登录按钮时，会触发 doLogin()方法，该方法使用 axios 的 post()方法发送 POST 的登录请求，这是因为 Spring Security 只接收 POST 形式的登录请求，而且接收的数据需要是 form-data 形式的，不能是 JSON 格式的。而除了 get()方法，axios 的其他方法都默认传递 JSON 格式的数据，这时就要使用 this.qs.stringify()方法将 form 定义的 JavaScript 对象转换成 "&拼接的参数=值" 的形式。

qs 是一个 URL 参数（parse 和 stringify）转换的 JavaScript 库，需要在 package.json 中引入并安装。

```
"qs": "^6.11.2",
```

对 Login.vue 设置路由：

```
{
    path: '/login',
    name: 'Login',
    component: () =>
        import( "../components/Login.vue"),
}
```

接下来，创建后端项目。

因为前后端分离项目下的认证与授权关注的是跨域导致无法传递 Cookie 的问题，而认证和授权本身的解决方案不变，所以为了方便起见，我们参考 hrsys_security3，即以注解方式实现的授权项目。

基于 hrsys_orgin_proxy 项目并参考 hrsys_security3 项目，新建 hrsys_authentication_proxy 项目，先在 pom.xml 文件引入 Spring Security 依赖，然后创建 UserDetailsServiceImpl 类，并在 SysUserService、SysUserServiceImpl、SysUserDao 类中分别创建 searchByUsername() 方法。

在 util 包下新建 ServerResponse 类，负责表示登录成功或失败。该类在后续会继续扩展后端程序响应给前端的其他信息数据。

```
public class ServerResponse implements Serializable {
    private Integer code;//0,未登录; 1,登录成功; 2,登录失败; 3,权限不足
    //省略 getter()方法和 setter()方法
}
```

将 WebSecurityConfig 复制到 config 包下，并修改 securityFilterChain(HttpSecurity http) 方法，其主要目的是增加对成功和失败响应字符串的处理。

```java
protected SecurityFilterChain securityFilterChain(HttpSecurity http) throws
Exception {
http.
    //配置认证
    formLogin()
    //登录处理路径配置
    .loginProcessingUrl("/doLogin")
    .successHandler(new AuthenticationSuccessHandler() {
        @Override
        public void onAuthenticationSuccess(HttpServletRequest
        httpServletRequest, HttpServletResponse httpServletResponse,
        Authentication authentication) throws IOException, ServletException {
            printCode(httpServletResponse, 1);
        }
    })
    .failureHandler(new AuthenticationFailureHandler() {
        @Override
        public void onAuthenticationFailure(HttpServletRequest
        httpServletRequest, HttpServletResponse httpServletResponse,
        AuthenticationException e) throws IOException, ServletException {
            printCode(httpServletResponse, 2);
        }
    })
    //配置以上路径可以在非登录下访问
    .permitAll()
    //略
    .exceptionHandling().accessDeniedHandler(new AccessDeniedHandler() {
     @Override
     public void handle(HttpServletRequest httpServletRequest,
      HttpServletResponse httpServletResponse, AccessDeniedException e)
      throws IOException, ServletException {
            printCode(httpServletResponse, 3);
                    }
            })
    //略
    return http.build();
}
private void printCode(HttpServletResponse httpServletResponse, Integer
code)throws Exception {
        httpServletResponse.setCharacterEncoding("UTF-8");
        PrintWriter out = httpServletResponse.getWriter();
        ServerResponse sr = new ServerResponse();
        sr.setCode(code);
```

```
        ObjectMapper mapper = new ObjectMapper();
        String str = mapper.writeValueAsString(sr);
        out.write(str);
        out.close();
}
```

此时，通过 Http://localhost:5173 可以访问项目，但无法访问各个模块的数据，观察浏览器控制台会报 Access-Control-Allow-Origin 类型的错误。

这是因为 Spring Security 对除/doLogin 路径之外的其他路径都做了鉴权处理，没有登录自然就没有权限访问。

但当访问 Http://localhost:5173/login 时，输入第 8 章测试的用户名和密码，成功登录后进入项目则可以正常访问各个模块的数据。

本节只关注实现认证，因为只要登录成功，后端授权功能（即登录成功后，将用户对应的角色、权限信息查询出来）便已实现，前端页面的权限管理功能在下一节实现。

16.3.2　CORS 实现认证

CORS 实现认证的原理是设置前后端项目都允许跨域传递 Cookie。当以 CORS 方式实现项目的权限时，需要前后端分离架构下的浏览器能够针对前端服务器和后端服务器实现跨域请求，需要前后端都能接收和发送 Cookie。

后端复制项目 hrsys_authentication_proxy 并重命名为 hrsys_authentication_cors。

在 application.properties 中配置：

```
#允许跨域发送 Cookie 的地址
server.servlet.session.cookie.domain=localhost
server.servlet.session.cookie.same-site=none
server.servlet.session.cookie.secure=true
```

在 WebMVCConfig 的 buildConfig()方法中添加：

```
#允许前端跨域携带 Cookie
corsConfiguration.setAllowCredentials(true);
```

在 WebSecurityConfig 的 securityFilterChain(HttpSecurity http)方法中添加：

```
//允许 CORS
.and().cors()
```

复制前端项目 hrsys_authentication_proxy 并重命名为 hrsys_authentication_cors。

因为不需要设置反向代理，所以删掉上一节 vite.config.ts 中配置的跨域请求信息，并在 util/axiosInstance.ts 中将 BaseURL 的值恢复为后端服务器的真实地址 http://localhost:8090/。

XMLHttpRequest.withCredentials 属性决定异步的跨域请求是否可以发送 Cookie，默认为 false，即不允许。如果想要在异步的跨域请求中发送 Cookie，则需要将其设置为 true。axios 提供了简单的设置方式，即在 util/axiosInstance.ts 中对 axios 进行设置，如下所示。

```
import axiosAPI from 'axios'

const axios = axiosAPI.create({
    baseURL:'http://localhost:8090',
    withCredentials:true,//发送 Cookie
    timeout: 2000
})
export default axios
```

此时，运行前后端项目，测试发现前后端分离下的认证已经有效。在成功登录后，可以查询具有访问权限的各个模块的数据。

以上是通过反向代理和 CORS 方案解决跨域问题的过程，依赖的是前后端都可以传递 Cookie，利用的是 Session 实现认证和授权的功能，而前后端分离项目和微服务项目有相似之处，都是跨系统访问，这种形式的系统认证和授权还有更好的解决方案，即 JWT。

16.3.3　JWT 实现认证

在网站应用中会频繁出现这样的场景：用户登录之后，网站要记录该用户的登录状态，并且保存它所有的用户名、角色、权限等信息，但 HTTP 是一种无状态协议，也就是说依靠协议本身是无法知道相同用户的不同请求的，即无法记录浏览器与服务器在一定时间内多次交互所构成的会话。

既然依靠协议本身无法记录会话，那就需要通过浏览器和服务器之间的应用技术实现。我们知道，Cookie 是服务器响应给浏览器的文本信息，该信息可以被保存在客户端的内存中，也可以被保存在客户端的硬盘上。当浏览器每次发起对该网站的请求时，会将浏览器保存的该网站存放在本机中的 Cookie 发送给服务器。基于 Cookie 的传递机制，服务器可以为每一个新访问的请求响应具有唯一值的 Cookie。以 Java Web 为例，该 Cookie 的名字为

JSESSIONID，其值是 32 位的十六进制数，如图 16-3 所示。该 Cookie 存在于内存中，会随着浏览器的关闭而销毁。

Response Cookie	
JSESSIONID	4D80E46CAEDAA50964B660D0551074D5

图 16-3

当浏览器每次发送对该网站的请求时，都会携带该 Cookie，服务器中存在一个 Map 容器，管理所有用户的 JSESSIONID。当服务器发现请求中不存在 JSESSIONID 时，则会生成并响应给用户，并将其保存在 Map 容器中。如果请求携带包含 JSESSIONID 的 Cookie，则服务器会去 Map 容器中查询该 JSESSIONID 值所对应的容器，这样就可以记录浏览器和服务器之间的每个会话。在传统的网站认证和权限处理上，这一般都是利用 Session 来解决，即在用户登录成功后，将用户的信息保存在 Session 中，其后每次发送请求时都会验证 Session，判断其是否登录及是否包含对应的授权。

随着网站规模的扩大，Session 认证的弊端就会暴露出来。

占用服务器资源：每个用户在经过服务器的认证后，后端应用程序都要在服务器端做一次记录，以方便用户下次对请求鉴别，通常 Session 都将记录保存在内存中，但随着认证用户的增多，服务器端的"开销"会明显增加。

分布式环境下 Session 的保存问题：如果认证的记录被保存在内存中，则意味着用户的下次请求还必须发送到这台服务器上，只有这样才能拿到授权的资源，而在分布式的应用上，这限制了负载均衡器的能力，也限制了应用的横向扩展能力。行业中，一般通过分布式 Session 解决这一问题，但是其设计更为复杂。

安全问题：因为 Cookie 被存放在客户端，所以一旦它被黑客获取，用户就会很容易受到 CSRF（Cross-Site Request Forgery，跨站请求伪造）的攻击。

因此，Session 很难得到推广，于是 JWT（JSON Web Token）的认证方式应运而生。

JWT 是为了在网络应用环境间传递声明而执行的一种基于 JSON 的开放标准的令牌。JWT 被设计得紧凑且安全，特别适用于分布式站点的单点登录（Single Sign On，SSO）场景。JWT 一般被用来在身份提供者和服务提供者之间传递被认证的用户身份信息，以便从资源服务器上获取资源，也可以增加其他业务逻辑所必需的声明信息。JWT 可以直接被用于认证，也可以被加密处理。

1. JWT 原理

JWT 认证的流程：当用户进行登录认证操作时，在服务器对用户传递的用户名和密码验证通过后，会生成一个 Token（一般经过加密处理）并发送给用户浏览器，其可以通过 Cookie 或 Local Storage 存储 Token。以后，在客户端每次请求的头部信息中都会携带该 Token，从而服务器可以通过验证该 Token 来判断用户是否经过认证。

JWT 是基于 Token 的鉴权机制，因为 Token 字符串记录着用户的信息，可以通过算法进行解析，所以不需要在服务器端保留用户的认证信息。这样就不存在分布式环境下考虑用户的 Session 保存在哪台服务器上的问题，因此 Token 包含的信息是 JWT 的关键部分。

Token 是一段字符串，其中依次包含 header（头部）、playload（荷载）、signature（签名）三部分，一般可以使用 base64 转码。如下即是一个 Token，注意它是由 "." 分割的字符串组成的。

```
eyJhbGciOiJIUzUxMiJ9.eyJhdXRoZW50aWNhdGlvbiI6eyJhdXRob3J.SZGTm-XTUcFL5rWJN
Qz1v_TcS5lqBBexCiNxbRhY9kyMAyx1aofxpX68DImPCrkRwVQReBORxS0Ydipv5SuVbw
```

header 包含两部分信息：类型和加密算法。下面定义 alg 和 typ 的 header，并对其进行 base64 加密，得到 Token 字符串的第一部分：eyJhbGciOiJIUzUxMiJ9。

```
{
  'alg': "HS256",
  'typ': "JWT"
}
```

payload 存放应用中有意义的信息，包含标准中注册的声明、公共的声明、私有的声明。

标准中注册的声明：iss（JWT 签发者）、sub（JWT 面向的用户）、aud（接收 JWT 的一方）、exp（JWT 过期时间，该时间必须要大于签发时间）、nbf（定义该 JWT 在某个时间之前是不可用的）、iat（JWT 的签发时间）、jti（JWT 的唯一身份标识，用来作为一次性的 Token，从而避免遭受重放攻击）。

公共的声明：其可以添加任何信息，一般用来添加用户的相关信息或其他业务需要的必要信息，不建议添加敏感信息，因为该部分在客户端可解密。

私有的声明：其是提供者和消费者共同定义的声明。一般不建议存放敏感信息，因为

base64 是对称解密的，这就意味着该部分信息可以被归类为明文信息。

对整合 sub、name、admin 的 payload 信息进行加密，会得到 Token 字符串的第二部分：eyJhdXRoZW50aWNhdGlvbiI6eyJhdXRob3J。

```
{
    "sub": '1234567890',
    "name": 'john',
    "admin":true
}
```

signature 是由 base64 加密后的 header 字符串和 base64 加密后的 payload 字符串拼接组成的新字符串，其通过 header 声明的加密方式将 secret（服务器密钥）作为"盐"进行加盐、加密，就构成了 Token 字符串的第三部分。

由此可见，Session 是将会话和用户信息保存在服务器端；JWT 是将用户状态保存在客户端，这样可以减轻服务器端的内存压力，并且其可以基于统一的算法从 Token 中解析出用户信息，不再依赖于分布式环境下具体的计算机服务器，从而避免了 Session 保存会话的一切弊端。

2. JWT 项目实战

JWT 和 Session 是同一个级别的技术，即关注于会话，而反向代理、CORS 是实现跨域的技术，它们的认证与授权仍需要借助于 Session。

JWT 实现会话要依赖于反向代理或 CORS 的跨域访问，本节基于 CORS 的跨域访问。

Spring Security 提供了对 JWT 的支持，复制项目 hrsys_authentication_cors 并重命名为 hrsys_authentication_jwt，在其 pom.xml 文件中添加 JWT 依赖。

```
<<dependency>
    <groupId>io.jsonwebtoken</groupId>
    <artifactId>jjwt</artifactId>
    <version>0.9.1</version>
</dependency>
<!-- 用于转换 Token 中的 JSON 数据 -->
<dependency>
    <groupId>com.alibaba</groupId>
    <artifactId>fastjson</artifactId>
    <version>1.2.47</version>
</dependency>
```

```
<!--javax.xml.bind 在 JDK1.8 中自带，后续版本没有自带，需要手动配置-->
<dependency>
    <groupId>javax.xml.bind</groupId>
    <artifactId>jaxb-api</artifactId>
    <version>2.3.1</version>
</dependency>
```

在 util 包下新建 jwt 包，并在其中新建 JWT 验证的 4 个类，如图 16-4 所示。

图 16-4

它们的作用分别如下。

JwtAuthenticationTokenFilter 类：JWT 验证的过滤器，在用户名密码过滤器
（UsernamePasswordAuthenticationFilter）之前，它会从请求的 header 中获取 Authorization 属
性值，该值即为 JWT 的 Token 字符串。

JwtLoginFailureHandler 类：其作用是将错误信息封装成 ServerResponse 对象，并将该
对象转换成 JSON 字符串响应给浏览器。

JwtLoginSuccessHandler 类：其作用是当用户使用用户名和密码正确登录时，先将用户
信息交由 JWT 的 generateToken(Authentication authentication)方法生成 Token，再将 Token
放到 ServerResponse 对象中，最后将该对象转换成 JSON 字符串响应给浏览器。

JwtUtils 类：当 Token 为空时，不做处理，而由后续的用户名密码过滤器进行处理。当
Token 不为空时，则由 JwtUtils 类的 parseToken(String token)方法验证是否合法。如果合法，
则会将认证成功的用户信息放到 Spring Security 的上下文中。

JwtAuthenticationTokenFilter 的代码：

```
//过滤器，获取 Token
public class JwtAuthenticationTokenFilter extends OncePerRequestFilter {
    private Logger logger = LoggerFactory.getLogger(getClass());
    @Override
```

```
protected void doFilterInternal(HttpServletRequest request,
    HttpServletResponse response, FilterChain filterChain) throws
      ServletException, IOException {
    //获取 Token
    String token= request.getHeader("Authorization");
    //如果 Token 不为空，则交给 JwtUtils 类去验证 Token
    if (token!= null) {
        JwtUtils.tokenParser(token);
    }
    filterChain.doFilter(request, response);
    }
}
```

JwtLoginFailureHandler 代码：

```
/**
 *登录失败处理
 */
@Component("jwtLoginFailureHandler")
public class JwtLoginFailureHandler extends
            SimpleUrlAuthenticationFailureHandler {
    @Autowired
    private ObjectMapper objectMapper;
    @Override
    public void onAuthenticationFailure(HttpServletRequest
request,HttpServletResponse response, AuthenticationException exception)
throws IOException,ServletException {
        //设置返回类型
        response.setContentType("application/json;charset=UTF-8");
        //将错误信息写入 ServerResponse
        ServerResponse sr=new ServerResponse();
        sr.setCode(2);
        //返回 JSON 格式
        String s = objectMapper.writeValueAsString(sr);
        response.getWriter().write(s);
    }
}
```

JwtLoginSuccessHandler 代码：

```
/**
 * 登录成功处理
 */
@Component("jwtLoginSuccessHandler")
```

```
public class JwtLoginSuccessHandler extends
SavedRequestAwareAuthenticationSuccessHandler {
    //Jackson 提供的 JSON 转换类 ObjectMapper,可以用 Spring 自动注入
    @Autowired
    private ObjectMapper objectMapper;

    @Override
    public void onAuthenticationSuccess(HttpServletRequest
httpServletRequest, HttpServletResponse httpServletResponse, Authentication
authentication) throws
         IOException, ServletException {
        //登录成功后,生成 Token
        String token = JwtUtils.generateToken(authentication);
        httpServletResponse.
        setContentType("application/json;charset=UTF-8");
        //将 Token 信息写入 ServerResponse
        ServerResponse sr = new ServerResponse();
        sr.setCode(1);
        sr.setAuthorization(token);
        //转换成 JSON 格式
        String s = objectMapper.writeValueAsString(sr);
        //响应给浏览器
        httpServletResponse.getWriter().write(s);
    }
}
```

JwtUtils 代码:

```
package com.alan.hrsys.util.jwt;

import io.jsonwebtoken.Claims;
import io.jsonwebtoken.Jwts;
import io.jsonwebtoken.SignatureAlgorithm;
import
org.springframework.security.authentication.AuthenticationServiceException
;
import
org.springframework.security.authentication.UsernamePasswordAuthentication
Token;
import org.springframework.security.core.Authentication;
import org.springframework.security.core.GrantedAuthority;
import org.springframework.security.core.authority.AuthorityUtils;
import org.springframework.security.core.context.SecurityContextHolder;
```

```
import java.util.*;

/**
 * JWT 工具类，提供生成 Token 和验证 Token 的两个方法
 */
public class JwtUtils {

    //生成 Token
    public static String generateToken(Authentication authentication) {
        String token = Jwts.builder()
                //设置 Token 的信息
                //将认证后的 authentication 写入 Token
                //authentication 中包含登录用户的用户名、权限等信息
                .claim("authentication", authentication)
                //设置主题
                .setSubject("主题")
                //过期时间
                .setExpiration(new Date(System.currentTimeMillis()
                 + 60 * 60 * 24 * 1000))
                //加密方式及密钥
                .signWith(SignatureAlgorithm.HS256, "alan")
                .compact();

        return token;
    }


    /**
     * 验证 Token
     */
    public static void tokenParser(String token) {
        // 解析 Token.
        Claims claims = Jwts.parser().setSigningKey("alan")
                .parseClaimsJws(token).getBody();
        //获取过期时间
        Date claimsExpiration = claims.getExpiration();
        //判断是否过期
        Date now = new Date();
        if (now.getTime() > claimsExpiration.getTime()) {
            throw new AuthenticationServiceException("凭证已过期，请重新登录！");
        }
        //从 claims 中获取 authentication，它属于 LinkedHashMap 类型
        LinkedHashMap authenticationMap= (LinkedHashMap<String, Object>)
        claims.get("authentication");
```

```
                //从 authentication 中获取用户名
                String username = (String)authenticationMap.get("name");
                //获取保存在 Token 中的登录认证成功的权限(authentication)，并将其转换成
                //List<GrantedAuthority>
                ArrayList<LinkedHashMap<String,String>> authenticationList =
                (ArrayList<LinkedHashMap<String,String>>)
                authenticationMap.get("authorities");
                //将 ArrayList<LinkedHashMap<String,String>>转换成字符串数组
                String[] authenticationStr = new String[authenticationList.size()];
                for (int i = 0; i < authenticationList.size(); i++) {
                    authenticationStr[i] =
                      authenticationList.get(i).get("authority");
                }
                //将字符串数组权限转换成 List<GrantedAuthority>类型
                List<GrantedAuthority> authorities =
                    AuthorityUtils.createAuthorityList(authenticationStr);
                // 利用 UsernamePasswordAuthenticationToken 生成新的 authentication
                UsernamePasswordAuthenticationToken authentication = new
                UsernamePasswordAuthenticationToken(username, null, authorities);
                // 并放入 SecurityContextHolder 中，表示认证通过
                  SecurityContextHolder.getContext()
                  .setAuthentication(authentication);
            }
        }
```

因为要响应给浏览器 Token，所以需要在 ServerResponse 类加上 authorization 属性。

```
public class ServerResponse<T> implements Serializable {
    private Integer code;//0，未登录；1，登录成功；2，登录失败；3，权限不足
    private String authorization;//认证

    //省略 getter()方法和 setter()方法
}
```

修改 Spring Security 的配置类 WebSecurityConfig，并在该类中新增两个属性。

```
@Autowired
private JwtLoginSuccessHandler jwtLoginSuccessHandler;
@Autowired
private JwtLoginFailureHandler jwtLoginFailureHandler;
```

利用 ecurityFilterChain(HttpSecurity http)方法配置过滤器并进行 JWT 验证，取消默认的 Session 验证，代码做如下修改。

```
@Bean
protected SecurityFilterChain securityFilterChain(HttpSecurity http) throws
Exception {
    //JWT 过滤器
    JwtAuthenticationTokenFilter jwtAuthenticationTokenFilter = new
    JwtAuthenticationTokenFilter();
    //将 JWT 拦截器添加到 UsernamePasswordAuthenticationFilter 之前
    http.addFilterBefore(jwtAuthenticationTokenFilter,
    UsernamePasswordAuthenticationFilter.class)
            //配置认证
            .formLogin()

            //配置登录处理路径
            .loginProcessingUrl("/doLogin")
            .successHandler(jwtLoginSuccessHandler)
            .failureHandler(jwtLoginFailureHandler)
            //配置以上路径，使其可以在非登录下访问
            .permitAll()
            //连接符
            .and()
            //配置注销
            .logout().permitAll()
            .and().
            //配置授权
                    authorizeRequests()
            //放行静态资源
            .requestMatchers("/bootstrap/**", "/js/**").permitAll()
            //所有请求
            .anyRequest()
            //需要经过验证
            .authenticated()
            .and()
            .exceptionHandling().accessDeniedHandler(new
             AccessDeniedHandler() {
                @Override
                public void handle(HttpServletRequest httpServletRequest,
                HttpServletResponse httpServletResponse, AccessDeniedException
                e) throws IOException, ServletException {
                    printCode(httpServletResponse, 3);
                }
            })
            //允许 CORS 访问
            .and().cors()
```

```
//取消阻止跨站请求伪造，否则会对开发产生不便
.and().csrf().disable()
//使用 JWT，需要关闭默认的 Session 以实现会话机制，这样不会产生 Cookie
.sessionManagement().sessionCreationPolicy(SessionCreationPolicy
    .STATELESS);
return http.build();
}
```

在后端项目完成 Token 的生成和验证之后，下面进行 Vue 前端项目的修改。复制项目 hrsys_authentication_cros 并重命名为 hrsys_authentication_jwt，即前端项目，从 util/axiosInstance.ts 中删掉 withCredentials:true，即不需要传递 Cookie。

在 Login.vue 中修改 doLogin()方法，从 axios 回调函数的参数 res 对象中获得 Token 并将其保存到 localStorage 中。

```
const doLogin = () => {
  axios.post('/doLogin', qs.stringify(datas.form))
    .then((res) => {
      let mes = "";
      if (res.data.code == 1) {
        mes = "登录成功";
        const authorization = res.data.authorization;
        localStorage.token = authorization;
        router.replace({name: 'Index'});
      } else if (res.data.code == 2) {
        mes = "登录失败";
      }
      ElMessage({
        message: mes,
        type: 'success',
        duration: 1000
      })
    })
    .catch(function (err) {
      if (err.response) {
        console.log(err.response)
      }
    })
}
```

localStorage 是 HTML5 中新加入的特性，顾名思义，其就是一个本地存储系统。它的出现解决了浏览器本地只能存储 Cookie 的状况，并且其所支持的存储容量要远大于 Cookie

（每条 Cookie 的存储空间为 4KB，在不同的浏览器中 localStorage 的存储空间有差异，一般为 5MB）。JavaScript 提供了 localStorage 对象及 API，可以非常方便地操作浏览器本地存储系统。

JWT 的工作原理就是在每次请求的时候都携带 Token，而前端项目每发起一次请求，都要从 localStorage 中获取 Token，并将其放到请求的 header 中，发送到服务器。而每次发起请求都要获取 localStorage 中的 Token，并将其放到 header 中是模板型代码，可以使用 axios 拦截器实现这一工作。

3.axios 拦截器

axios 拦截器的作用就是拦截每一次的请求和响应，即在发送请求之前或响应处理之前进行自定义处理。以 Alan 人事管理系统项目为例，在请求拦截器中，可以统一在请求的 header 中加上 Token。在响应拦截器中，可以根据后端服务器返回的状态码或自定义状态码（即 ServerResponse 中的 code 值），通过弹出窗或跳转到错误页面的形式给用户报友好的提示。

在 util/axiosInstance.ts 中添加拦截器：

```
import axiosAPI from 'axios'

const axios = axiosAPI.create({
    baseURL:'http://localhost:8090',
    timeout: 2000
})

axios.interceptors.request.use(function (config) {
    // 在发送请求之前做些什么
    //将存放在 localStorage 中的 Token 添加到请求头部
    if (localStorage.token) {
        config.headers.Authorization = localStorage.token
    }
    return config;
}, function (error) {
    // 对请求错误做些什么
    console.log("请求拦截器出错", error);
});
export default axios
```

这样每次发起请求都会自动携带 Token，但项目现在仍有 Bug，即当关掉浏览器时，localStorage 中存放的 Token 不知道，导致一旦登录成功，即使关掉浏览器再打开依然能正常访问网站数据，这显然不符合安全要求。

因为项目是 SPA 应用，这一 Bug 可以通过在 App.vue 中添加一个关闭浏览器事件，驱动清除 localStorage 中的 Token 来解决。App.vue 的代码如下：

```
<script lang="ts" setup>
window.onbeforeunload = function (e) {
  let storage = window.localStorage;
  storage.removeItem("token")
}
</script>

<template>
  <router-view></router-view>
</template>
```

16.4　前端界面权限控制

前面已使用反向代理、CORS、JWT 三种目前行业中常见的技术完成了认证操作，下面进行授权功能的设计与开发。

因为早在第 8 章的 Spring Security 项目中已经对后端进行了权限的判断，即后端接口已经有了访问权限设置，用户也都能查询出权限信息，所以本节主要对前端界面菜单的显示级别进行控制，等同于传统架构下由 Thymeleaf 模板引擎完成的权限控制。

权限的验证依赖于认证功能的完备，可以使用反向代理、CORS、JWT 三种方式。本书使用 CORS 方式，即复制项目 hrsys_authentication_cros 并重命名为 hrsys_permission_cros，后端也进行同样的操作。

16.4.1　注销

首先完成网站的注销功能，在 Index 视图组件 HTML 的 <el-header> 中设计注销的超链接，当点击超链接时，会调用 logout() 方法。代码如下：

```
<el-header style="height:120px">
    <div id="top">
        <div id="logo">Alan 人事管理系统</div>
            <span style="text-decoration: underline" @click="logout">
            [注销]</span>
        </div>
```

```
  </div>
</el-header>
```

然后定义 logout()方法，该方法会使用 axios 向后端服务器发送"/logout"请求，注销成功后会弹出"注销成功"提示，并跳转到登录页面。

```
const logout=()=> {
  axios.post("/logout")
     .then(() => {
       ElMessage({
         message: '注销成功',
         type: 'success',
       })
       router.replace({path: '/login'});
     })
     .catch((err) => {
       if (err.response) {
         console.log(err.response)
       }
     })
}
```

16.4.2　菜单级权限

设计一个"/sysUser/currentUser"的 URL，该 URL 不经过认证即可被访问。通过此 URL 可以判断网站的访问者是否已经登录，如果已登录，则获得该用户及其拥有的所有权限。

在后端的 SysUserController 类中添加以下属性：

```
@Autowired
UserDetailsServiceImpl userDetailsServiceImpl;
```

并添加如下方法：

```
@GetMapping("/currentUser")
public SysUser currentUserName() {
    SysUser user=null;
    try {
        user=userDetailsServiceImpl.toSysUser();
    } catch (Exception e) {
        e.printStackTrace();
    }
    return user;
```

```
}
```

在 WebSecurityConfig 类的 configure(HttpSecurity http) 方法中做如下修改：

```
http.authorizeRequests()
    .requestMatchers("/sysUser/currentUser").permitAll()
    .anyRequest().authenticated()
```

在 Vue 项目 Index 组件的 data 中定义 treeMenu 属性，通过其属性值是 true 还是 false 来决定左侧竖形菜单的菜单项是否显示。

```
treeMenu: {
    isEmployee: false,
    isDepartment: false,
    isRole: false,
}
```

以员工菜单为例，通过 v-if 指令判断其是否拥有 treeMenu.isEmployee 的权限，若有则显示，若没有则不显示。

```
<el-menu-item index="employee" v-if="datas.treeMenu.isEmployee">
<el-icon>
  <Star/>
</el-icon>
<span>员工管理</span>
</el-menu-item>
```

在 Index 组件中，先通过 created()函数调用 getUser()方法，其会使用 axios 向后端服务器发起 "/sysUser/currentUser" 请求，请求会获得当前用户及该用户所包含的权限；然后对权限进行 switch 判断，如果其包含对应的权限，则给 treeMenu 属性值赋予 true。

在 data 中定义一个 user，用来保存访问 "/sysUser/currentUser" 获得的用户对象。

```
user: null,
```

getUser()方法的代码如下：

```
const getUser=()=> {
  axios.get('/sysUser/currentUser')
    .then((res)=> {
      console.log(res.data);
      if (res.data == null || res.data == '') {
        //当没有用户信息时，说明没有认证，跳转到登录页面
        router.replace({path: '/login'});
```

```
      } else {
        datas.user = res.data;
        let roles = res.data.roles;
        console.log(roles)
        for (let i = 0; i < roles.length; i++) {
          switch (roles[i].code) {
            case "ROLE_ADMIN":
              datas.treeMenu.isRole = true;
              datas.treeMenu.isDepartment = true;
              datas.treeMenu.isEmployee = true;
              break;
            case "ROLE_MANAGER":
              datas.treeMenu.isDepartment = true;
              datas.treeMenu.isEmployee = true;

              break;
            case "ROLE_EMPLOYEE":
              datas.treeMenu.isEmployee = true;
              break;
          }
        }
      }
    })
    .catch((err)=> {
      if (err.response) {
        console.log(err.response)
      }
    });
}
```

对以上 switch 代码进行修改，根据 switch-case 结构的特点：case 不加 break 表示在匹配一个 case 后，可以直接穿透匹配下面的 case，直到遇到 break 或整个 switch 结束为止。因此，可以去掉前两个 case 的 break，以达到简化权限设置代码的效果。

```
switch (roles[i].code) {
    case "ROLE_ADMIN":
        datas.treeMenu.isRole = true;
    case "ROLE_MANAGER":
        datas.treeMenu.isDepartment = true;
    case "ROLE_EMPLOYEE":
        datas.treeMenu.isEmployee = true;
        break;
}
```

还可以在网站头部的"注销"超链接旁边加上针对用户的欢迎语，这样就可以实时看到当前的登录用户，方便测试。

在<div id="logo">Alan 人事管理系统</div>的代码下补充以下代码：

```
<div id="top">
  <div id="logo">Alan 人事管理系统</div>
  <div id="wel">欢迎 {{datas.user.username}}，您的身份是：<span v-for="r in
    datas.user.roles" v-text="r.name" :key="r.id"></span>
      
    <span style="text-decoration: underline" @click="logout">[注销]</span>
  </div>
</div>
```

至此，前后端项目的授权处理已经完成。此时，不同角色的用户登录系统时所看到的竖形菜单是不一样的。另外，在右上角头部的欢迎信息中，可以看到用户名称。

16.5　Pinia

上面利用权限控制菜单是否显示的功能是通过自定义的 treeMenu 实现的，但 treeMenu 的作用域在 Index 组件中，故仅仅是控制首页菜单栏的显示与否。如果项目中其他组件也要通过权限控制，如按钮级别的显示与否，则会再次向后端发起请求，以获得用户对应的权限信息，而某个用户的权限信息一般是不常变更的，这样就会造成不必要的性能损耗。

或者也可以通过在组件之间传递参数的方式实现数据的共享，但如果组件较多，传递参数则会导致耦合性升高。这时，通过一个全局的存储来管理权限是最好的方案。

Vue 2 中使用的 Vuex 就是为 Vue 项目提供全局存储的一项技术，而 Vue 3 提供了更方便的全局状态管理工具 Pinia，基本上取代了 Vuex。

Pinia 适用于在 Vue 项目开发时进行状态管理，相当于一个全局的数据存储工具。如果某些数据需要被多个组件共用，则把这些数据放到一个全局的数据存储中，显然这要比在组件之间进行参数传递简单得多。

前端复制项目 hrsys_permission_cros 并重命名为 hrsys_pinia，后端因为没有任何改变，仍使用 hrsys_permission_cros 项目。

使用 Pinia，首先要进行安装。在 package.json 的依赖中，加入以下代码并执行安装。

```
"pinia": "^2.1.3"
```

在 src 下新建 store 目录，在该目录中新建 index.ts 并在其中定义 state 常量，用来存储权限信息。Pinia 提供了与 Java 类似的 getter()方法和 setter()方法，以对数据进行获取和修改。

store/index.ts 代码：

```
import {defineStore} from 'pinia'

export const useAuthenticationStore = defineStore('authentication', {
    state: () => {
        return {
            employee: false,
            department: false,
            role: false,
        }
    },
    getters: {
        getEmployee(state: any) {
            return state.employee
        },
        getDepartment(state: any) {
            return state.department
        },
        getRole(state: any) {
            return state.role
        },
    },
    actions: {
        setEmployee(flag: boolean) {
            this.employee = flag;
        },
        setDepartment(flag: boolean) {
            this.department = flag;
        },
        setRole(flag: boolean) {
            this.role = flag;
        },

        clear() {
            this.employee = false;
            this.department = false;
            this.role = false;
```

```
      },
    }
})
```

在 src/main.ts 中引入 Pinia 的 store 对象。

```
import {createPinia} from 'pinia'
//创建 Pinia 实例
const pinia = createPinia()
app.use(pinia)
```

在获取角色的方法中，使用 store 来替换之前自定义的 treeMenu 对象。

```
import {useAuthenticationStore} from "../store";
const authenticationStore=useAuthenticationStore();

//略
switch (roles[i].code) {
  case "ROLE_ADMIN":
    authenticationStore.setEmployee(true);
    authenticationStore.setDepartment(true);
    authenticationStore.setRole(true);
    break;
  case "ROLE_MANAGER":
    authenticationStore.setEmployee(true);
    authenticationStore.setDepartment(true);
    break;
  case "ROLE_EMPLOYEE":
    authenticationStore.setEmployee(true);
    break;
}
```

在控制菜单显示上，通过 getter() 方法获取对应的权限并进行判断。以员工为例：

```
<el-menu-item index="employee" v-if="authenticationStore.getEmployee">
  <el-icon>
    <Star/>
  </el-icon>
  <span>员工管理</span>
</el-menu-item>
```

16.6　本章总结

前后端分离架构下的权限处理与传统模式中的有非常大的不同，主要原因是浏览器的同源策略导致浏览器认为前端服务器和后端服务器是跨域的。针对跨域访问问题，可以通过配置前端服务器的反向代理或使用 CORS 对后端应用程序进行允许跨域访问的设置解决。

在权限设计时，如果不使用 Session 的方式，则可以使用 JWT，Spring Security 提供了对 JWT 的实现功能。JWT 不仅适用于前后端分离架构，而且适用于后端服务器分布式和集群环境。因为其可以使用基于算法的方式记录并验证用户会话，从而避免了集群环境下维护 Session 共享的问题。

随着项目的深入，本章还使用了 localStorage、axios 拦截器、Pinia 等现代前端开发常见的技术。

第 17 章　项目完善及补充技术

Alan 人事管理系统项目的主线功能已经完成，本章将在功能上丰富一些细节，如分页、记录数据时间、图片上传等，并将之前没有涉及的但行业中常见的技术融入项目中。

本章参考项目：

前端：hrsys_lastest，后端：hrsys_lastes，单体项目：hrsys_upload。

参考数据库：hrsys5。

17.1　分页

一般而言，应用系统中的多条数据都需要分页显示，如商城中的商品、贴吧中的帖子。与将数据全部显示相比，分页显示有以下好处。

假设数据库 employee 表中有 10 000 条员工数据，如果要全部显示，则需要先查询所有记录，查询的数据会暂存于服务器内存中，然后经过网络传递到客户端，再保存在客户端内存中，很明显这会对服务器、客户机和带宽产生负担，而服务器也会有非常多的请求链接。如果有很多请求同时查询这些数据，且没有缓存机制的话，则服务器会有宕机风险。而使用分页技术，如每页只查询 10 条数据，则会大大减轻服务器的压力。

根据用户的阅读习惯，一般也只会阅读前几十条数据，如果找不到想要的数据，则会通过更精确的条件查询。

从页面排版来看，页面固定显示如 10 条数据，比显示不固定的成千上万条数据要简洁明了，且便于用户操作。

17.1.1　后端实现

复制项目 hrsys_permission_cros 并重命名为 hrsys_lastest。因为本章会对数据库表结构进行改动，所以新建 hrsys5 数据库，并通过修改 hrsys_lastest 项目的 application.properties

文件连接 hrsys5 数据库。

分页本质上是对数据库进行区间查询，即根据前端发来的当前页码，计算出要从数据库查询的起止数据。Oracle、SQL Server、MySQL 是三种常见的用于分页查询的方法，以查询某表中第 21～30 行，共 10 条数据为例。

Oracle 通过 RowNum 伪列的方式查询：

```
select * from (select rownum no,* from 表名 where rownum<=30 ) where no >20
```

SQL Server 通过 TOP 关键字进行查询：

```
select * from (select top 20 * from (select top 30 * from 表名 order by id )
t1 order by id desc) t2 order by id
```

MySQL 通过 Limit 关键字进行查询：

```
select * from table limit 20,10 //其中第一个参数是开始索引，第二个参数是查询多少条
```

如果使用 MyBatis 框架，则是针对不同的数据库使用不同的 SQL 语句进行区间查询，而由于 Spring Data JPA 和数据库是解耦合的，因此开发者不用关心底层逻辑是什么，就可以直接使用 Spring Data JPA 提供的 API 进行分页查询。

Spring Data JPA 的 JpaSpecificationExecutor 类中的 Page<T> findAll(@Nullable Specification<T> spec, Pageable pageable)方法提供了分页查询的解决方案。

所有需要实现分页模块的 DAO 接口都需要继承 JpaSpecificationExecutor 接口。

```
@Repository
public interface EmployeeDao extends JpaRepository<Employee, Integer>, Jpa
SpecificationExecutor<Employee> {
    //省略
}
```

在 EmployeeServiceImpl 的查询方法中，只需要传递一个 Pageable 接口类型的实现类对象即可实现分页查询。因为前台传来的 page 是以 1 开头的，符合用户的使用习惯，而 Spring Data JPA 是从 0 开始计数的，所以要进行减 1 操作，其中 size 是每页显示的条数。

PageRequest pageRequest = PageRequest.of(page - 1, size)用于创建一个 PageRequest 类型的对象。执行 empDao.findAll(specification, pageRequest)方法，将查询条件和 pageRequest

对象作为参数，即可得到 Page<Employee>类型的返回值结果。

返回结果是 Page 类型的对象，该对象提供了三个主要的方法。

- List<T> toList()：得到查询的数据结果。
- int getTotalPages()：得到总页数。
- long getTotalElements()：得到总记录数。

另外，还需要修改 EmployeeServiceImpl 类中 search()方法的返回值，将 List<Employee>对象改为 Page<Employee>对象，该对象既包含返回查询的记录，又包含返回的总记录数。

EmployeeService 接口代码：

```
Page<Employee> search(Employee condition, Integer page, Integer size);
```

EmployeeServiceImpl 类代码：

```
@Override
public Page<Employee> search(Employee condition, Integer page, Integer size) {
    PageRequest pageRequest = PageRequest.of(page - 1, size);
    //省略对查询条件的处理
    Page<Employee> emps = empDao.findAll(specification, pageRequest);
    return emps;
}
```

将 util 包下的 JSON 数据响应给前端的 ServerResponse 类进行修改，让其既保存查询的数据，又保存总记录数。这样前端分页控件就可以根据总记录数和每页的显示数计算出总页数并在分页控件上显示。

```
public class ServerResponse<T> implements Serializable {
    private Integer code;//0，未登录；1，登录成功；2，登录失败；3，权限不足
    private Long total;//查询的总记录数
    private T data;//查询的数据

    public ServerResponse() {
    }
    public ServerResponse(Long total, T data) {
        this.total = total;
        this.data = data;
    }
// 省略 getter、setter
}
```

在 EmployeeController 类的 search()方法中先加上当前页码参数 page 和每页显示多少条的数据参数 size，然后将数据传递到 service 层的 search()方法中并返回 Page<Employee>类型的数据，再将该数据转换成 ServerResponse 类型的数据，最终转换成 JSON 数据响应给前端。search()方法的代码如下：

```
@GetMapping
public ServerResponse search(Employee condition, Integer page, Integer size) {
    Page<Employee> emps = empService.search(condition, page, size);
    ServerResponse<List<Employee>> sr = new ServerResponse<>(emps. getTotal
Elements(), emps.toList());
    return sr;
}
```

17.1.2　前端实现

复制项目 hrsys_pinia 并重命名为 hrsys_lastest。

分页技术的实现需要通过前端页面设计分页控件，该控件一般提供页码、上一页、下一页、总页数等按钮或超链接。

我们可以通过 Element Plus 提供的<el-pagination>标签来快速创建基于表格的分页控件。

```
<el-pagination
    background
    layout="prev, pager, next"
    :page-size="datas.pagination.size"
    :total="datas.pagination.total"
    @current-change="selectPage">
</el-pagination>
```

其中，layout 属性决定控件的样式，:page-size="datas.pagination.size" 定义每页显示多少条数据，:total="datas.pagination.total" 定义显示的总数。另外，:page-size 的值可以在前端代码中被定义，:total 的值需要访问后端程序后从数据库中获得，<el-pagination>标签用于计算总页数，并让页码显示出从 1 到最后的效果，如图 17-1 所示。

图 17-1

在 datas 中定义用来控制分页控件的数据，size 定义每页显示 3 条数据。其中，total 作为员工总记录数，需要从后端服务器中获得，当前值为 null；currentPage 记录当前的页码，默认是第 1 页。

```
pagination: {
   size: 3,
   total: 0,
   currentPage: 1
}
```

在分页控件上设置@current-change="selectPage"。current-change 是指点击页码时触发的事件，另外给事件绑定 selectPage()函数，该函数会设置当前页码、调用 search()方法，并向后端服务器发送分页查询请求。

```
const selectPage=(currentPage)=> {
  datas.pagination.currentPage = currentPage;
  search();
}
```

因为查询方法要向后端服务器传递当前页码和每页显示的页码数，并要处理得到的总数，所以需要做如下修改。

```
search: function () {
   /*
   *将当前页码和每页显示数放到 searchForm 对象中
   *与查询条件一并传递到后端应用程序
   */
  datas.searchForm.page = datas.pagination.currentPage;
  datas.searchForm.size = datas.pagination.size;
  axios.get('/emp', {params: datas.searchForm})
    .then((res) => {
      datas.list = res.data.data;
      datas.pagination.total = res.data.total;
    })
}
```

至此，员工管理模块的分页查询已完成，这时重新启动服务器可以看到图 17-2 所示的画面。其他模块的分页显示，读者可以根据本模块自行完善。

图 17-2

17.2　CreateTime 和 ModifyTime

在项目开发中，为了方便后期分析业务数据的变更，一般会对表中的数据记录其新增和上次修改的时间，即 CreateTime 和 ModifyTime。

不同的数据库通过设计触发器或自带函数支持对 createTime 和 ModifyTime 的设置，而 Spring Data JPA 可以屏蔽对数据库的操作，通过自己提供的 API 直接实现。这样做的好处是，当需要更换数据库时，无须修改 DAO 层代码。

首先，在 hrsys_pagination 项目的启动类加上@EnableJpaAuditing 注解。

```
@SpringBootApplication
@EnableJpaAuditing
public class HrsysApplication {
    public static void main(String[] args) {
        SpringApplication.run(HrsysApplication.class, args);
    }
}
```

其次，在想要自动生成 CreateTime 和 ModifyTime 的实体类上添加@EntityListeners (AuditingEntityListener.class)注解。定义 java.sql.Timestamp 类型的 CreateTime 和 ModifyTime

两个变量，并对它们分别添加@CreatedDate 和@LastModifiedDate 注解。对 CreateTime 的 @Column 注解加上 updatable = false 的限制，即设计为一次添加，后续不再更新值。因为 CreateTime 和 ModifyTime 一般是作为数据的时间记录被存放在数据库中，供开发人员、运维人员调试数据所用的，所以可以使用 Jackson 提供的 @JsonIgnore 注解。当对实体类对象进行转 JSON 操作时，可以忽略由@JsonIgnore 注解标记的属性，不对其进行 JSON 的转换。

```
@Entity
@Table
@EntityListeners(AuditingEntityListener.class)
public class Employee {
//省略其他属性
    @JsonIgnore
    @CreatedDate
    @Column(updatable = false)
    private Timestamp createTime;

    @JsonIgnore
    @LastModifiedDate
    @Column
    private Timestamp  modifyTime;
//getter、setter
}
```

这时，重新启动项目会发现控制台中显示 employee 表更新了两个字段，在数据库中也会看到成功生成了两个字段。之后，当再对数据进行新增和修改操作时，create_time 和 modify_time 会自动保存当时的时间。

```
Hibernate:
    alter table employee
        add column create_time datetime
Hibernate:
    alter table employee
        add column modify_time datetime
```

17.3 文件上传

文件上传是项目开发中常见的功能，如上传用户头像、商品图片等，需要前后端协同完成。

前端通过文件域控件选择文件后发送 multipart/form-data 类型的数据，后端一般由充当 Web MVC 的技术对文件上传提供支持，如 Servlet、Struts、Spring MVC。

前端表单默认传输的数据类型是 application/x-www-form-urlencoded，即键值对形式的数据。如果将 enctype 设置为 multipart/form-data 类型，则会将表单的数据解析成一条消息，以标签为单元，用分隔符分开，实现既可以上传键值对信息，又可以上传文件的功能。

因为传统 Web 架构项目和前后端分离架构项目都有上传文件的操作，本节将分别对这两种情况的技术实现和方式进行介绍。

图片上传功能会在单体项目和前后端分离项目中分别实现。其中，单体项目架构下的项目名为 hrsys_upload，其是基于 hrsys_jpa 项目复制来的；前后端分离架构的项目名为 hrsys_lastest。

17.3.1　Spring MVC 接收文件

Spring MVC 提供了两个 MultipartResolver 来接收前端发来的 multipart/form-data 请求，即 CommonsMultipartResolver 和 StandardServletMultipartResolver。其中，CommonsMultipartResolver 基于 comm-fileupload 组件实现，StandardServletMultipartResolver 基于 Servlet 提供的文件上传标准实现。

在 Java 开发中，文件上传一般会通过 comm-fileupload 组件完成。如果使用 Spring MVC，如 SSM 框架组合，则也会通过 CommonsMultipartResolver 方式实现。但 Spring Boot 默认使用 StandardServletMultipartResolver，如果按照 Spring Boot 的方式，可以不用再对 CommonsMultipartResolver 进行配置。

下面通过新增员工时上传照片的场景来介绍上传的操作。基于 hrsys_jpa 项目新建 hrsys_upload 项目，在 static 文件夹下新建 photo 文件夹，用来存储上传的照片。在 Employee 实体类中新建 photoName 属性并加上 @Column 注解，其用来存储文件的名称。在 EmployeeController 类中使用 MultipartFile[] 类型的参数接收文件，并使用 @RequestParam(value = "photo") 注解约定前端会传递 name 为 photo 的文件。后端在接收到数据后会保存文件，在服务器存放的路径下要保证文件名不重复，这里使用 UUID（Universally Unique Identifier，通用唯一识别码）生成新文件名，并将文件名保存到数据库中。

因为前端 form 表单和 AJAX 两种上传方式会产生不同的用户操作效果，所以后端需要先定义这两种方式。

　　第一种方式，因为 form 表单上传一般会将其他表单元素的参数名和值与上传的文件一同发送到后端，所以后端的方法既要获取文件，又要获取其他参数的值。

　　第二种方式是定义单独的 upload()方法，其只负责上传文件。在文件上传完毕后，upload() 方法会响应给前端新的文件名，前端可以及时显示上传的文件，以供用户预览。前端可以选择更改该文件并提交修改员工的表单，这样做可以使上传功能和添加功能解耦合，在操作上给了用户更多的选择空间。

```java
/*
 *上传文件后响应新生成的文件名
 */
@RequestMapping("upload")
@ResponseBody
public String upload( @RequestParam(value = "photo") MultipartFile[] photos)
throws FileNotFoundException {
    String path = ResourceUtils.getURL("classpath:").getPath() + "/static/
photo/";
    String photoName = "";
    for (MultipartFile file : photos) {
        if (!file.isEmpty()) {
            UUID uuid = UUID.randomUUID();
            String oldName = file.getOriginalFilename();
            String suffix=oldName.substring(oldName.lastIndexOf("."));
            photoName = uuid.toString() + suffix;
            try {
                file.transferTo(new File(path + "/" + photoName));
            } catch (IllegalStateException e) {
                e.printStackTrace();
            } catch (IOException e) {
                e.printStackTrace();
            }
        }
    }
    return photoName;
}

@RequestMapping("add")
public String add(Employee emp) {
    boolean flag = empService.add(emp);
    return "redirect:search";
}
```

17.3.2　表单上传文件

因为 form 表单无法嵌套 form 表单（会造成提交数据的混乱），所以当使用传统的表单上传时，一般是将文件上传和其他文本框、单选按钮等作为等价的表单元素。当点击 submit 类型的按钮时，会提交表单数据到后端，效果图如图 17-3 所示。

图 17-3

因为上传文件传递的数据量比较大，所以需要设置 form 表单的 method 属性值为 post，enctype 属性值为 multipart/form-data。上传文件使用的控件是文本域（<input type="file" />），它会调用文件选择器来选择文件，如果给它加上 multiple 标记属性，则可以实现文件多选。Spring MVC 在接收上传文件时之所以使用 MultipartFile 类型的数组，就是因为前端可以使用一个文本域发送多个文件。

当前端使用以上方式与后端的 add()方法交互时，需要设置 form 的 action 属性值为"add"，执行完毕后可以通过观察 target\classes\static\photo 下是否有上传的文件且数据库 employee 表的 photo_name 字段是否有值来验证。

当然，也有必要在项目的员工显示页面进行图片的显示。

在显示员工的<Table>标签中新建一列，用<img>来显示图片：

```
<td><img th:src="'/photo/'+${emp.photoName }"/></td>
```

这时就可以正常显示图片了。为了让图片显示得更加合适，可以使用 CSS 设置高度和宽度并通过 jQuery 实现。当光标移到表格中的小图片上时，在光标右下方显示对应的大图；当光标移出时，让大图消失。

定义一个显示图片的 div 并放到\<body\>的最后，设计其默认不显示，即设置 CSS 的 display 等于 none。

```
<body>
    <div id="container">
        <!--省略-->
    </div>
    <!--显示大图-->
    <div id="bigPhoto">
        <img src=""/>
    </div>
</body>
```

对大图设置默认不显示、绝对定位、使用 box-shadow 做出阴影效果等的 CSS 修饰代码如下。

```
/*修饰表格中的图片*/
#container img {
    width: 30px;
    height: 30px;
}
/*修饰大图*/
#bigPhoto {
    display: none;
    position: absolute;
    width: 108px;
    border: 2px solid #ccc;
    padding: 2px;
    background-color: #fff;
    box-shadow: 5px 5px 3px #ccc;
}
#bigPhoto img {
    width: 100px;
    height: 100px;
}
```

jQuery 使用 hover 事件触发函数，控制大图的显示。

```
$("#container img").hover(
    function (event) {
```

```
    var photo = $(this).attr("src");
    $("#bigPhoto img").attr("src", photo);
    $("#bigPhoto").show();
    $("#bigPhoto").css({left: event.pageX + 10, top: event.pageY + 10})
},
function () {
    $("#bigPhoto").hide();
}
)
```

完整的图片显示如图 17-4 所示，当光标移到表格中的小图片上时，会在光标右下方出现对应的大图，光标移出则大图消失。

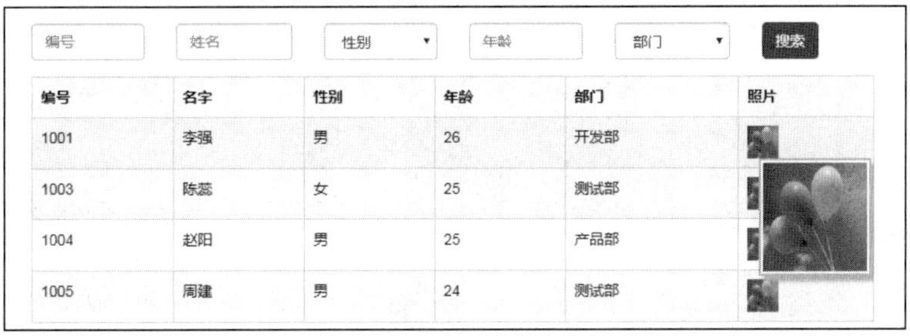

图 17-4

17.3.3　AJAX 上传文件

使用 AJAX 上传文件需要在文本域后单独加"上传"按钮，通过点击该按钮执行上传。在上传成功后，会在文本域下方区域显示上传成功的图片，其效果如图 17-5 所示。

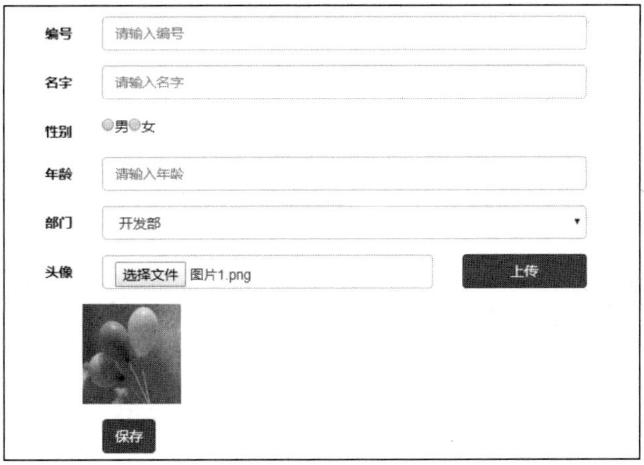

图 17-5

　　因为此种上传方式不需要发送表单，所以表单不需要再对 method 属性和 enctype 属性做上传设置。

　　在这个过程中，jQuery 使用 FormData 构建包含文件信息的表单，使用 ajax()方法将文件发送到后端 "/upload" 的接口进行处理。从后端获得文件名并设计<img>，以显示上传的图片，并设计隐藏域保存文件名，以便在保存员工信息时，将 photoName 和其他员工信息一并发送到后端。

```javascript
$().ready( function () {
    $("#upload") .click(function () {
        //通过 FormData 构建表单
        var formData = new FormData();
        for (var i = 0; i < $("[name=photo]")[0].files.length; i++) {
            formData.append("photo",$("[name=photo]")[0].files[i]);
        }
        //发起 AJAX 请求
        $.ajax({
            url: "upload",
            type: "post",
            data: formData,
            cache: false,
            processData: false,
            contentType: false,
            dataType: "text",
            success: function (data) {
                //上传成功后，响应的文件名以<img>形式显示
                var str = "<img src='/photo/" + data + "'/>"
                //构建隐藏域，在点击"保存"按钮后，将文件名与员工的 number 和 name
                //信息发送到后端的 add()方法，保存员工信息
                str += "<input type='hidden' name='photoName' value='" + data +
                "'/>";
                $("#photos")
                    .append(str);
            }
        })
    })
    //点击图片可以删除图片和隐藏域
    $(document).on("click", "#photos img", function () {
        $(this).next().remove();
        $(this).remove();

    })
})
```

17.3.4 前后端分离下的文件上传

前后端分离下的文件上传，其思想与 AJAX 上传方式没有太大区别，只是使用 axios 替换 jQuery，而且因为有 Element Plus 控件的支持，对文件上传功能的开发会更加简单。

将 17.3.1 节 hrsys_upload 后端项目中 Spring MVC 提供的第二种上传方式对应复制到 hrsys_lastest 项目中。

对 hrsys_lastest 前端项目进行改造：在 Employee.vue 中，使用 Element Plus 提供的 <el-upload>组件可以轻松实现文件和图片的上传，但<el-upload>组件的上传与后端通信之间缺乏灵活性，我们要对它加以改造，改为调用 axios 进行上传操作。

<el-upload>组件是用来对上传功能做总体设置的控件标签，其中，action 是必选属性，其值为文件上传的地址，但如果想通过 axios 上传，则要将其值设置为#。

<img>标签控制显示已上传的图片，通过 v-if 指令判断绑定的数据是否为 null。如果为 null，则不显示；如果不为 null，则会将:src 属性绑定的值渲染成图片显示。

下面将<el-upload>组件放到 Employee.vue 组件的<el-form>组件中，代码如下。

```
<el-form  ref="form"  :model="form"  label-width="80px"  style="text-align:
left">
  <el-form-item label="图片">
   <el-upload
      class="upload-demo"
      action="#"
      :limit="1"
      :auto-upload="false"
      :headers="headers"
      :on-change="handleChange"
   >
    <template #trigger>
     <el-button type="primary">选择文件</el-button>
    </template>
    <el-button type="success" style="margin-left:20px" @click="doUpload">
        上传</el-button>
   </el-upload>
  </el-form-item>
</el-form>
```

其中，:limit 属性限制只能上传一张图片，:auto-upload 属性设置非自动上传，:headers 属性设置'Content-Type': 'multipart/form-data'，:on-change 属性的作用是当用户选择图片时被触发，去设置表单文件值。当点击"上传"按钮时，触发 doUpload()方法，代码如下所示。

```
let fileUpload = ref()
// 设置请求头
const headers = {
  'Content-Type': 'multipart/form-data'
}

// 选择文件时被调用，将它赋值给 fileUpload
const handleChange = (file: any) => {
  fileUpload.value = file
}

// 上传
const doUpload = () => {
  let param = new FormData()
  param.append("photo", fileUpload.value.raw)
  // 发给后端
  axios.post("/emp/upload", param).then((res) => {
    console.log(res)
    if (res.status === 200) {
      datas.form.photoName = res.data;
      ElMessage({
        message: '上传成功',
        type: 'success',
      })
      search();
    } else {
      ElMessage({
        message: '上传失败',
        type: 'error',
      })
    }
  })
}
```

完成以上步骤后，启动后端服务器和前端服务器进行测试，效果如图 17-6 所示。

图 17-6

在显示的表格中，新增"照片"列用于显示图片，并使用<el-popover>组件设置当光标悬浮于图片时，显示大图。代码如下所示：

```
<el-table-column
    #default="scope" label="照片">
 <el-popover placement="right" trigger="hover"  :min-width="60" >
   <template #reference>
   <el-image     :src="datas.imageURL+scope.row.photoName"     style="width:
30px;height: 30px"></el-image>
   </template>
   <el-image     :src="datas.imageURL+scope.row.photoName"     style="width:
60px;height: 60px"></el-image>
  </el-popover>
</el-table-column>
```

17.4 Lombok

优雅的编程风格一般要求尽量消除冗余代码和模板型代码，但是在 Java 项目开发中，几乎所有的开发者都经历过大量的模板型代码，如实体类中的 getter()方法、setter()方法、编译型异常处理等。

其中，编译型异常处理的模板型代码问题早已被 Spring Framework Core 解决，但是针对 getter()方法、setter()方法、构造方法、toString()方法，Spring 框架没有给出解决方案，而第三方组织推出的 Lombok 工具可以解决此类问题。

JDK1.6 开始支持"JSR 269 Pluggable Annotation Processing API"规范，此规范规定程序只要实现该 API，其就能在 Java 编译阶段起到作用。

Lombok 就是一个实现"JSR 269 Pluggable Annotation Processing API"的程序。它提供了一系列的注解，用来消除 Java 开发中的冗余代码和模板型代码。在 Java 编译过程中，Lombok 的注解会被解析，主要流程如下。

- javac 对源代码进行分析，生成一棵 AST（Abstract Syntax Tree，抽象语法树）。
- javac 编译过程中调用并实现 JSR 269 的 Lombok 程序。
- Lombok 对 AST 进行处理，先找到 Lombok 注解所在类对应的 AST，然后对其修改，并增加 Lombok 注解定义的相应树节点。
- javac 使用修改后的 AST 生成字节码文件。

Lombok 是 Spring Initializr 推荐的开发者工具中的技术，可以在新建项目时选择使用，或者在 pom.xml 文件中加入 Lombok 的依赖。

```xml
<dependency>
    <groupId>org.projectlombok</groupId>
    <artifactId>lombok</artifactId>
</dependency>
```

以 Employee 实体类为例，随着项目的发展，Employee 类中的属性非常多，对应的 getter()方法和 setter()方法也比较庞大，而使用 Lombok 去掉 getter()方法和 setter()方法，只需要在类名前加上@Data 注解即可。

```java
@Data
@Entity
@Table
@EntityListeners(AuditingEntityListener.class)
public class Employee {
    @Id
    @GeneratedValue(strategy = GenerationType.IDENTITY)
    private Integer id;
    @Column
    private Integer number;
```

```
//省略其他属性
}
```

在 IDEA 中使用 Lombok 会引发开发工具检查的编译报错，因为 Lombok 的思路是让开发者省略书写模板型代码，在编译阶段再将模板型代码融入字节码，所以报错只是工具层面的事情，运行不会受影响，另外，通过安装 IDEA 中内置的 Lombok plugin 插件可以解决工具报错的问题。

Lombok 常见的注解。

- @Getter/@Setter：作用于类，生成所有成员变量的 getter()方法或 setter()方法；作用于成员变量，生成该成员变量的 getter()方法或 setter()方法。可以设定访问权限、是否懒加载等。

- @ToString：作用于类，覆盖默认的 toString()方法，可以通过 of 属性限定显示某些字段，也可以通过 exclude 属性排除某些字段。

- @EqualsAndHashCode：作用于类，覆盖默认的 equals()方法和 hashCode()方法。

- @NonNull：主要作用于成员变量和参数，标识不能为空，否则会抛出空指针异常。

- @NoArgsConstructor：生成无参构造器。

- @RequiredArgsConstructor：生成包含@final 注解和@NonNull 注解的成员变量的构造器。

- @AllArgsConstructor：生成全参构造器。

- @Data：作用于类，是 @ToString、@EqualsAndHashCode、@Getter、@Setter、@RequiredArgsConstructor 的集合。

- @Builder：作用于类，将类转换为建造者模式。

- @Log：作用于类，生成日志变量。

17.5　最终项目展示

经过多次的技术迭代更新，本书的 Alan 人事管理系统已完成了最终版本，因为项目本身是为了贯穿知识点，所以功能并不重要，这里仅展示登录页面和员工管理页面。其登录页面如图 17-7 所示，因为使用了 Spring Security 进行认证和授权管理，所以当浏览器访问项目的任意地址时，会自动跳转到登录页面。

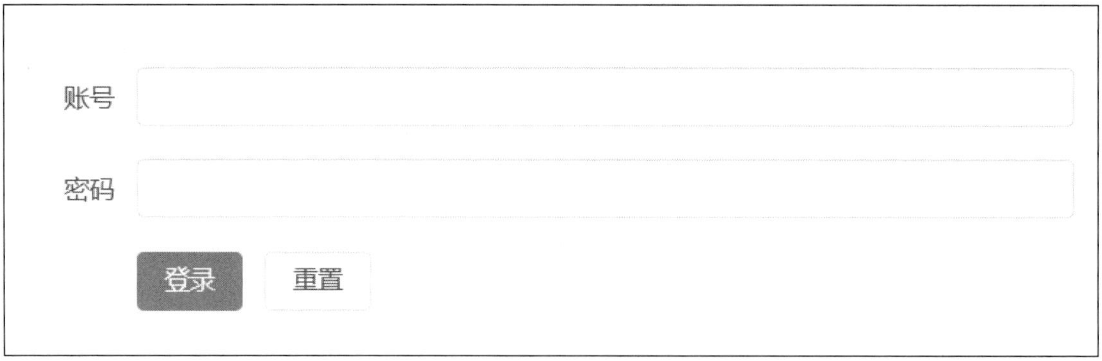

图 17-7

登录成功后会跳转到图 17-8 所示的系统首页面，其为左右结构，左侧是竖形菜单，显示系统的模块功能列表，点击列表菜单项可以在右侧内容区域显示对应的模块管理界面。在模块管理界面上，点击"新增"和"修改"按钮会弹出对应的模态框。

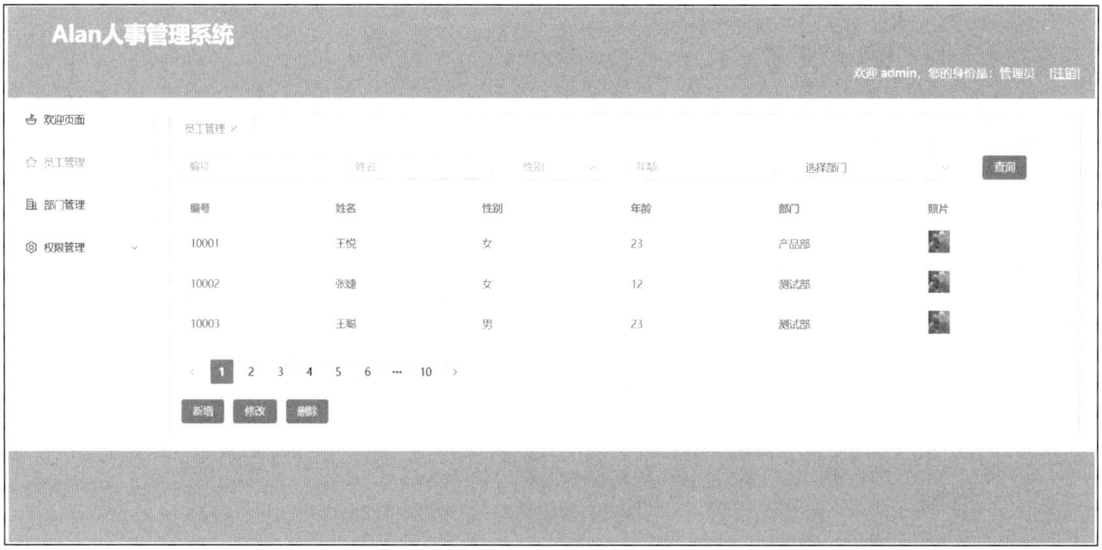

图 17-8

在新增模态框中，通过表单元素可以进行文本录入、单选框选择、下拉框选择、图片上传等操作，如图 17-9 所示，并且实现了根据登录用户的角色显示对菜单粒度的权限控制。因为其他模块与员工管理模块的结构相似，所以不再进行说明。

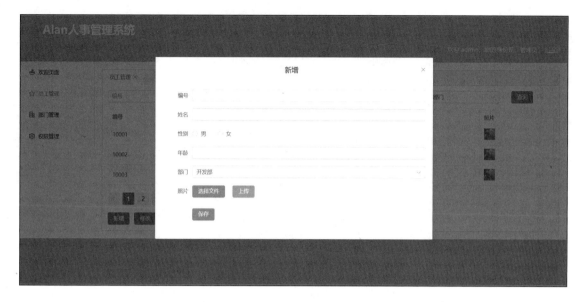

图 17-9

17.6　本章总结

本章在项目中追加了行业中应用比较广泛的场景功能和技术。

随着社会分工的细化，行业要求专业的人做专业的事，一般公司都会有专门的运维人员负责部署，而运维技术也日臻复杂，所以本书不再像《Spring Boot+Vue 开发实战》图书一样用一个章节来介绍部署的相关知识。

到此，贯穿项目 Alan 人事管理系统已经完成多版本的迭代开发，全书的知识点也已经介绍完毕。

希望读者通过本书能掌握 Spring Boot 传统 Web 项目开发与 Spring Boot+Vue 前后端分离项目的开发技能，掌握以 Spring Boot 为核心的 Java 开发和以 Vue 为代表的 Web 前端开发中常见的、主流的技术，并从实践与思考中最终掌握学习新技术和解决问题的方式方法。